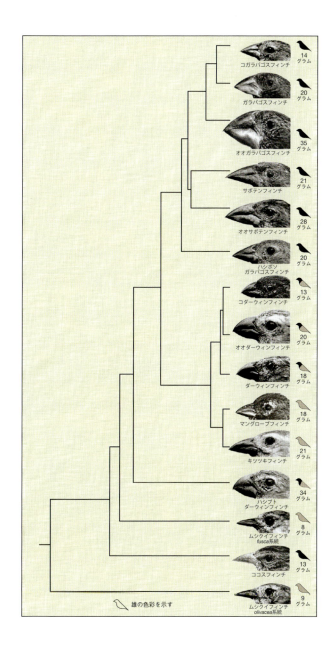

口絵1 マイクロサテライトDNA配列の違いを用いて構築した，ダーウィンフィンチ類の種間関係．ノードの信頼性は省略した．Petren et al. (1991) と Grant and Grant (2002a) より．改訂版である Figure 2.1 によると，ハシボソガラパゴスフィンチ *G. difficilis* の集団のほとんどは，より早い時点に起源がある．

(特に断りのない限り，すべての写真の撮影は著者らによる)

口絵 2a　ダーウィンフィンチ類の種
a. ムシクイフィンチ，*Certhidea olivacea*（*olivacea* 系統）
b. ムシクイフィンチ，*Certhidea olivacea*（*fusca* 系統）
c. キツツキフィンチ，*Camarhynchus pallidus*
d. マングローブフィンチ，*Camarhynchus heliobates*
e. ハシブトダーウィンフィンチ，*Platyspiza crassirostris*
f. コダーウィンフィンチ，*Camarhynchus parvulus*
g. ダーウィンフィンチ，*Camarhynchus pauper*
h. オオダーウィンフィンチ，*Camarhynchus psittacula*

口絵 2b ダーウィンフィンチ類の種
i. ハシボソガラパゴスフィンチ，*Geospiza difficilis*（サンチャゴ島）
j. ハシボソガラパゴスフィンチ，*Geospiza difficilis*（ヘノベサ島）
k. サボテンフィンチ，*Geospiza scandens*
l. オオサボテンフィンチ，*Geospiza conirostris*
m. オオガラパゴスフィンチ，*Geospiza magnirostris*
n. ガラパゴスフィンチ，*Geospiza fortis*
o. コガラパゴスフィンチ，*Geospiza fuliginosa*
p. ココスフィンチ，*Pinaroloxias inornata*

口絵3 ダーウィンフィンチ類の近縁種
上段:セントルシアクロアシトド *Melanospiza richardsoni*(セントルシア島,カリブ海:J. Faaborg).中段:キマユクビワスズメ *Tiaris olivacea*(パナマ:M. Wikelski).下段:ムシクイフィンチ(*olivacea* 系統)(サンチャゴ島,ガラパゴス).

口絵4 4つの島に生息するムシクイフィンチ
上段左:サンタ・クルス島（*olivacea*系統）(R. Å. Norberg)．上段右:エスパニョラ島（*fusca*系統）(R. I. Bowman)．下段左:ヘノベサ島（*olivacea*系統）(O. Jennersten)．下段右:サン・クリストバル島（*fusca*系統）(K. Petren)．

口絵5　上段：大ダフネ島（D. Parer and E. Parer-Cook）．下段：1979年，ガラパゴスのイサベラ島のシエラ・ネグラで起きた火山活動（M. F. Kinnaird）．

口絵6　ココス島（上段，N. Grant）と生息するフィンチ（下段）

口絵7 標高の違いによるガラパゴスの4つの生息環境
上段左：低地（サン・クリストバル島）．上段右：移行帯（ピンタ島）．下段左：サンショウ属 *Zanthoxylum*（ピンタ島）．下段右：スカレシア属 *Scalesia*（訳者注：キク科の木本）（サンタ・クルス島）．

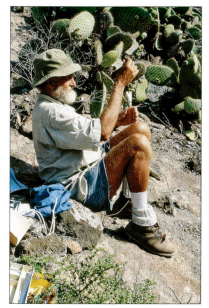

口絵8 大ダフネ島における，捕獲，測定，バンドの取りつけ
上段左：かすみ網に入ったサボテンフィンチ．上段右：体重測定と血液の採取（K. T. Grant）．下段左：体重測定．下段右：バンドが取りつけられたオオガラパゴスフィンチ（3色のバンドが取りつけられている．金属バンドは，大型の鳥の場合壊してしまう可能性があるため取りつけていない）．

口絵9 ヘノベサ島における，オオサボテンフィンチの測定
上段左：嘴の長さ．上段右：嘴の高さ．下段左：嘴の幅．下段右：足根の長さ．

口絵 10 大ダフネ島に生息する4種類のダーウィンフィンチ類
上段左:コガラパゴスフィンチ.上段右:ガラパゴスフィンチ.下段左:オオガラパゴスフィンチ.下段右:サボテンフィンチ.

口絵 11 2つの島で嘴の大きさと形状が異なるオオダーウィンフィンチ
上段：ピンタ島．下段：イサベラ島（アルセド）．

口絵 12 ハシボソガラパゴスフィンチが生息する，低標高の生息地（左）と高標高の生息地（右）

上段左：ダーウィン島（M. Wikelski）．中段左：ウォルフ島．下段左：ヘノベサ島．上段右：フェルナンディナ島（一緒に写っているのは，かすみ網）．中段右：サンチャゴ島（ヤギ（現在は除去されている）によって植生が荒らされている）．下段右：ピンタ島．

口絵 13 ハシボソガラパゴスフィンチ
上段：ヘノベサ島の低地（R. L. Curry）．下段：ピンタ島の高標高（D. Nakashima）．

口絵 14 ウォルフ島のハシボソガラパゴスフィンチが行う，珍しい採餌行動
上段：カツオドリ（*Sula* 属の 1 種）の卵を調べる．中段：卵を転がす．下段：羽毛の基部から血を飲む．写真はすべて D. Parer と E. Parer-Cook による．

口絵 15 大ダフネ島に自生する，種子の小さな植物
上段左：オヒゲシバ *Chloris virgata*．上段右：スズメガヤ *Eragrostis cilianensis*．下段左：キダチルリソウ属の1種 *Heliotropium angiospermum*．下段右：スズリヒル属の1種 *Portulaca howelli*．

口絵 16 大ダフネ島における,ガラパゴスフィンチの採餌
上段左:ニシキソウ属の1種 *Chamaesyce amplexicaulis* の果実.上段右:キンゴジカ属の1種 *Sida salviifolia* の萌.下段左:ミルスベリヒユ属の1種 *Sesuvium edmonstonei* の種子と蜜.下段右:クモの幼体.

口絵 17 大ダフネ島の植生に対する干ばつの影響
上段:ニシキソウ属の1種 *Chamaesyce amplexicaulis*. 下段:長引く干ばつが,植物の枯死と消失を招く.

口絵 18　オオバリハマビシ *Tribulus cistoides*
上段:開花個体. 下段:果実.

口絵 19 大ダフネ島の植生に対するエルニーニョの影響

上段左：乾季（パロサント *Bursera graveolens* の木々に葉がない）．上段右：雨季（木々が葉をつけている）．中段左：エルニーニョの初期では，一年生植物が広範囲で成長する．中段右：エルニーニョの後期．下段左：サボテンの低木が，つる性植物でコガネヒルガ属の１種 *Merremia aegyptica* にほぼ完全に覆い隠されている．下段右：エルニーニョの余波（枯れたつる性植物がサボテンや木々を覆っている）．

口絵 20 オオガラパゴスフィンチが同所的にいる場合といない場合のオオサボテンフィンチ 上段左：ヘノベサ島のオオサボテンフィンチ（サボテンフィンチがいない）．上段右：エスパニョラ島のオオサボテンフィンチ（オオガラパゴスフィンチとサボテンフィンチはいない），左はメスで，右はオス．下段左：サボテンフィンチ．下段右：オオガラパゴスフィンチ．

口絵21 大ダフネ島に生息するオオガラパゴスフィンチの採餌
上段左：ハズ属の1種 *Croton scouleri* の果実．上段右：スズリヒル属の1種 *Portulaca howelli* の鞘．下段左：オオバナハマビシの果実．下段右：オオバナハマビシの分果．

口絵22 サボテンフィンチによって食べられたサボテンの果実
上段：ヘノベサ島のガラパゴスウチワサボテン *Opuntia helleri*（種子はオオサボテンフィンチに食べられており，食用に適さない保護のための外皮が残されている）．中段：サボテンフィンチに食べられた大ダフネ島のガラパゴスウチワサボテンの1種 *Opuntia echios*（種子がより小さく，この島のフィンチの嘴も小さくなっている）．下段：大ダフネ島において，開けて捨てられたガラパゴスキダチウチワサボテンの種子．

口絵 23 大ダフネ島のサボテンフィンチに見られるサボテン食
上段：蕾を開けている．中段：花粉と蜜を食べている．下段：密集した棘の基部を食べている．

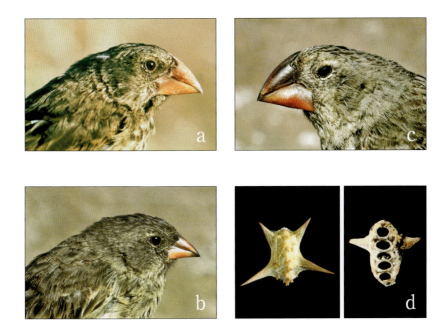

口絵 24 大ダフネ島における形質置換
ガラパゴスフィンチ集団の中で大きな個体（a）は小さな個体（b）よりも高い率で死亡する．それはオオガラパゴスフィンチ（c）によってオオバナハマビシの大きく硬い果実が消費され枯渇するためである．

口絵 25 大ダフネ島で干ばつの終わりに見られたフィンチの死亡個体
上段：オオガラパゴスフィンチ（1990年）．中段：サボテンフィンチとガラパゴスフィンチ，オオガラパゴスフィンチ（2004年）．下段：さまざまな種を含む約50個体（2004年）．

口絵 26　見た目とさえずりによるフィンチ間の識別能力を検証するための装置
上段：フィンチのテリトリー内に三脚台を設置し，その上に棒を載せ，両端に綿詰めされた標本を置く．中段：ヘノベサ島に生息するオスのハシボソガラパゴスフィンチが，メスに対して交尾を求める姿勢をとっている．下段：ヘノベサ島のフィンチに対して行った，録音されたさえずりのプレイバックへの応答を調べるための拡声器．

口絵 27 ヘノベサ島で見られた，交雑個体と思われる個体（中段）．予想される親は，オオサボテンフィンチ（上段）とオオガラパゴスフィンチ（下段）．

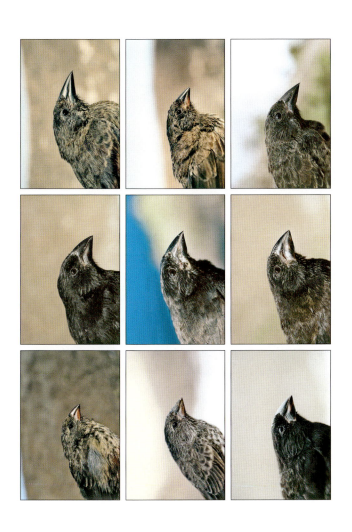

口絵 28 大ダフネ島における交雑個体と戻し交雑個体
上段：交雑元となる種の代表個体。ガラパゴスフィンチ（左），コガラパゴスフィンチ（中央），サボテンフィンチ（右）。中段：F₁ 交雑個体，コガラパゴスフィンチ×ガラパゴスフィンチ（左），サボテンフィンチ×ガラパゴスフィンチ（中央と右）。下段：戻し交配の第一世代個体，コガラパゴスフィンチ×ガラパゴスフィンチがガラパゴスフィンチと戻し交配（左），サボテンフィンチ×ガラパゴスフィンチ（中央）およびサボテンフィンチ（右）と戻し交配．

口絵 29 珍しい採餌行動

上段:キツツキフィンチは道具を使い,木の中に生息する昆虫の幼虫をとる.中段:コガラパゴスフィンチがウミイグアナに付着するダニを食べる.下段:同様のことをリクイグアナに対してしている.写真はすべて D. Parer と E. Parer-Cook による.

口絵 30　ガラパゴスに生息する，マネシツグミ類の異所的な 4 種
上段左：エスパニョラ島，上段右：チャンピオン島，下段左：ヘノベサ島，下段右：サン・クリストバル島（R. L. Curry）．

口絵 31 上段：マダガスカルのオオハシモズ科（S. Yamagishi and K. Kanao）．種名は Yamagishi and Honda（2005）を参照のこと．下段：ハワイに生息するハワイミツスイ類（H. D. Pratt）．絵は ©H. Douglas Pratt．

なぜ・どうして
種の数は増えるのか

ガラパゴスのダーウィンフィンチ

How and Why Species Multiply
The Radiation of Darwin's Finches
Peter R. Grant & B. Rosemary Grant

巌佐 庸　山口 諒
〔監訳〕　〔訳〕

共立出版

HOW AND WHY SPECIES MULTIPLY
by Peter R. Grant and B. Rosemary Grant

Copyright © 2008 by Princeton University Press

Japanese translation published by arrangement with
Princeton University Press through The English Agency (Japan) Ltd.

All rights Reserved.
No part of this book may be reproduced or transmitted in any form or by any means, electronic or mechanical,
including photocopying, recording or by any information storage and retrieval system, without permission in writing from the Publisher

Japanese language edition published by KYORITSU SHUPPAN CO., LTD.

監訳者まえがき

　地球上には150万もの種が生息しており，それぞれが，実に見事な適応を示している．現在，人間活動の影響によって生息地が減少したり，外来種が侵入したりすることによって，多くの生物種が絶滅に追いやられている．急激に滅びつつある多数の生物種の喪失を防ぐには，どう対処すれば良いのか，また生態系の一部を保全するなら，どの場所を選ぶのが良いのか，といった応用に直結する研究が盛んに行われている．

　では，これら多数の種はどのようにつくられたのだろうか．これは種の喪失よりもはるかに困難な研究テーマである．本書で，ピーター・グラントとローズマリー・グラントの夫妻は，この問いに対して1973年以来40年もかけて精力的に迫ってきた研究の成果をまとめている．

　その研究対象は，南太平洋のガラパゴス諸島に生息する一群の鳥，ダーウィンフィンチである．

　ガラパゴスというと，進化論をつくり出した島として知られている．ダーウィンがビーグル号に乗ってガラパゴス諸島に立ち寄り，そこで島ごとに異なる模様をもったゾウガメを見て，最初は同じだったゾウガメがその場で別の種へと進化したに違いない，と思い至ったといわれている．ガラパゴスという言葉には，大陸から離れた孤立した環境で特殊な生物が進化したというイメージがあり，日本式の携帯電話にも使われる．

　ガラパゴスゾウガメは，島ごとに異なっている．しかし1つの島には2種以上は棲まない．元々1つだったゾウガメが，時間が経つとともにそれぞれの島で分化し，島ごとに異なるものになったけれども，それ以上に種数が増えることはなかった．

種というのは，通常の状態で交雑が生じる範囲の生物集団として定義されている．最初は1つの大きな島があったが，海面上昇によりAとBという2つの島に分かれたとしよう．長い間に，異なる島の集団は互いに異なる遺伝子を蓄積していく．活動時間帯が違ったり，雌が別種の雄を避けたり，生まれた子どもがうまく育たなかったり，ということで再び出会ってもそれらの間でうまく交雑しないならば，それらの集団は別の種になったと考える．これが地理的隔離による異所的種分化である．

　しかし異所的種分化だけだと，種数は島の数以上には増えることができない．実際，ガラパゴス諸島にいるゾウガメだけでなくマネシツグミも，甲虫のゴミムシダマシやゾウムシもそうだという．

　ダーウィンフィンチは，それらとは違う．1つの島にいくつもの種が共存している．どうやってそんなことができたのだろう．

　A島に種aが，B島に種bがいる場合を考えよう．ごく稀にひどい嵐で吹き飛ばされたり，流木に乗って漂着したりして，種aの数十個体がB島に辿り着いたとする．最初は少数だし大抵は滅ぶ．しかし，繰り返し試していると，運良く数が増え，定着できることがある．移住個体による種aの集団と，元からB島にいた種bの集団とは，交雑しないだけでなく，生態的にも十分違って，B島では種aと種bの2種が共存することになる．その後当分の間移住がないとすると，その間にA島とB島にいる種aの2集団にはそれぞれ独立に異なる遺伝子が蓄積していくため，それらはしばらくすると別の種になる．するとA島には1種，B島には2種，全部で3種いることになる．つまり島の数よりも種数は大きくなることができるのだ．またしばらくすると嵐などでB島のいずれかがA島に辿り着いて，というふうに繰り返される．つまり移住がごく稀であって，それぞれの島で独立に変化が蓄積することと，長く待てば移住が起きることの組み合わせにより，島の数が2つしかなくても，それよりずっと多数の種がつくり出される．

　この過程を私たちは数理的に解析してみた（Yamaguchi and Iwasa, 2013, 2016）．移住がごく稀だと，2つの島にある集団が別種になった後で次の植民がなかなか起きないために，種をつくり出す速度も遅くなる．かといって移住の速度があまりに頻繁だと，2つの島にある同種の集団が始終交流するために

別の種になることが難しい．新しい種が「どんどんつくり出される」のは，2つの島の間の移住が頻繁すぎても稀すぎてもダメで，中間の移住率の時であることがわかった．

驚いたことに，スズメ目の鳥について分子系統樹を解析した論文からそのサポートが得られた（Claramunt et al., 2012）．鳥には非常に広い範囲で移住をする種と，ほとんど移住をしない種がいるが，それらはいずれも種分化の速度が遅く，中間的な移住率をもつ種において種分化速度が最も速い．同様のことは，インド洋西部の島嶼に生息する海の生物群でも報告されている（Agnarsson and Kuntner, 2012）．

種分化には数多くのプロセスがかかわっており，またその進行のシナリオとしてさまざまなものが提案されてきた．本書では，それらを一つ一つ取り上げ，ダーウィンフィンチでの40年にわたる野外研究の結果に基づいて，検証していく．そのプロセスでは本当に多くのことが発見された．以下にいくつかのものを挙げてみよう．

中でも最もインパクトのある業績は，何年かに一度，急激に変化する自然環境下で自然淘汰によってフィンチの嘴の形態とサイズが急速に進化することを，自然淘汰のはたらく条件や原因も含めて詳細に実証したことである．

子どもは，父親からさえずりを学習し，それが雌による配偶者選択にはたらく．その結果，種間の交雑を避けることになり生殖隔離機構として重要な意味をもつ．また，学習の相手を間違えることで異なる種の間での交雑が生じる．これは鳥類では一般的なことらしい．

交雑は結構頻繁に生じていて，雑種形成による遺伝子浸透のため種間の区別が消失してしまうこともある．そうでない場合には，交雑は形質の遺伝的なばらつきを増やして自然淘汰がはたらきやすくし，環境への素早い適応的進化をもたらすという．

これらに加えて，新たな島への移住と創始者効果，個体数が少ないことによるランダムな効果の役割，複数形質間の遺伝的相関と進化的変化，野生状態での近交弱勢の検出，環境激変によって生じる形質置換などのさまざまな進化現象についても明らかにしている．

地理的隔離に基づいて分化が生じる異所的種分化とは違って，同じ場所に棲み続けても，餌などの違いにより 2 つに分かれていくという同所的種分化も検討されてきたが，ダーウィンフィンチについてはその証拠はないという．

　採餌の方法に関して分化していくことには，嘴の形態の変化が重要である．著者たちはさまざまなタイプのペンチとフィンチ類の嘴を比較している．その基礎として，発生における化学シグナル FGF, SHH, BMP, などの発現部位や，それらの遺伝子の発現調節の違いを調べる．

　本書では，種分化プロセスの理解に迫るという目標が明確であり，研究対象としてダーウィンフィンチを取り上げるが，他の鳥類，シクリッドといった魚類，ハワイのショウジョウバエ，などが対比させて語られる．哺乳類では，分化して遺伝的に交流しなくなったと考えられる種の間では，しばらくすると子どもの生存率が低下し，ついには不妊が成立するが，鳥類の場合，それよりはるかに長い時間がかかるそうだ．その結果，鳥類では野外で種間の交雑が生じ続けるらしい．

　京都大学の山岸哲教授とその共同研究者は，長年にわたってマダガスカル島のオオハシモズについて野外研究を進めてきた．グラント夫妻は，本書の数箇所で，マダガスカル島のオオハシモズとガラパゴス諸島のダーウィンフィンチとを対比して議論している．オオハシモズは元は 1 種で，ダーウィンフィンチとほぼ同じ期間に同程度の種数にまで増えてきた．ダーウィンフィンチが，多数の島の間でそれぞれに分化し，侵入を繰り返すことで増えたのに対して，オオハシモズが棲んでいるのは 1 つの島である．マダガスカル島はサイズが非常に大きく，内部に地理的構造があり気候も多様なため，オオハシモズの生息地がマダガスカル島内に島状に点在すると考えられる．ちょうどガラパゴス諸島の島と同じようにそれらの間で，ほぼ同様なことが生じたのだろう．ただダーウィンフィンチは，種数の増加速度が初期に遅く，後になるほど速くなるという違いがあるという．

　ピーター・グラントとローズマリー・グラントの夫妻は，同じ年にともに英国に生まれ，それぞれケンブリッジ大とエジンバラ大で学部を卒業後，ブリティッシュコロンビア大，イエール，マギル，ミシガンなどの大学で研究や教育に従事しながら，1985 年よりプリンストン大学で教鞭をとってきた．

2人は2009年に，基礎科学部門における第25回京都賞を共同受賞している．4年に一度巡ってくる生物科学（進化・行動・生態・環境）分野の過去の受賞者リストには，1986年のE. Hutchinsonに始まり，Jane M. Goodall, William D. Hamilton, John Maynard Smith, Simon A. Levin, 根井正利などの名前が並び，これらの分野の基礎を築いた研究者が受賞してきた．ノーベル賞の医学生理学賞がカバーする分子生物学や細胞生物学などでは，歴史あるノーベル賞に一歩譲るところだが，進化生物学や生態学，動物行動学といった，いわゆるマクロ生物学では，京都賞が最高の権威をもつ賞といって間違いない．

2016年の春にプリンストン大学を訪ねた際，ピーターとローズマリーに会う機会があった．その時日本語訳の進行予定について説明するとともに，それにまえがきを添えてもらえるよう，「日本の読者への挨拶でも2〜3行を」とお願いした．

その後ピーターから送られてきた文章を見て驚いた．挨拶文などどこにもない．「ダーウィンフィンチの研究が，本書が書かれた時以上に面白くなってきた」，という文で始まり，本書を出版した後の研究の進展がびっしりと書かれている．ガラパゴスのダーウィンフィンチのすべての種について，全ゲノムが解読されたこと，それによって種分化の生じた時間スケールや集団の近さなどさまざまな修正がなされたことを説明する．そしてゲノムからは，系統関係だけでなく遺伝子にはたらく淘汰や遺伝的浮動に関する情報が得られると期待する．加えてその後もフィールド調査を継続し，新たな発見があり，種分化への道筋のシナリオがさらに加わったという．こんなこともわかった，あんなこともある，といった調子で，この分野の研究の進展についての興奮を読者に伝えたいという著者たちの意気込みが伝わってくる．prefaceとあるものの，内容から考えて，他の章をすべて読み終えてからの方が望ましいので，「日本語版への（著者による）あとがき」として本書の後ろにつけることにした．

本書を読んで，私が特に強く感じたのは，2つのメッセージである．第1には，種分化という生物学にとって基本的な事象を理解しようとすると，何十年間もの野外での調査と，行動，生態，地理などに関する研究が必要だということ．自然淘汰は年々大きく変動し，特に環境の厳しい年にこそ強い自然淘汰が

はたらくということになると，大抵の生態調査のように数年間調べただけでは重要なことを見落とす．常に変動し多様な野外環境での生物の応答を，長期に調べることが非常に重要である．

　第2のメッセージは，分子生物学の遺伝子発現やネットワークの研究，ゲノム情報，神経生物学，数理モデリングなどの生物学の諸分野の研究が種分化プロセスを理解する上にとても有用だということだ．グラント夫妻は，発生生物学であろうが神経科学であろうが，数理モデリング，ゲノミックス，など何でも取り込み，ダーウィンフィンチの理解につなげようとしている．この姿勢は素晴らしい．生物学が「タコツボ化」していると本当にインパクトのある良い研究ができない．

　私は，今後の生物学では，野外での遺伝子の発現とその制御についての研究，それをもとに社会的な相互作用や異種間の相互作用に迫る，というのが分子生物学の重要な研究テーマになるのではと考えている．それはまた進化学や生態学の発展でもある．

　種分化の理論的研究を進めていた私たちが本書を訳したのは，より多くの人に長期の野外研究の重要性を理解してもらい，他方でゲノム研究や発生の分子生物学，学習の神経科学などの進歩と，生態学や動物行動学，地理学などとが結びつくことによって生命現象の深い理解につながることを，知って欲しかったからである．

　本書を訳すにあたり，共立出版の信沢孝一執行役員や編集部の山内千尋さんにお世話になりました．

2016年12月　　　　　　　　　　　　　　　　　　　　　　　　巌佐　庸

はじめに

　本書を，のちに進化生態学と呼ばれるようになる分野の先駆者 David Lack に捧げる．60 年前に，彼は自身最初の本である，『ダーウィンフィンチ―進化の生態学』（浦本・樋口訳，1974）を出版した．その本では，ガラパゴス諸島での 4 ヶ月にわたる野外調査と，長時間に及ぶ博物館の標本の測定に基づき，Charles Darwin によって有名になった適応放散の生態と進化を説明しようと試みた．現在生きている動物の観察を用いて，彼らの進化史をいかに推測・解釈できるかを示し，そうして新たな研究分野を確立したのである．
　David Lack は 1973 年 3 月に亡くなった．私たちは同じ鳥の野外調査をその 1 ヶ月前に始めた．そのため，私たちは彼が伝えてきた，たいまつの担い手であると感じている．彼が亡くなる 2 年前に，私たちは Lack とオックスフォードにてダーウィンフィンチ類に関して議論したが，その時点では，私たち自身でダーウィンフィンチ類を研究するつもりはなかった．そして，その研究を開始した時も，まさか 34 年間もダーウィンフィンチ類の研究を続けるとは思っていなかった．
　彼の本が成功した理由の一部は，その文章のわかりやすさや簡潔さとともに，比較的専門用語が少なかったことにある．彼が私たちと同じ経験をしていたならどんな本を書いていただろうと想像して，私たちはダーウィンフィンチ類の進化について 150～200 ページの本を書くことにした．Lack と同様に私たちの目標は，学生を読者として想定して，その進化の本質と要点を提供することであった．この目標を達成するため，歴史的背景や研究の手法，解析，統計に関しては最低限にまで減らさざるをえなかった．それらは多数の引用論文や，ダーウィンフィンチ類に関する 2 冊の本（Grant and Grant 1989, Grant

1999）の中に見い出すことができる．また本書の執筆中には，鳥やその他の生物の驚くべき多様性に絶えず不思議な感動と好奇心を感じる，さまざまな背景をもつ読者も想定していた．本書を幅広い読者に読んでもらうために，使用した専門用語について用語集をつけた．

誰もがそうであるように，David Lack は彼の前任者に影響を受けた．特に彼の指導者であった Julian Huxley（1940, 1942）と Robert Perkins（1903, 1913）が挙げられるが，中でも Perkins は特別に言及するに値する．なぜなら彼は，Lack のようにある島嶼へと行き，博士レベルの事前研修を受けていないにもかかわらず，その目で適応放散の意味を理解したのである．彼の場合，それはハワイ諸島のハワイミツスイ類だった．

異所的種分化や資源を巡る競争に加え，天敵の少ない甲虫では特殊化が起きづらいのに対し，餌が制限された鳥類ではニッチの特殊化が起きるなど，ハワイミツスイ類に対して彼が展開した考えは，David Lack に影響を与えていたに違いない．これらは Lack が本の中で，いつも明確に認めていたとは限らない（Grant 2000a）．『種の起源』を著した Charles Darwin にも同じことがいえる．彼は，祖父である Erasmus Darwin と指導者である Robert Grant に，自身が認めるよりも大きな影響を受けていたのかもしれない．私たちは知らず知らずのうちに，自分が思っている以上に誰かの影響を受けているかもしれないのだ．

私たちは多くの点で David Lack と同じ結論に至っている．そして必然的に，いくつかの点では違いがある．ここではその中の 4 つを取り上げて説明しよう．

第 1 に，Lack は過去の進化のパターンを確立するには化石が必要であると信じていた．1961 年に彼の本が再刊されるにあたり，その序文の中で彼は，「時間的な見方を提供する化石資料なくしては，どの種が進化の木の根に近く，どの種が頂点に近いのか確かめることは不可能である」と書いている．1961 年以後に生じた分子生物学の革命のおかげで，適応放散においてそれぞれの種がどの位置にあたるかを推定できるようになった．

第 2 に Lack は，ダーウィンフィンチ類によって説明できる問題は，種の起源というよりも，その持続性であると考えた．彼は当時流行の見方であった

(Stresemann 1936, Dobzhansky 1937, Huxley 1938, Mayr 1942) 種分化は，時間の経過によって避けられないという考えを採用した．分化を促進する地理的隔離があれば，あとは不妊性が進化するのに十分な時間だけが必要である．そうすれば，二次的接触において，交雑の可能性はほとんどないかゼロだろう．そのため種分化は，地理的に隔離された別々の島のように，異所的な状態で完了するだろう．しかし，そのように形成された種がのちに出会った際には，互いに食料を巡って競争し，共存は難しくなる．よって，種がなぜ維持されているかが問題となったのである．この問題は，本質的には生態学の問題である (Schluter 2000)．Lack が提示した答えは，Perkins のものと同様に（Perkins 1903），嘴サイズの進化的分化とそれに付随する競争の減少であった．この答えは現在の研究によって支持されているが，彼の議論の前提のうちの1つが誤りであったことがわかっている．不妊性をもたらす要因は進化しておらず，交雑は起きているのである．

　第3に，Lack は交雑の証拠を探し求め，見つけることができなかった．そのため，多くのフィンチ集団やその進化で見られる形態の大きな変異を説明するのに，交雑は重要な要因ではないと結論した．この誤りを示すためには，バンドを取りつけた個体の繁殖の観察（1976年）が必要であった (Grant and Price 1981, Boag and Grant 1984a)．今では私たちは，交雑は無視できず，適応放散において有力な要因であったと考えている．

　第4に，Lack は，さえずりが種間で不連続に違ってはいないため，種の独自性を示すシグナルとしてさえずりは重要でないと考えた．Robert Bowman (1979, 1983) によって始められた近年の研究によって，ある種の個体が時として別種のさえずりを習得するにもかかわらず，さえずりは種を区別するために重要な要因であることが明らかになった．

　Lack が私たちと同じだけのことを知らなかったからといって，非難されることはないだろう．彼はコンピューターや電気泳動のためのゲル，テープレコーダー，長期研究による稀な交雑の観察機会をもっていなかったのである．それにもかかわらず，彼の生態的な洞察はたびたび実証されており，ダーウィンフィンチ類を学ぶある学生が (Schluter 2000)，この鳥類は本来「ラックフィンチ類」と呼ばれるべきだと提案したほどである！

長年にわたる研究において私たちを助けてくれた多くの人々に謝意を述べたい．この援助は Robert Bowman からの助言，および Ian と Lynette Abbott の 4 ヶ月に及ぶ野外調査に始まり，続いて Laurene Ratcliffe, Peter Boag, Trevor Price, Dolph Schluter, Stephen Millington, Lisle Gibbs, Lukas Keller, Ken Petren，そしてたくさんのアシスタントによって，数シーズンに及ぶ野外調査が行われた．私たちの娘である Nicola と Thalia も多くの場面で助けてくれた．Thalia の場合には，私たちがガラパゴスで研究をしていた期間中ずっと，私たちを支えてくれた．私たちは最初，McGill University から助成を受け，McGill University や University of Michigan, Princeton University に勤めている間，National Science and Environmental Research Council of Canada と National Science Foundation of the United States から継続した援助を受けた．この研究は Charles Darwin Foundation や Charles Darwin Research Station，そして Galápagos National Parks のスタッフらによる継続的な支えなくしては不可能だっただろう．本書の原稿のさまざまなパートは Margarita Ramos と Dolph Schluter が読み，全体を 3 名の査読者と Sam Elworthy が読んでくれた．彼らによる多くの校正と有益な示唆に感謝したい．図版に関しては，Dimitri Karetnikov に計り知れない助けをしてもらった．ここに感謝したい．

2007 年 1 月

目　次

監訳者まえがき ……………………………………………………………………… iii
はじめに ……………………………………………………………………………… ix
和名−学名リスト …………………………………………………………………… xxiv

第1章　生物多様性とダーウィンフィンチ …………………………… 1
 1.1 生物多様性　1
 1.2 研究対象の選択　2
 1.3 ダーウィンフィンチ類　3
 1.4 ダーウィンフィンチ類の種多様性　6
 1.5 種と集団　9
 1.6 本書の概要　11

第2章　起源と歴史 ……………………………………………………………… 13
 2.1 はじめに　13
 2.2 系統　14
 2.3 祖先　16
 2.4 祖先種が到着した時　17
 2.5 植民　18
 2.6 生態という劇場　19
 2.7 舞台場面の変遷　20

2.8　進化という演劇　23
　　2.9　最近の環境史　23
　　2.10　まとめ　26

第3章　種分化の様式　28

　　3.1　新たな種の形成　28
　　3.2　1集団から2集団へ　29
　　3.3　異所的な多様化　31
　　3.4　同所的な共存　31
　　3.5　同所的種分化　32
　　3.6　側所的種分化　34
　　3.7　モデルの検証　35
　　3.8　まとめ　36

第4章　島への移入と定着　37

　　4.1　種分化：最初の分断　37
　　4.2　新集団の形成　38
　　4.3　創始者効果：理論からの予測　40
　　4.4　植民　40
　　4.5　近親交配　41
　　4.6　繰り返す移入　43
　　4.7　創始者効果の異なるシナリオ　44
　　　　4.7.1　結論　46
　　4.8　他の種の例では　47
　　4.9　まとめ　48

第5章　自然淘汰，適応，そして進化　49

　　5.1　適応　49
　　5.2　嘴サイズと餌　50

5.3　環境変化に伴う適応進化　55
5.4　自然淘汰　56
5.5　進化　56
5.6　揺らぐ方向性淘汰　58
5.7　短期間の事実から長期間の事柄を推定する　60
5.8　変異の源泉　62
5.9　嘴はどのように形成されるか　63
　5.9.1　高さと幅　63
　5.9.2　長さ　66
5.10　まとめ　67

第6章　生態的相互作用　69

6.1　はじめに　69
6.2　競争　70
6.3　共存のパターン　70
　6.3.1　嘴から餌を推測する　71
　6.3.2　パターンの解釈　72
6.4　形質置換と解放　73
　6.4.1　観察された形質置換　73
　6.4.2　オオガラパゴスフィンチの競争的役割　75
　6.4.3　対照的な状況下での淘汰　78
　6.4.4　形質置換の進化　79
6.5　まとめ　79

第7章　生殖隔離　82

7.1　交雑を避けるための交配前隔離　82
7.2　種間の区別に含まれる要因　83
　7.2.1　嘴　83
　7.2.2　さえずり　83

  7.3　学習　86
  7.4　種間でのさえずりの違い　87
  7.5　異所的な場合のさえずりの多様性　89
    7.5.1　生息環境への適応　92
    7.5.2　形態分化の帰結として起こるさえずりの変化　92
    7.5.3　偶然の役割　94
  7.6　二次的接触の再現　95
  7.7　まとめ　97

第8章　交雑　100

  8.1　はじめに　100
  8.2　交雑　101
  8.3　なぜ交雑が起こるのか　102
  8.4　交雑が起きないのはいつか　105
  8.5　雑種個体の適応度　106
  8.6　大ダフネ島での遺伝子移入　110
  8.7　島嶼での遺伝子移入　112
  8.8　強化　114
  8.9　生殖的形質置換　115
  8.10　遺伝子移入の進化的重要性　115
  8.11　まとめ　117

第9章　種と種分化　118

  9.1　はじめに　118
  9.2　過程から産物へ：種とは何か？　119
  9.3　実用的な定義　120
  9.4　ダーウィンフィンチ類は何種類か？　122
    9.4.1　ムシクイフィンチ：1種か，それとも2種か？　123
    9.4.2　ハシボソガラパゴスフィンチ：1種か，それとも3種か？　124

9.5　産物から過程へ戻る　125
　9.6　分裂と融合　127
　9.7　まとめ　130

第10章　ダーウィンフィンチ類の放散を再現する　132
　10.1　はじめに　132
　10.2　放散の形　133
　10.3　種分化と絶滅　135
　　10.3.1　種分化　136
　　10.3.2　絶滅　139
　　10.3.3　系統とのかかわり　140
　10.4　適応度地形　142
　10.5　生態的な棲み分けのパターン　146
　10.6　特殊化　148
　10.7　複雑な群集の蓄積　148
　10.8　まとめ　149

第11章　適応放散の促進要因　151
　11.1　はじめに　151
　11.2　環境が与える放散の機会　152
　11.3　地理的な適合　153
　11.4　生態的な機会　154
　11.5　多様化への高い潜在能力　157
　11.6　行動の柔軟性　158
　11.7　浸透交雑　160
　　11.7.1　交雑と動物育種　162
　　11.7.2　遺伝子移入を促す環境条件　162
　11.8　フィンチ対マネシツグミ　164
　11.9　まとめ　166

第12章 適応放散の生活史 ……………………………………… 168
   12.1 はじめに　168
   12.2 適応放散の第1段階　170
   12.3 適応放散の第2段階　171
   12.4 ホールデンの法則　173
   12.5 適応放散の第3段階　175
   12.6 総合　178
   12.7 まとめ　179

第13章 ダーウィンフィンチ類の放散の要約 ………………… 181
   13.1 何が起こり，それはなぜ起きたのか　181
   13.2 欠けているものは？　183
   13.3 エピローグ　185

日本語版へのあとがき ……………………………………………… 186
用語集 …………………………………………………………………… 190
引用文献 ………………………………………………………………… 200
索　引 …………………………………………………………………… 221

図版目次

口絵

1 マイクロサテライト DNA 配列の違いに基づいた，ダーウィンフィンチ類の種間関係
2 ダーウィンフィンチ類の種
3 セントルシアクロアシトド，キマユクビワスズメとムシクイフィンチ
4 4つの島に生息するムシクイフィンチ
5 イサベラ島の火山活動と大ダフネ島
6 ココス島と生息するフィンチ
7 標高の違いによるガラパゴスの4つの生息環境
8 捕獲，測定とバンドの取りつけ
9 フィンチの測定
10 大ダフネ島に生息する4種類のダーウィンフィンチ類
11 2つの島で嘴の大きさと形状が異なるオオダーウィンフィンチ
12 ハシボソガラパゴスフィンチの生息地
13 ヘノベサ島の低地とピンタ島の高地に生息するハシボソガラパゴスフィンチ
14 ハシボソガラパゴスフィンチの珍しい採餌行動
15 小さな種子をつける植物
16 大ダフネ島における，ガラパゴスフィンチの採餌
17 大ダフネ島の植生に対する干ばつの影響
18 オオバナハマビシ
19 大ダフネ島の植生に対するエルニーニョの影響
20 オオガラパゴスフィンチが同所的にいる場合といない場合のオオサボテンフィンチ

xx　図版目次

21　大ダフネ島に生息するオオガラパゴスフィンチの採餌
22　サボテンフィンチによって食べられたサボテンの果実
23　大ダフネ島のサボテンフィンチに見られるサボテン食
24　オオガラパゴスフィンチ存在下におけるガラパゴスフィンチの形質置換
25　大ダフネ島で見られたフィンチの死亡個体
26　見た目とさえずりによる識別テスト
27　ヘノベサ島で見られた，交雑個体と思われる個体
28　大ダフネ島における交雑個体と戻し交配個体
29　道具を使うキツツキフィンチとダニを食べるコガラパゴスフィンチ
30　ガラパゴスに生息する，マネシツグミ類の異所的な4種
31　マダガスカルのオオハシモズ科とハワイに生息するハワイミツスイ類

図

1.1	ガラパゴス諸島の地図	4
1.2	ダーウィンフィンチ類の適応放散	6
1.3	コガラパゴスフィンチ，ガラパゴスフィンチ，オオガラパゴスフィンチに見る，形態の変異	10
2.1	マイクロサテライトDNAによって推定されたダーウィンフィンチ類の進化的関係性	15
2.2	300万年前から現在までの島数の増加	20
2.3	300万年前から現在までの地球全体の気候の変化と太平洋の温度変化	21
2.4	島の数とフィンチの種数に見る並行的増加傾向	24
2.5	標高による生息地の区別	25
3.1	異所的種分化の3段階	30
4.1	種分化の創始者効果モデルの2つのタイプ	39
4.2	大ダフネ島に生息するオオガラパゴスフィンチのペアの数	42
4.3	1991年のオオガラパゴスフィンチ群集における近交弱勢	42
4.4	オオガラパゴスフィンチに見られる遺伝的多様性の変化	43
4.5	個体数に変動を伴うオオガラパゴスフィンチの集団における平均嘴サイズ	45
5.1	嘴の形状とペンチの間のアナロジー	51

5.2	嘴の高さと割ることのできる種子サイズの関係性	52
5.3	ガラパゴス諸島におけるハシボソガラパゴスフィンチの集団	53
5.4	ハシボソガラパゴスフィンチの系統樹	54
5.5	大ダフネ島における年間降水量	55
5.6	ガラパゴスフィンチに見られた，自然淘汰による嘴の高さの変化	57
5.7	ガラパゴスフィンチに見られる，親子間の嘴の高さの関係性	58
5.8	ガラパゴスフィンチの集団における，嘴の高さの進化的変化	59
5.9	ガラパゴスフィンチとサボテンフィンチの集団における形態変化	61
5.10	嘴の発生の概念図	64
5.11	ガラパゴスフィンチ類における $Bmp4$ と CaM の発現の違い	65
5.12	フィンチ類の嘴の発生に関与する，$Bmp4$ と CaM の2つの遺伝子とその効果のまとめ	67
6.1	大ダフネ島におけるガラパゴスフィンチの長期的な形態変化	74
6.2	大ダフネ島のオオガラパゴスフィンチとガラパゴスフィンチの個体数に見る，集団の崩壊とその前後	76
6.3	種子サイズの3カテゴリーで示す，ガラパゴスフィンチ属3種の食料	77
6.4	ガラパゴスフィンチとサボテンフィンチにおける，自然淘汰への進化的応答に関する予測値と観測値の比較	80
7.1	標本を用いた，形態に基づくガラパゴスフィンチの種間の区別	84
7.2	同種と別種のさえずりのプレイバック実験による，ガラパゴスフィンチの雄の個体識別	85
7.3	大ダフネ島のガラパゴスフィンチの雄個体が歌うさえずりの系図	88
7.4	ガラパゴスフィンチの雄に見られるさえずりの一定性	89
7.5	サボテンフィンチのさえずりに見られる父子間の類似性	90
7.6	ピンタ島，ウォルフ島，ダーウィン島およびヘノベサ島のハシボソガラパゴスフィンチによる求愛時のさえずり	91
7.7	種間に見るさえずりの類似性	93
7.8	ガラパゴスフィンチ属に見られる，在来種と移入種の識別	97
7.9	在来種と移入種の繁殖可能性と形態的違いの関係	98
8.1	大ダフネ島のガラパゴスフィンチが誤ってオオガラパゴスフィンチのさえ	

	ずりをコピーした例	104
8.2	ガラパゴスフィンチ属の親種（F_0），雑種第一代（F_1），その後2世代の戻し交配個体の食料	107
8.3	1982～83年のエルニーニョの後に観察された，大ダフネ島における雑種個体の生存の変化	108
8.4	雑種と戻し交配個体の適応度と親種の関係	109
8.5	さえずりのタイプに基づくガラパゴスフィンチとサボテンフィンチの戻し交配	111
8.6	ガラパゴスフィンチとサボテンフィンチに見られた遺伝的および形態的収斂	112
8.7	ガラパゴス諸島に生息するガラパゴスフィンチ属とダーウィンフィンチ属の近縁種間に見られる浸透交雑	113
8.8	サボテンフィンチに見られた，マイクロサテライト配列のヘテロ接合度の増加と，嘴の形状の分散の増加	116
9.1	単純化した種分化の概念図	119
9.2	種分化の間に起こる，分化と収斂の間の揺らぎ	128
9.3	サンタ・クルス島，サン・クリストバル島，マルチェナ島のガラパゴスフィンチとオオガラパゴスフィンチの嘴サイズ	129
10.1	ダーウィンフィンチ類の種間に見られる形態的多様性	134
10.2	時間とともに蓄積していく種の数	137
10.3	交雑と絶滅を伴う系統樹	142
10.4	適応度地形	143
10.5	フィンチ類の適応度地形	145
11.1	ダーウィンフィンチの近縁種間に見られる形態的多様性	158
11.2	ガラパゴス諸島の中心で見られた，過去22,000年にわたる島の変化	163
12.1	遺伝的不和合性の進化を時間の関数として表したモデル	172

表目次

1.1　ダーウィンフィンチ類の種のリスト　　　　　　　　　　　　　5
1.2　主な18の島々におけるフィンチの分布　　　　　　　　　　　7
6.1　2つのシナリオに関する淘汰係数　　　　　　　　　　　　　76

和名-学名リスト

和名	学名
アノールトカゲ属	*Anolis*
ウタスズメ	*Melospiza melodia*
オオガラパゴスフィンチ	*Geospiza magnirostris*
オオサボテンフィンチ	*Geospiza conirostris*
オオダーウィンフィンチ	*Camarhynchus psittacula*
オオバナハマビシ	*Tribulus cistoides*
オヒゲシバ	*Chloris virgata*
ガラパゴスウチワサボテン	*Opuntia helleri*
ガラパゴスフィンチ	*Geospiza fortis*
ガラパゴスフィンチ属	*Geospiza*
ガラパゴスマネシツグミ	*Nesomimus parvulus*（*Mimus*）
キツツキフィンチ	*Camarhynchus pallidus*
キマユクビワスズメ	*Tiaris olivacea*
キンカチョウ	*Taeniopygia guttata*
クビワスズメ属	*Tiaris*
クロアカウソ属	*Loxigilla*
クロヒゲマネシツグミ	*Mimus longicaudatus*
コガラパゴスフィンチ	*Geospiza fuliginosa*
ココスフィンチ	*Pinaroloxias inornata*
コダーウィンフィンチ	*Camarhynchus parvulus*
コヤスカエル属	*Eleutherodactylus*
サボテンフィンチ	*Geospiza scandens*

サンショウ属	*Zanthoxylum*
始祖鳥	*Archaeopteryx*
ショウジョウバエ属	*Drosophila*
シロエリヒタキ	*Ficedula albicollis*
スカレシア属	*Scalesia*
ズグロムシクイ	*Sylvia atricapilla*
スズメガヤ	*Eragrostis cilianensis*
セントルシアクロアシトド	*Melanospiza richardsoni*
セントルシアクロシトド属	*Melanospiza*
ダーウィンフィンチ	*Camarhynchus pauper*
ダーウィンフィンチ属	*Camarhynchus*
ニワムシクイ	*Sylvia borin*
ハシブトダーウィンフィンチ	*Platyspiza crassirostris*
ハシボソガラパゴスフィンチ	*Geospiza difficilis*
ハマビシ属	*Tribulus*
パロサント	*Bursera graveolens*
ヒトリツグミ属	*Myadestes*
マダラヒタキ	*Ficedula hypoleuca*
マメワリ	*Tiaris obscura*
プラスモジウム属（マラリア原虫）	*Plasmodium*
マングローブフィンチ	*Camarhynchus heliobates*
ムシクイフィンチ属	*Certhidea*
ムシクイフィンチ	*Certhidea olivacea*

第1章

生物多様性とダーウィンフィンチ

> 動物進化の原理として現在よく知られているのは，地形，土壌，気候と植生が十分に変化に富んでいるならば，隔離された地域では「適応放散の法則」によって，原始的な祖先型から多様な動物相が生み出されることである．このような枝分かれは食料を確保する機会を逃さず，すべての方向へ伸びていくだろう．
>
> *(Osborn 1900, p. 563)*

> 13種のガラパゴスフィンチには，嘴が極端に厚いものからとても細いものまでほとんど完璧な段階的変化を見ることができ，その見事さはムシクイ類のパターンと比較すべきものである．
>
> *(Darwin 1839, p. 475)*

1.1 生物多様性

　私たちが住んでいる世界には，数えきれないほど豊富な生物種が生きている．インフルエンザウィルスから象に至るまで，これまでに知られているすべての種の数を足し合わせると，150万種にまで達する（Wilson 1992，第8章）．未記載種も含めた本当の種数は，ほぼ確実に少なくとも500万種以上，あるいは1,000万，2,000万種ともいわれている．一方で，この数はこれまで地球に存在し絶滅してしまった莫大な数の生物種を考慮すると，ごく僅かな割合である．生物の豊かさに関する知識は絶えず広がり続けている．たとえば，新種の海水産魚類は毎週見つかっている．にもかかわらず，根本的に全く異な

る生物の発見率は低下しており，新たな目や綱，門の発見は非常に稀である．新発見は既存のリンネの分類学的体系に組み込まれ，それを変更することは滅多にない．要するに，地球上に生息する生物のリストとしては不完全であっても，進化生物学者が次の難題に挑戦するだけの知識は十分に揃っているのである．では説明して欲しい！　なぜ生き物たちはこれほどまでに多様化し，そしてこれほど多くの種が生息しているのだろうか．

　数多くの多様な研究がこの難題に挑んでおり，チョウの翅形態パターン (Jiggins et al. 2006) や植物の系統 (Soltis et al. 2005)，クジラの化石 (Gingerich 2003) がその3つの例である．私たちはこの問いに，リンネの分類体系の下層に位置する，集団や種，属といった階層に注目して挑戦したい．これらはより高い階層である綱，門，界の間での違いへと発展するもとになる小さな違いをたくさん含むことが期待される．下の階層で得られた知識によって，上の階層において進化の起源が曖昧な近縁の分類群の理解が進むだろう．私たちは綿密な調査を行うため，近縁種からなる1つのグループを選び，以下の問いに答えたい．彼らはどこからきて，どのように多様化し，何が原因で現在見られるような多様化が引き起こされ，かつ，それ以上には多様化しなかったのか，そしてどれだけの期間をかけてその多様化が起こったのだろうか．

1.2　研究対象の選択

　理想的には，研究対象のグループは数種以上含むと都合が良いが，多すぎてはいけない．なるべくなら，過去の進化を理解しやすいように，地理的に同じ場所に生息していることが望ましい．飼育下と自然条件下での研究が容易であり，そしてその生物の歴史として保存状態の良い，復元可能で解釈可能な化石記録が残されていることが望ましい．

　これらすべての条件を最もよく満たしている生物は，適応放散を遂げた生物群である．適応放散とは，1種の共通祖先から異なる生態的ニッチを占める数種が現れる急速な進化を指す (Givnish and Sytsma 1997, Schluter 2000)．そのような生物は，定量的比較をするのに十分な数の種を含み，互いに似ているので，多様化の経路を再現できる．そして生息環境が過去の適応的な過程とし

て（または他の観点から）解釈できる．

研究対象の第一候補として挙げられるのは，同じ地域に生息し，種の多様性に富む属群である．これに該当する生物は数多く存在する．よく知られ見事に多様化している例としては，アフリカ大湖沼のシクリッド（Kocher 2004, Joyce et al. 2005, Seehausen 2006），カリブ海と中南米に生息するアノールトカゲ（Losos 1998）とコヤスガエル（Hedges 1989），そしてハワイ島嶼に分布するショウジョウバエ（DeSalle 1995）とキク科植物であるギンケンソウ（Barrier et al. 1999）がある．いくつかのグループは文字通り数百種を含んでいる．コヤスガエルでは1属の中に700種以上（Crawford and Smith 2005），ハワイのショウジョウバエでは合計1,000種近くにのぼる（Kaneshiro et al. 1995, Kambysellis and Craddock 1997）．それから，中南米に生息するチョウの1属であるドクチョウ（Mallet et al. 1998），ポリネシアのマイマイ属のカタツムリ（Johnson et al. 2000），アジアのフタバガキ科の樹木（Ashton 1982），熱帯に広く生息するイチジクとイチジクコバチ（Weiblen 2002），同様にランとシタバチ（Pemberton and Wheeler 2006），などなど例を挙げればきりがない．その種群が厳密にあるいは広義に適応放散として認識されているかはともかくとして（Schluter 2000），それらはたしかに種数も多く多様性に富んでいる．

これらのどのグループよりもよくまとまっていて扱いやすいのが，ダーウィンフィンチ類として知られる，注目すべき少数の鳥である（口絵1と2）．彼らが生物学者に提供するものは他に類を見ない．種間で非常に類似しているので，ある種のどこを変形すると他の種に対応するかが容易に理解できる．さらに人に慣れているため近づきやすく，行動の研究が行いやすい．そして何より，人間の活動によって1種も絶滅してはいないのである．

1.3　ダーウィンフィンチ類

ココス島の1種を除いて，ダーウィンフィンチ類（ガラパゴスフィンチ亜科）はエクアドルのガラパゴス諸島にのみ生息する（図1.1）．分類方法に依存するものの，計14種あるいは15種であり（表1.1），網羅的な研究には都合が

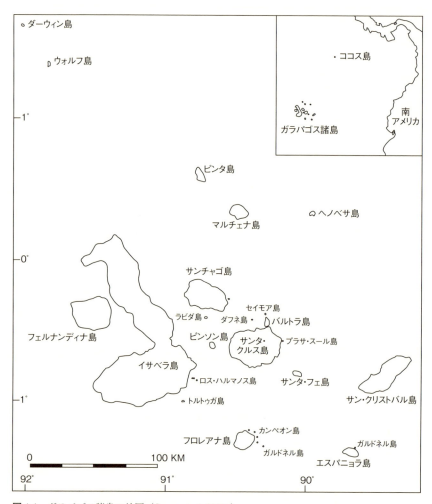

図 1.1 ガラパゴス諸島の地図（Grant et al. 2005a）.

良い．彼らは1種の共通祖先から，形態と生態の面で比較的素早く適応放散した古典的なケースである（図1.2）．あまり撹乱のない同じ環境に生息しており，結果としてこのグループの生態と進化から，私たちは完全な自然条件下における種分化と適応放散に関する洞察を得ることができる．たとえば，同種の

表1.1 ダーウィンフィンチ類の種のリスト．ムシクイフィンチは遺伝的な証拠に基づき2種と考えられるかもしれない（図2.1）．キツツキフィンチとマングローブフィンチは少し分化した別の *Cactospiza* 属に含まれると考えられてきた（Grant 1999）．

学名	英語名	和名	重量(g)
Geospiza fuliginosa	Small Ground Finch	コガラパゴスフィンチ	14
Geospiza fortis	Medium Ground Finch	ガラパゴスフィンチ	20
Geospiza magnirostris	Large Ground Finch	オオガラパゴスフィンチ	34
Geospiza difficilis	Sharp-beaked Ground Finch	ハシボソガラパゴスフィンチ	20
Geospiza scandens	Cactus Finch	サボテンフィンチ	21
Geospiza conirostris	Large Cactus Finch	オオサボテンフィンチ	28
Camarhynchus parvulus	Small Tree Finch	コダーウィンフィンチ	13
Camarhynchus pauper	Medium Tree Finch	ダーウィンフィンチ	16
Camarhynchus psittacula	Large Tree Finch	オオダーウィンフィンチ	18
Camarhynchus pallidus	Woodpecker Finch	キツツキフィンチ	20
Camarhynchus heliobates	Mangrove Finch	マングローブフィンチ	18
Platyspiza crassirostris	Vegetarian Finch	ハシブトダーウィンフィンチ	35
Certhidea olivacea	Warbler Finch	ムシクイフィンチ（olivacea 系統）	8
Pinaroloxias inornata	Cocos Finch	ココスフィンチ	16

集団が異なる島に生息しており（表1.2），それらが異なる生態をもつことがある．私たちはこの事実から，同種集団の多様化の理由を探ることができる．その反面，近縁種が同じ島に生息する場合には分化していることが多い．このことから，私たちは近縁種間における交配障壁の性質や，どのように，そしてなぜ別種として存在し続けているのかを調べることができる．つまり，島嶼全体にわたる多数の集団を考慮すると，あたかも初期の分化から生殖隔離まで，何度も繰り返された種分化プロセスのすべてが示されているかのようである．

　これらは研究にとって大きな利点だが，以下の2つの不便さによって幾分か利点が相殺される．1つは，フィンチを実験に使用することに制約があること．そしてもう1つはごく最近を除いて化石が残っていないことである．のちに見るように，いくらかの実験調査は可能であるし，分子系統による情報は化石の不足を補ってくれる．

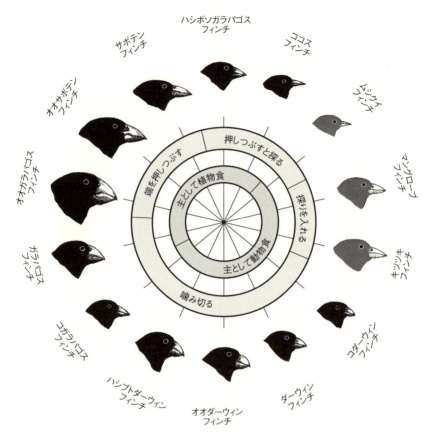

図 1.2 放散を強調して描いたダーウィンフィンチ類．ただし木を上から見るように示しているため系図は考慮していない（口絵1を参照，Grant 1999）．

1.4 ダーウィンフィンチ類の種多様性

　ダーウィンフィンチ類の進化を議論するにあたり，私たちは膨大な博物館標本に基づいた Lack（1945, 1947）の種分類に従うことにする．同じ島から集められた標本サンプルは，異なるグループ（つまり異なる種）に含まれる傾向がある．たとえごく稀に種間交雑をしたとしても，種間の差異は維持される．このことは生物学的種概念の基本である（Wright 1940, Mayr 1942）．

表 1.2 主な18の島におけるフィンチの分布．B=繁殖，(B)=おそらく繁殖，E=絶滅，(E)=以前はおそらく繁殖集団が存在したが現在は絶滅．ムシクイフィンチの olivacea と fusca の2系統は分けて示している．

島	オオガラパゴスフィンチ	ガラパゴスフィンチ	コガラパゴスフィンチ	ハシボソガラパゴスフィンチ	サボテンフィンチ	オオサボテンフィンチ	オオダーウィンフィンチ	コダーウィンフィンチ	キツツキフィンチ	マングローブフィンチ	ハシナガダーウィンフィンチ	ムシクイフィンチ olivacea系統	ムシクイフィンチ fusca系統
セイモア島		B	B	B	B								
バルトラ島		B	B	B	B								
イサベラ島	B	B	B	(E)	B	B	B	B	B		B	B	
フェルナンディナ島	B	B	B	B	B	B	B	B	E		B	B	
サンチャゴ島	B	B	B	B	B		B	B	B		B	B	
ラビダ島	B	B	B	B	B								
ピンソン島	B	B	B	(B)	B		(E)	(E)	B		(E)	B	
サンタ・クルス島	B	B	E	B	B		E	B	B		E	B	
ダフネ島	B	B		B	B							B	
サンタ・フェ島	B	B		B	B		B	B	B		B	B	
サン・クリストバル島	E	B	(E)	B	B				B		(E)	B	B
エスパニョラ島		B	B	B		B							
フロレナ島	E	B	E	B	B		B	B	B		B		
ヘノベサ島	B		B	B		B	B	B			B		E
マルチェナ島	B	B		B	B		B	B	B		B	B	
ピンタ島	B	B	B	B	B		B	B	B		B	B	
ダーウィン島				B		B							B
ウルフ島	B			B		B							B

種は羽模様や形態が異なり（口絵 2），それらは以下のようにまとめられる．ガラパゴスフィンチ属（*Geospiza*）の 6 種は互いに似ていて，雌が茶色ですじが入っていて，雄は黒くてすじがない．ダーウィンフィンチ属（*Camarhynchus*）の 5 種は茶色ではなくオリーブグリーン色で，すじはほとんど見られない．ダーウィンフィンチ属 5 種のうち 3 種の雄は頭部から肩，胸にかけて黒いのに対し，残りの 2 種（キツツキフィンチ *C. pallidus* とマングローブフィンチ *C. heliobates*）とムシクイフィンチ（*Certhidea*）は黒くない．ハシブトダーウィンフィンチ（*Platyspiza*）はガラパゴスフィンチの色をしており，ダーウィンフィンチ属 3 種の雄の黒色を部分的に示す．最後に，ココス島に生息する 1 種（*Pinaroloxias* 属のココスフィンチ）はガラパゴスフィンチと同様の羽の特徴をもつ．

　ガラパゴスフィンチ属とダーウィンフィンチ属の各種は，互いにある程度体サイズが異なるが，嘴サイズとその形にはより大きな差異が認められる（図1.2）．この見た目の違いにより，私たちは種の同定を行うことができる．加えて，ムシクイフィンチ，ハシブトダーウィンフィンチ，ココスフィンチの 3 種は互いに異なる嘴の形態をもっている．結果として，ダーウィンフィンチ類のグループに属する種はすべて互いに異なる嘴をもっている．

　嘴の大きな違い，またそれに比べると小さな違いではあるが，体サイズと羽模様の違いの 3 つの軸が，ダーウィンフィンチ類の放散の本質を捉えている．このような変異は，嘴の形態と体サイズでは連続的であり，羽に関しては不連続にクラスターを形成する．また重要な特徴として，3 軸の空間への種の配置が挙げられる．コガラパゴスフィンチ，ガラパゴスフィンチ，オオガラパゴスフィンチなどいくつかの種は驚くほど近くにかたまっている（口絵 2）．他の種はより遠くに位置しており，ムシクイフィンチについてはすべての種から遠い場所にある．全体を考慮すると，ダーウィンフィンチ類は，8g のウグイスのような鳥から 35g のアトリ科のような鳥まで大きな変異を示す．

　彼らの摂餌生態はその形態の多様性と対応しており，これがダーウィンフィンチの放散が適応的であるといわれる理由である（Lack 1947, Bowman 1961）．ガラパゴスフィンチ属は普通地上で餌を探し，さまざまな種子や節足動物，果物やウチワサボテン（*Opuntia* 属）の種子を食べる．ダーウィンフィ

ンチ属はより樹上に棲み食虫性である．ハシブトダーウィンフィンチは名前からわかるように植物食であり（英名は vegetarian finch），ムシクイフィンチは花蜜やクモなどのさまざまな小型昆虫を捕食する．

1.5　種と集団

　上に示したように簡単な形態的記載をしてしまうと，ある集団を種に割りあてる際の複雑さに気づきにくくなる．同じ島に生息する種同士は不連続であり見分けがつくが，島嶼全体を見ると種の境界は曖昧なこともある．のちの章でさらに考察するが，まだ集団が若く，適応放散の途中にあるため，これは十分予想できることである．不連続な形態境界の曖昧さにより，フィンチは種分化研究の対象として有望でなおかつ挑戦的なものとなっている．

　Darwin (1842) は，1835年に FitzRoy（ビーグル号の船長）とその助手たちとともに初めて標本を集めた7年後，以下のように述べている．

> 最も興味を惹く事実は，ガラパゴスフィンチ属の異なる種が，嘴サイズについて完璧な段階的変化を示すことである．

これによって彼は，のちの発展を思わせるような進化的推察をしている．

> 非常に近縁で小さな鳥のグループに起きた段階的な変化と構造の多様性を見ると，この島々には最初は少数しかいなかったが，共通祖先から出発して異なる結末に変化していった，と感じるだろう．

進化生物学の言葉に訳すならば，「異なる結末への変化」は自然淘汰による適応を意味する．

　種の同定には2通りの複雑さが見られる．1つ目は，同種の集団が異なる島間で互いに異なる場合である（図1.3）．同じ島の上において種は不連続に異なるのに対し，図1.3のマルチェナ島のガラパゴスフィンチ類に見られるように，ある島の小型種の大きな個体が，他の島の大型種の小さな個体にとても似ている場合がある（Lack 1945, 1947, Grant et al. 1985）．たとえば，サンタ・クルス島のガラパゴスフィンチは平均では大きく，そして他のどの島よりも変

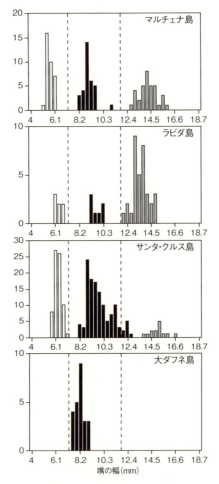

図1.3 ガラパゴスフィンチ属3種における嘴の幅の頻度分布．色はそれぞれコガラパゴスフィンチ（白），ガラパゴスフィンチ（黒），オオガラパゴスフィンチ（灰色）を示す．ほとんどの島において（例：マルチェナ島とラビダ島），3種ともほぼ対称形でかつ互いに離れて分布している．サンタ・クルス島ではそうではなく，ガラパゴスフィンチが非常に変化に富み，大きな個体はラビダ島のオオガラパゴスフィンチの小さな個体よりも大きい．またサンタ・クルス島のガラパゴスフィンチの分布が個体数の少ないオオガラパゴスフィンチの方へ歪んでいることから，これら2種の交雑の可能性が示唆される．大ダフネ島ではガラパゴスフィンチの嘴サイズの分布は他の2種の不在が影響して反対方向へシフトしている（第5, 6章参照）．データは博物館の雄標本の計測に基づく（Grant et al. 1985）．

異に富む．結果として，この集団の大きな個体は，ラビダ島のオオガラパゴスフィンチの一番小さな個体よりも大きな嘴をもつ（図1.3）．このように，種の境界をどこに引くかという問題は簡単ではないことがある．こういった紛らわしさにもかかわらず，ある島における種の分類が困難であることはほとんどない（Lack 1947）．

2つ目は，異なる島におけるそれぞれの十分に分化した集団は，異なる種と考えられることである．そのような集団が交配するか，つまり1種（同種）なのか，あるいは2種（異種）として認めるに値するかどうかを明確に定める方法はない．その典型例2つがガラパゴスフィンチのグループに見られる．ハシボソガラパゴスフィンチの6集団は嘴の形が共通していることから1種にまとめられているが，体サイズの違いは先ほどの疑問を提起するのに十分である．たとえば，ヘノベサ島における平均は12gであるのに対し，サンチャゴ島ではなんと27gである！ ヘノベサ島とエスパニョラ島のオオサボテンフィンチの集団はサボテンフィンチに比べ互いに形態的に似ているが，サボテンフィンチと共存している場所はなく，それゆえこのオオサボテンフィンチ2集団は，もしかするとサボテンフィンチと同じ種であると考えるべきかもしれない．

最初に挙げた例における複雑さは個体の特徴についての疑問を，2番目の例は種の特徴に関する疑問を提起する．これらは分類学上の難問であるだけでなく，種がどのように生じるかを理解するためにDarwinが挙げた問題の核心を突いている．それはDobzhansky（1937）とMayr（1942）が言い換えたように，どのようにして1つの交配集団がほとんどあるいは全く交雑しない2集団に分かれるか，つまり生物はどのように，そしてなぜ多様化するのかという問題である．

1.6 本書の概要

この本の中で，私たちはダーウィンフィンチ類の進化的な多様化について，地理，行動，生態や遺伝の側面から説明を試みる．その説明の中には自然淘汰や性淘汰，遺伝的浮動，交雑による遺伝子の交換（遺伝子移入），そして遺伝的，文化的な進化が含まれる．さらに干ばつと極端な雨の状態（エルニーニョ

を頻繁に繰り返す激しい天候の変化を考慮し，これらすべての要因をつなぎ合わせる．重要な結論は，環境変化が新しい種の起源にかかわる観察可能で有力な要因であることだろう．私たちは現在のフィンチから得られる情報を用いて，どのようにそしてなぜ現在の放散が展開されたかについて明らかにしていく．過去の環境がどのようにフィンチの種を多様化に導いたか，そしてフィンチのいくつかの特徴がどのようにして多様化へ貢献したのかに焦点をあてる．

　私たちは第2章で分子遺伝データを用い，系統関係，すなわちダーウィンフィンチ類の集団間や種間の系図関係，さらにはダーウィンフィンチ類と中南米の近縁種との関係を推定することから始める．フィンチがガラパゴス諸島に移入してから起こっている環境の変化についても記載する．この情報により，理論上どのように種分化が起こってきたのかを考察することができる（第3章）．その後の章では，データを用いて以下のステップを詳細に調べていく．最初に生態学的情報を使い，島が形成され新たな集団が確立した時に何が起こるかについて（第4章），自然淘汰を通してどのように適応が起こるのか（第5章），そして資源を巡る競争がどのようにして自然淘汰と進化に貢献するかについて述べる（第6章）．その後，個体がどのように交配相手を選び，何が種間交雑の障壁を構成するのかという重要な問題について取り上げる（第7章）．時としてその障壁は破られ，交雑が起きることがある．そのため第8章では，交雑の原因とその結果について調べる．第9章ではこれまでに培われた情報やアイデアを用い，我々が種をどのように認識すべきかという問題に立ち向かう．第10章では放散の初期と後期に形成された種の違いに注目し，生態的機会への適応の変化，および種分化と絶滅のバランスの観点からその説明を試みる．第11章では，他の鳥が同じ環境で放散しなかったのに対し，ダーウィンフィンチ類ではなぜ放散が起きたのかについて説明する．さらに私たちは，第12章で放散が経験する3つの段階を概説することにより，ダーウィンフィンチ類の放散を広い文脈で位置づける．ダーウィンフィンチ類はその最初の段階の良い例となる．この章では適応放散の総合理論を短く紹介して締めくくる．第13章はダーウィンフィンチ類の放散の主な特徴をまとめるとともに，まだ明らかになっていない事柄について述べ，これからの研究方針を提案する．

第2章

起源と歴史

進化に関する知識を用いれば，環境変化に対する適応機構の研究を加速できるだろう．

(*Davis et al. 2005, p. 1713*)

現在見られる生物，さらにはこれまでの生物を形づくってきたものは，進化と生態が互いに絡み合い影響し合う機構である．それらは互いに相手の結果でもあり，原因でもあるのだ．

(*Valentine 1973, p. 58*)

2.1 はじめに

現在のことがわかれば，過去が推測できる．生物多様性の進化学的研究は常に結末から初めに戻るようにして行われる．つまり，分岐した結果からその起源へ，または立証できる観察から歴史とその意味を推論するのだ．

ダーウィンフィンチ類の化石は遡ってもせいぜい数千年前であり（Steadman 1986），それゆえその起源に答えるにはあまり有用ではない．このように古い化石が手に入らない場合，ダーウィンフィンチ類の歴史に関する最も重要な情報は遺伝子から得られる．この章では，現存する種間の系統関係や歴史を推測するために遺伝的な近縁性を用いることにする．また，ダーウィンフィンチ類やその他の生物の進化的な歴史を理解するために有用な3つの基本的な疑問を中心として，それらに答える形で本章を進めていきたい（Grant 2001）．最初

の質問は「いつ放散が始まったか」である．この問いの答えが，関連するガラパゴス諸島の歴史に境界を与えてくれる．2つ目の質問は，「放散の時間的なパターンはどうだったか」，そして種間の類似性のパターンについて，である．この答えから，説明すべき進化的推移のそれぞれが明らかになる．3つ目の質問は，放散が進むにつれて環境がどのように変化していったか，である．生態的ニッチの変遷は放散の理解に欠かせない．Evelyn Hutchinson の巧みなたとえ (Hutchinson 1965) を言い換えるならば，私たちはガラパゴスという移り変わる劇場の舞台で，進化の演劇がどのように繰り広げられるかを知る必要がある．ここで最初の質問に対する答えを示しておくと，放散の歴史は約200万年前と若いが，その間に環境は，島の数や天候，植生などについて数多くの変化を経験してきた．

2.2 系統

　私たちはミトコンドリアと核DNA（マイクロサテライト）のマーカーを用いることで，すべてのダーウィンフィンチ類の種間および南アメリカ大陸やカリブ海の近縁グループ間との遺伝的な関係性の推定を行った．遺伝的近縁性の尺度は系統樹を構築するのに用いられている（図 2.1；手法の詳細については典型的なものとして Schluter (2000) や Price (2007)）．フィンチの進化史に関するいくつかの疑問にはこの系統樹を用いて答えることができるが，種が遺伝的に類似性が高いことでそれが可能ではない場合もあり（Freeland and Boag 1999a, 1999b, Petren et al. 1999, 2005, Sato et al. 1999），また統計的に疑わしいケースも存在する．ミトコンドリア DNA マーカーによる系統推定は図 2.1 と同様な関係性を示すが，ココスフィンチの分岐が遅く樹上性フィンチ（ダーウィンフィンチ属）系統の基部から分岐したと推定される点で異なる（Petren et al. 2005）．それでもなお，マイクロサテライトやミトコンドリア DNA マーカーを用いた遺伝的類縁性に基づく系統性は，古くに確立された形態に基づく分類 (Lack 1947) やアロザイム（酵素）の類似性 (Yang and Patton 1981, Stern and Grant 1996) に基づく分類とよく合致する．口絵 1 には単純化した系統関係を示した．

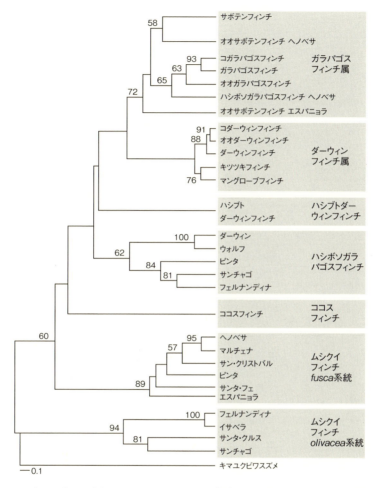

図 2.1 マイクロサテライト DNA マーカーによって推定されたダーウィンフィンチ類の集団間および種間の進化的関係性．数字は繰り返しサンプリングによって分岐点が得た統計的支持（ブートストラップ値）．ハシボソガラパゴスフィンチおよびムシクイフィンチについては，各集団の生息する島名を示してある．オオサボテンフィンチ *G. conirostris* の2集団は同一クラスターを形成しておらず，ハシボソガラパゴスフィンチ *G. difficilis* でも同様の現象が見られる．これは交雑のためか（第8章），強固な分化が確立するための時間が不足していたため（第8, 9章）と考えられる．系統樹の根にはキマユクビワスズメ *Tiaris bicolor* を用いた．Petren et al.（2005）による．

ダーウィンフィンチ類の起源に関する1つの疑問には明確に答えることができる．すべての解析を通じて，ココスフィンチを含むダーウィンフィンチ類は，他のどの種間よりも互いに近縁な関係にあることが判明した．つまり彼らは単系統であり，すべてのダーウィンフィンチ類がガラパゴスに先住した共通祖先に由来し，なおかつ他の鳥類の種は，その種を祖先とはしていないのである．

2.3 祖先

共通祖先がどの鳥だったかは不確かである．ダーウィンフィンチ類は中南米やカリブ海に生息する種子食のフウキンチョウの仲間に近縁であるとされる (Petren et al. 1999, Sato et al. 1999, 2001, Burns et al. 2002)．しかし，これまで調査されてきた祖先種候補の中で現在のダーウィンフィンチ類に最も近縁であると結論づけられた特定の種は存在しない．具体的な近縁種の候補としては，クビワスズメ属 *Tiaris*，セントルシアクロシトド属 *Melanospiza*（口絵3），そしてクロアカウソ属 *Loxigilla* (Burns et al. 2002) から計6種が挙げられる．さらに遺伝的な類似性の指標から，これらの祖先種候補が1つのグループを形成していることが判明しており，現代の地理的な近さとこの遺伝的類似性を組み合わせて考えるならば，クビワスズメ属のメンバーが系統学的にダーウィンフィンチ類に最も近いといえる．またマメワリ *Tiaris obscura* はその属の祖先種にもなりうる (Sato et al. 2001)．

ダーウィンフィンチ類で一番古い種とされるムシクイフィンチは，大陸やカリブ海に生息する種子食の近縁種とは異なる小さく細長い嘴をもっている．もし共通祖先種がこのムシクイフィンチに似ている種であるならば，現在のカリブ海や本土では絶滅したといえる．一方で，もし原型の種がマメワリ (Sato et al. 2001) やその近縁種 (Burns et al. 2002) であるなら，生態的に特殊化してムシクイフィンチが生じたのちに，ガラパゴスではその祖先種が絶滅したと推測される．この2つの説のうちでは後者がより有力であり，共通祖先種が絶滅した可能性を支持する理由は第10章で述べる．

2.4 祖先種が到着した時

マイクロサテライト DNA のデータによると，ココスフィンチはムシクイフィンチが 2 つのグループに分かれたのちに系統樹から分岐している．ミトコンドリア DNA による解析はより遅い時点での分岐を示唆しているが（Petren et al. 2005），どちらにしてもココスフィンチはガラパゴスに生息した鳥に由来しており，反対に祖先とはならなかったのである．よって，ガラパゴス諸島で最初に祖先集団が形成され，続いてココス島に移入が起きたはずである．私たちはいつ最初の集団形成が起こったのか知ることはできないが，初めて分岐が起きた地点，つまり放散が開始した時点を推定することができる．

ムシクイフィンチは系統樹の根元に位置しており，そこから最初の 2 グループ（口絵 4）への分岐が起こっている．この分岐は 160～200 万年前に起きたと推定される（Petren et al. 2005）．この推定を行うにあたり私たちは，ある 2 つの集団や種が互いに離れ分化を開始した時点からほぼ一定のスピードで分化し，現在の遺伝的な違いはその分化からの時間に比例すると仮定している．現在の通常のやり方に従うならば（たとえば，Garcia-Moreno 2004, Lovette 2004），ミトコンドリア遺伝子のシトクロム b における塩基配列が，分離したそれぞれの系統で時計のように規則正しくランダムな変化を通じて分化し，平均で 2% の配列の違いが 100 万年で蓄積すると仮定する．これらの仮定より，ダーウィンフィンチ類の系統樹における最初の分岐は，160～200 万年前に起こったと推定される．もし 100 万年に対応する配列の違いを 2% ではなく，Fleischer and McIntosh (2001) がハワイミツスイ類から推定した 1.6% という数字を用いると，先ほどの分岐年代は 210～250 万年前と推定される．

この最初の分岐年代が過小評価されている可能性もある．1 つには，アロザイムの差異に基づく推定ではより古い分岐年代（≧280 万年前）が示唆されていることが挙げられる（Grant 1999）．もう 1 つの可能性は，2 系統が最初の分化後に交雑と遺伝子流動を経験することで（第 8 章），遺伝的差異が減少し，本来の分岐年代よりも現在に近い年代に推定してしまうことである．

200 万年以上前，ダーウィンフィンチ類の祖先は単一の種として不特定の期間ガラパゴスに存在した．もしクビワスズメ属が最も近縁であるなら（Petren

et al. 1999, Sato et al. 1999, 2001），ダーウィンフィンチ類はその独自の進化をおよそ230万年前に開始したといえる．しかし，ミトコンドリアの分子時計に基づくさまざまな鳥類グループでの推定値は，進化して間もない種ほど（ダーウィンフィンチ類もこれに含まれるが）不正確であるとされる（Ho et al. 2005). また，種間で分化したミトコンドリア DNA は，浸透交雑が生じて新たに導入されたミトコンドリア DNA 領域が淘汰上有利であるならば，分化が止まったり，さらには巻き戻される場合もあるため注意を要する（Bachtrog et al. 2006). これらの複雑な知見から，私たちは最初のフィンチの祖先集団の到着を 1 つの年ではなく 200～300 万年前という幅のある期間をもって表すことにする．これは推定の不確かさを反映するとともに，追加の研究によって変更される可能性を示すためである．

2.5　植民

　南米大陸の近縁種からの分化は，その祖先種がガラパゴス諸島に定着した時に始まった．彼らはどこからきたのだろうか．その出発地点はおそらく本土の同緯度地域からであっただろう．近縁種であり祖先種候補の 1 種であるマメワリは現在，南アメリカ大陸で赤道の南北両側に生息している．さらに北寄りの候補が示唆されており,現在カリブ海に生息する種との遺伝的類似性や（Burns et al. 2002)，ガラパゴスのマネシツグミ（Arbogast et al. 2006）とその他の鳥類（Swarth 1934）の類似性，さらにはガラパゴスとメキシコ・中央アメリカやカリブ海におけるいくつかの植物の類似性（Wiggins 1966, Porter 1976）が証拠とされている．一方で，200～300 万年前は現在に比べ高温多湿であり，本土における熱帯動植物の分布はより南へと，先ほどのマネシツグミや植物が移入した島々と同緯度まで広がっていたかもしれない．

　ガラパゴス諸島への到達は驚くべき偉業といえる．本土のエクアドルから 900km 離れた場所に位置し，鳥類が到達するにも難しい場所である．さらにその場所に定着するのはより難しく，これら難しいことの積み重ねが非常に稀な出来事であることを象徴している．ではどのようにして実現したのか．

　たとえ現在の事象に基づいていたとしても，どの答えも推論に過ぎないと

断っておく．今日のガラパゴス諸島内におけるフィンチの移動分散は，エルニーニョの年に多産することで引き起こされる高密度化や，火山の噴火による森林火災が原因である（口絵5）．そのため，大陸からの移動という珍しい現象は，アンデス山脈での火山活動や森林火災によって引き起こされた可能性がある．海岸に集結したフィンチやその他の鳥類が，炎や煙から逃れるために海へ飛び出していくのは想像に難くない．ある試算によると，ダーウィンフィンチ類の祖先種は，ある程度の大きさの1つの群れ（またはいくつかの小さな群れ）でガラパゴスに到着した．現代のフィンチは組織適合性抗原（Mhc）の遺伝子座が遺伝的に多様化しており，Vincek et al. (1996)はこの遺伝子セット（class II）における対立遺伝子の多様性を用いて，祖先集団の先住個体が少なくとも30個体以上であったと計算した．このことが1つの根拠だが，フィンチ類の到達は少数の鳥による単なる異常行動の結果ではなく，大陸での大災害が鳥達を移動へ駆り立てたため，と考えている．

2.6 生態という劇場

祖先集団のフィンチがガラパゴスへ到着した時，利用可能な資源は今日より限られていたであろう．ガラパゴス諸島はその形成からすでに1,000万年以上が経過しているのだが，海中に沈んでいる島々があることを考えると（Christie et al. 1992, White et al. 1993, Sinton et al. 1996），現在見られる島のほとんどは，フィンチの祖先種定着後に火山活動によってつくられたと考えられる．

300万年前にはおそらく5つほどの島しかなく（図2.2），そのうちの3つは現在海中に沈んでいる（Grant and Grant 1996a）．群島の西に位置するフェルナンディナ島の下にはホットスポットが存在し，その付近を中心とした火山活動により島の数が増えていった．太平洋プレートは周期的に穴が開いて火山噴火を起こし，その上に載るガラパゴス諸島も南アメリカ大陸の方へ東南東の向きで1年に0.5cmずつ移動している（Sinton et al. 1996）．島は徐々に沈んでおり，かつては高かった島も，一番古いものでは我々の見えない位置まで沈んでしまっている．

フィンチが移入した約300万年前は，地球上の気温（図2.3）が現在よりも

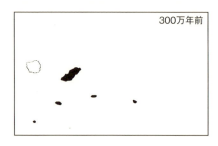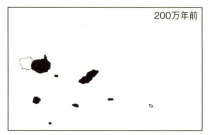
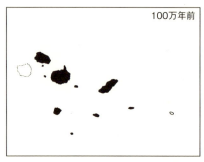

図2.2 300万年前から現在までの島数の増加.現在海中に沈んでいる島は白抜きで示してある.これらの島々は現在フェルナンディナ島の下に位置する「ホットスポット」(破線で示している)によって形成された.Christie et al. (1992) のデータより作成.Grant and Grant (1996a) より.

高かったと推定され(次節参照),エルニーニョ現象も常に存在したといわれている(Cane and Molnar 2001, Fedorov et al. 2006).このことを考えると,当時のフィンチの祖先種は,ガラパゴスにおいてでも現在のココス島に似た気象条件の中にいたはずである.ココス島は暖かく湿潤であり,海岸から山頂まで熱帯多雨林が覆っている(口絵6).ココス島では,他のガラパゴスの島々における沿岸部のような気温の高さがあるとともに,年間降水量はガラパゴスの島の高地でエルニーニョの際に観測される最大量に匹敵する.

2.7 舞台場面の変遷

最初のフィンチの集団がガラパゴス諸島に到着して以降,その天候は太陽の

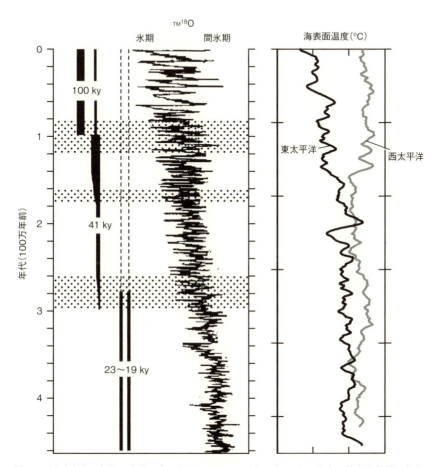

図 2.3 地球全体の気候の変化．左の図は deMenocal（1995）による海底の酸素放射性同位体に基づいたもので，氷期と間氷期を繰り返しながら現在に向かって振動が大きくなりつつ，気温が低下している傾向を示す．同図左側の縦黒線は数千年（数 ky）の振動の周期性が二度不意に変化しており，さらに 170 万年前までの 41,000 年（41ky）周期の期間中に振幅が変化していることを表す．右図は東太平洋と西太平洋の間で海面温度が 170 万年前を起点に差が開き始めた様子を示す（Wara et al. 2005 より）．

周期的変動と歩調を合わせながら，多かれ少なかれ連続的に変化し続けてきた (Zachos et al. 2001)．環境変動の証拠は，地域の観測よりも地球全体の指標をもとにすることが多い．古気候は，塵粒子や植物の残骸，海や湖の層に存在するプランクトンの殻の堆積物から推測され，放射性同位体によって年代が決まる（deMenocal 1995）．図 2.3 に示される通り，地球全体の気温は過去 300 万年間に低下した．273 万年前あるいはそれより少し早い時期に起きた重要な出来事として，熱帯地域から南極大陸まで影響を及ぼす北半球での氷河作用の兆候が挙げられる（Haug et al. 1999, Cane and Molnar 2001）．250 万年前からその後にかけては，パナマ地峡が 300 万年以前を除いて最後に閉じた時期であり，これによって大西洋と太平洋が分断されたことになる（Cronin and Dowsett 1996）．特にパナマ地域がフィンチの出発点である可能性を考えると，この分断がもたらした風の強さや方向の変化，さらには海流の変化が，ガラパゴスへの植民に影響していたかもしれない．

それ以降天候の変化は継続しているが，常に滑らかに変化したとは限らない．特に2つの変化は突発的であった．1つはおよそ 170 万年前に起こり，地球が斜角をもって太陽の周りを回っている影響を受けながら，41,000 年の周期で気温の振幅に増大が生じる．結果として，東西の帯状の大気循環（ウォーカー循環）が強まり，その位置がシフトした（Trauth et al. 2005）．有孔虫のマグネシウム／カルシウム比を用いた推定によると，太平洋における東西での海水温の違いは 170 万年前（図 2.3）かそれより早い段階で現れている（Lawrence et al. 2006）．それ以前には一様に温暖で湿潤な気候であったとされる．この海水温の違いは東部の温度低下に起因しており（Wara et al. 2005），現在のエルニーニョ・南方振動（ENSO）の予兆であった．エルニーニョ・南方振動は，東太平洋において温暖かつ湿潤なエルニーニョ現象と寒冷かつ乾燥なラニーニャ現象を 2〜11 年周期で繰り返している現象である．

2つ目の変化は約 100 万年前に起こった．この時太陽軌道の離心率の影響で，41,000 年の周期性が 100,000 年周期に突然変化している．結果として，氷期／間氷期サイクルと乾期を伴う大きな温度変動がもたらされた．氷河期の寒冷化は大気中の二酸化炭素の減少を伴う．この気候は C4 回路を光合成に用いる植物にとって好的な環境である（Colinvaux 1996）．それらには，C3 回路を

用いる木本種ではなく，開けた土地に生育する多くのイネ科の草本が該当する．

2.8 進化という演劇

ムシクイフィンチがとった最初の進化経路の方向性は，熱帯多雨林の環境における小節足動物食や柔らかい果実食，小さな花の蜜食や花粉食であった．島の数が増え（図2.4），気候が寒冷化し植生が変化するたびに，フィンチはより頑強な嘴（口絵1）をもっていくつかの種に分化していった．200～300万年に及ぶ系統樹から読みとると，ハシボソガラパゴスフィンチとハシブトダーウィンフィンチの起源は，太平洋の温度勾配とエルニーニョ・南方振動（ENSO）の傾向が出始めた時期と推定される．一方，樹上性のダーウィンフィンチ属とほとんどのガラパゴスフィンチは，ガラパゴス諸島がより明確な乾期を持ち始めたのちに起源する．気候や植生の変動は単なる背景的な情報ではなく，フィンチの多様化に直接影響を及ぼした．例として現在，季節的な乾燥低地帯の環境（口絵7）には種子食およびサボテン食のガラパゴスフィンチ属が占めているが，これらの生態系は放散の初期においては存在しない．このようなフィンチの種は，適した環境が現れた時だけ進化できた．年代とともに移り変わる植物群集や動物群集，つまり古群集が，その後のフィンチの進化を促したのである．

2.9 最近の環境史

ENSO に伴う気候の短期振動と氷期／間氷期サイクルに伴う長期振動の中間の時間スケールをもつ振動がいくつかある．それらには太平洋における十年や数十年の振動（Miller et al. 1994, Zhang et al. 1998, Chavez et al. 2003）のほか，1,000 年（Raymo 1998, Baker et al. 2001, Turney et al. 2005, Lea et al. 2006）周期のものや 20,000 年に及ぶ期間のものまで含まれる（Baker et al. 2001）．これらが気温や降水，海面の高さの変化を通してガラパゴス諸島の生物に影響を及ぼしてきた．

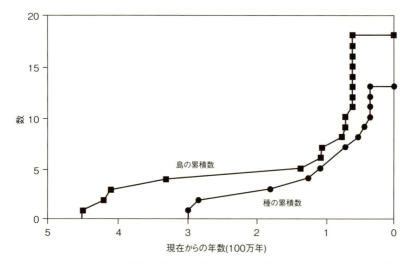

図2.4 島の数とフィンチの種数に見る並行的増加傾向．種数の累積は種分化による増加と（未知の）絶滅による減少のバランスで決まっているが，現存する種の数のみを用いて図を作成している．Grant and Grant（1996a）より．

　平均海面の変化は島同士の距離やその連結性に影響を及ぼすとともに，島の存在そのものにも影響してきた．海水面の高さはおよそ30,000年前に最も低く，現在よりも125m低下しており，その後22,000年にわたって着実に上昇してきたことが，バルバドス島の珊瑚のコアサンプルの研究から明らかになった（Bard et al. 1990）．最後に海面が今日と同様の高さになったのは，120,000年前のことである（Lambeck and Chappell 2001）．

　最終氷期の寒冷化は少なくとも21,000年以前（Kerr 2001）かそれより少し早い段階（Lea et al. 2006）で，赤道付近の太平洋地域で3〜4℃の気温低下をもたらし，その前に起こった約130,000年前の氷河作用ではさらに低く，2〜6℃の低下があった（Tudhope et al. 2001）．現在よりも気温がずっと高かったことは一度もない．ガラパゴスにおける気候変動の直接的な証拠は，2つの情報をもとにしている．1つは海中の有孔虫堆積物に含まれる，135,000年に及ぶマグネシウム／カルシウム比と酸素の安定同位体比の解析である（Lea et al. 2006）．そしてもう1つは，サン・クリストバル島のエル・フンコ湖（Colin-

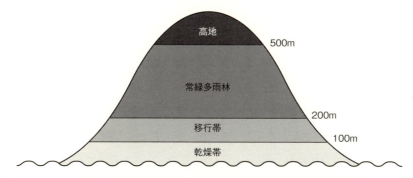

図 2.5 標高による生息地の区別．乾燥帯と移行帯にはさまざまな落葉低木樹が優先している．常緑多雨林帯ではサンショウ属の1種 *Zanthoxylum fagara* や高木のスカレシア属 *Scalesia* が局所的に優先している．高地ではイネ科植物やシダ，スゲが構成要素である．各地域間の境界ははっきりしておらず，その標高も島ごとに異なる．Bowman（1963）と Hamann（1981）に基づく．

vaux 1972, 1984）とヘノベサ島のアルクトゥルス湖（Goodman 1972）から得られるコアサンプルが含む堆積物や花粉の解析である．これらの湖の堆積物は，乾燥と温暖湿潤な気候の間で繰り返し振動していたことを示す．たとえば，エル・フンコ湖は気温が最大まで上昇した際（Lea et al. 2006），完新世にあたる 30,000 年以前からおよそ 10,000 年以前までの間，完全に干上がっていた（Colinvaux 1984）．

気温と降水量は，ある状態から植生のシフトが起こるほど十分に長い期間（>1,000 年）を有する次の状態へと変化し（Woodward 1987），その結果として植物自身の進化も引き起こされる（Davis et al. 2005）．気温が上下することで，気温または湿度依存的な植物の生息標高もまた上下に移動してきた．最も高標高あるいは低標高の生息域（図 2.5）では，一番頻繁にその縮小や除外を余儀なくされてきた．地中海のコルシカ島では，鳥の固有種数が最も少ない生息環境がこれらの標高であり（Prodon et al. 2002），同様にガラパゴスにおいても，最も近年に進化したガラパゴスフィンチやダーウィンフィンチがこの環境を占めている．また，高標高における湿潤な常緑林では，相対的に固有植物種が少ないことは，環境変化（口絵 7）があったからだとされているが（Johnson and Raven 1973），Hamann（1981）は，より低標高の移行帯においては，固有植物数がさらに少ないことを発見している（図2.5）．最も標高が低い地域でも，いくつかの島において植物が明らかに不適な天候や土壌環境に侵入していることから環境変化があったと推測される．例として，デイゴ属の1種である *Erythrina velutina* は，サンタ・クルス島やサンチャゴ島，イサベラ島など標高が高い島の中標高域に生育している．この種の木は低地でかつ乾燥したヘノベサ島に1本だけ見つけることができ，10本弱が同様の環境でさらに離れたウォルフ島にも生育している．これらの個体は，現在よりも涼しく湿潤で乾期も明瞭でなかった好適な環境で生息していた大集団の生き残りなのかもしれない．

このように，今から100,000年前までは変化の時であり，記録は残されていないが新たな移入や絶滅が起こっていたようである．フィンチ類の集団とその生息地は大きさも分布も一定ではなく，拡大や縮小を伴っていた．ガラパゴス諸島という劇場では常に場面が移り変わっていたが，役者もまた同様であった．

2.10 まとめ

現在を十分に理解するためには過去を知る必要がある．この章ではダーウィンフィンチ類の自然史の構成要素についてまとめた．分子時計を応用したミトコンドリアDNAの推定によると，祖先種が200～300万年前にガラパゴスへ到着し，その歴史が始まったとされる．この祖先集団の移入は，気候や地球物理学上の変動に起因していた可能性が高い．というのもおよそこの時期，北半球での氷河作用が始まり，最後にパナマ地峡が閉じ，そして北部アンデスの隆起が起こっていたからである．最初の種分化は形態的に類似したムシクイフィンチの2グループを生み出した．そのうちの1つのグループがその他のすべての種に分化していったようである．早期に分化したのはココスフィンチ，ハシボソガラパゴスフィンチの高標高集団，そしてハシブトダーウィンフィンチであった．その後，5種のダーウィンフィンチ属とさらに5種のガラパゴスフィンチ属が分化している．現代に見られるすべての生態的ニッチを祖先種が利用

できた訳ではなかった．ガラパゴス諸島はその当時から劇的な変化を遂げている．島の数は増加し，それらの大きさや標高，互いの距離は海面の上昇下降に伴って変化した．気候は，温暖かつ湿潤で常にエルニーニョのような状態から，寒冷で乾燥した強い季節的年変動のある状態へと変化した．そのため，フィンチ放散のドラマは，ある1つの変化のないガラパゴスの舞台場面を見ただけではわからない．ダイナミックに変化する環境，つまり島の数が増え，そして植物や節足動物などフィンチにとっての食料の多様性増加やその分布が変化したことで，フィンチの放散の機会は数もタイプも増えたのである．

第 3 章

種分化の様式

　同じ地域で互いに交配をする限り，1つの種が2種あるいはそれ以上を生み出すことは信じられない．…もし私が種分化における隔離の重要性を見逃していたとしたら，それはおかしな話である．ガラパゴス諸島がまさにそのケースであり，私を種の起源の研究へと最初に導いたのだから．

(*Letter to M. Wagner, 1876; Darwin 1887, p. 159*)

　種分化に関して科学的に扱えるすべての問いの中で，最も熱心に議論されるのは，生物地理にかかわることである．

(*Coyne and Orr 2004, p. 83*)

3.1　新たな種の形成

　適応放散の中心的問題は，生物多様性のすべての議論と同様に，どのようにそしてなぜ1種が2種に進化するかという種分化の話題に帰着する．ほとんどの生物学者にとって，「種分化とは各集団内における分化によって，以前は同種だった集団間に遺伝的な隔離が生じるプロセスのことである」(Simpson 1953, p. 380)．1つの種から数多くの種が進化によって生じるのは，この基本的な過程の繰り返しに起因する．さまざまに異なる進化的帰結から判断するに，生態的環境は間違いなく事例ごとに異なっているが，主要な原理は同じである．種分化の原因となる要素は1つの集団を少なくとも2つに分断することであったり，それらのグループ間での交配障壁であったりする．これらの要因

がどのように起こりうるかという問いが，本章のテーマである．

3.2　1集団から2集団へ

　ガラパゴス諸島のような場合，ある集団から他のまだ棲み着いていない島へ飛んでいき，そこに定着することで，1集団から2集団が形成される．地理的隔離の状況では，2集団でそれぞれ異なる突然変異が偶然に固定することにより，必然的に分化が進む（Muller 1940）．もし2集団で環境が異なる場合には，自然淘汰もまた分化に関与する．その後ある程度時間が経過し，再び移入によって2集団の個体が出会った時，その2個体は繁殖を試みて失敗したり，そもそも繁殖を試みない可能性がある．これが，1種から共存する2種が進化する最も単純かつ古典的な説明であろう（Grant 2001）．その歴史はMayr（1942, p. 156）によって回顧されており，その内容はDarwinよりもさらに前の19世紀初頭まで遡る．その中で，カナリア諸島の植物相について記述した地質学者Leopold von Buch（1825）は以下のように述べている．

> ある生物種の個体は，大陸を越えて，非常に遠い地まで分散して分布し，地域性や餌，土壌の違いにより，さまざまな変種を形成する．地理的隔離のために他地域の変種とは互いに交配できず，結果として元の種に戻ることはできない．最終的にはこれらの変種は安定した別種となる．その後互いの分布が再度重なることもありうるが，すでに交配できないため「全く異なる2種」として振る舞うだろう．

　このスキームは，種分化の異所的モデルとして知られるようになった．主な要因は（a）地理的隔離（異所的）の段階があり，（b）それに局所適応が伴う．さらに（c）再び地理的接触（同所的）が起こり，（d）交配を行わなくなる，という流れである．未解決の部分としては，「変種がどのようにして安定した別種にまで至るか」に関する説明である．その説明が行われたのはもっと後の話であり，Wallace（1855, 1871）とDarwin（1859）が自然淘汰による進化のアイデアを提唱し，その世紀末にメンデルの遺伝法則が再発見され，そしてDobzhansky（1937）がそれらを集団遺伝学の枠組みに取り込んでからで

30 第3章 種分化の様式

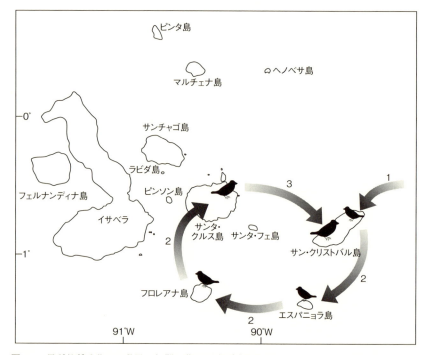

図 3.1 異所的種分化の3段階：初期の集団形成 (1)，2つ目およびさらなる集団形成 (2)，2集団間における二次的接触 (3)．島は例として任意に選んでいる．第2，第3段階を諸島内の他の島々で繰り返すことにより，多くの種が形成される．Grant and Grant (2002a) に基づく．

あった．

　異所的種分化の理論は，現代進化論の登場まで多くの生物学者が採用し（たとえば，Perkins 1913, Grinnell 1924, Rensch 1933, Stresemann 1936, Huxley 1938, 1940, 1942, Mayr 1942），そして特に Stresemann (1936) と Lack (1947) によってダーウィンフィンチ類に適用された．図 3.1 は理論をモデルとして示している．それは，数多くの種分化のケースから最も重要な側面を取り出して単純化したものである．ダーウィンフィンチ類の種分化は，定着，分化，そして二次的接触における交雑障壁の形成の3つの段階からなる（Grant 1981a, Grant and Grant 2002a）．

3.3 異所的な多様化

第1段階では，ある島に祖先種が植民を行う（図3.1）．最初の集団形成例として，説明のためにサン・クリストバル島を示したが，それは最も大陸に近く，また一番古い島である．新たに形成された集団は，自然淘汰と偶然による遺伝的変化を通してそこでの主要な環境条件に適応するように進化していく．第2段階では，ある時点で少数の移入個体によって2つ目の島で集団が形成される．そこでは，サン・クリストバル島とは環境が異なるため，さらなる適応進化が起こる．地理的に離れたこれらの集団は分化を始める．異所的分化の過程が何度か繰り返されたのち，二次的接触が起こる（図中ではサン・クリストバル島で起こっている）．

3.4 同所的な共存

分化した2つの集団が交雑せず同所的に共存できるようになった時に種分化が完了する．共存は生態的な違いによってもたらされるが，「別種になる」上で重要なプロセスは，究極的には交配による遺伝子の交換を妨げるような繁殖的な違いの獲得である．最も単純な（最初に提唱された）異所的種分化モデルでは，生態的違いと生殖的違いの両方が地理的隔離によって生じるとしている．

第3段階で起こりうる結果は，交雑なしの共存だけではない．二次的接触を起こした2集団の個体が自由に交配できる場合，交雑によって生じた子孫個体は親が異所的に得た遺伝的差異があるにもかかわらず問題なく生存し，結果として2集団が1つに戻ることで種分化プロセスが崩壊する．種分化の初期において，別集団からの移入個体が在来集団に吸収されるのは繰り返し起こる通常の結果である．

完全な種分化と全く障壁のない交雑の中間に，3つ目の可能性が存在する．稀な交雑が起こり，なおかつその子孫の適応度が低いような場合である．この可能性はまさしく種分化途上の段階を表しており，互いの集団が生殖隔離を実現する上で興味深いが，これもまた不安定なプロセスであり必ずしも種分化に

至る訳ではない．ある1つの帰結としては，2集団間の交雑個体の適応度が低いことにより，自然淘汰や性淘汰，あるいはその両方が作用して2集団が分化することが考えられる．この場合には，交雑個体は淘汰の上で不利であるのに対して，自身の所属する集団に特有の形質をもった個体同士で配偶を行うことは，適応度低下の影響を受けないため有利になる．そのような形質やそれを配偶者の識別に用いることは，交雑（交配）の障壁を形成する．それらは異所的に進化して，同所的になってから淘汰によって強化された交配前隔離なのだ（Dobzhansky 1937）．強化は，交雑によって生み出された個体が相対的に不適応である時，つまり，交雑を妨げる交配後隔離がある時にだけ生じる．交配後隔離は，Dobzhansky（1937）が唱えたように，ある特定の（交雑による）遺伝的構成が生存率や妊性の低下をもたらすことで内因的に起こる場合に加えて，利用できる採餌環境への適応不足など生態的な外因によっても生じうる．

異所的そして同所定な変化の組み合わせによって種が形成されるためには，二次的接触の時点で最低限の程度で配偶者選択や採餌生態，生息地利用が異なっていなければならず，そうでなけれは種分化は失敗してしまう．もしその違いが閾値に達していない場合，徐々に交雑の頻度が増していくことで2集団が1集団に融合されていくか，競争によって一方の集団がもう一方の集団を絶滅に追い込んでしまうだろう．

これらすべての過程は，完了まで長い時間を要し，その途中では，同種と別種の間で揺れ動くことになる．

3.5 同所的種分化

異所的モデルでは，最初に2集団が形成されその後に交雑障壁が進化する．これとは異なる仮説の1つは，集団形成と隔離機構の進化が1つの場所で同時に起こるというものである．1つの集団の内部で2つの交配しない集団が生じるので，完全に同所的な進化ということができる．大きな課題の1つは，この過程がどのようにして始まるかを理解することである．どのようにして1つの集団が2つに分かれるだろうか？　前章で述べた2種に至るために超えるべき差異の閾値へどのようにして到達するだろうか？　いくつかの数理モデルがこ

の種分化プロセスが起こる条件について研究を行っている.

簡単な言葉で表現すると，基本的な条件として元集団の個体が新たに開拓できるような，まだ占有されていないニッチが環境に残っていることが挙げられる．そうして2つのニッチが占められ，それぞれに対応する個体が異なる淘汰条件にさらされることで多様化していく（Maynard Smith 1966, Gavrilets 2004）．同じニッチを占める個体を互いに好むように配偶者選択をするならば，2グループ間の交雑は減少し，やがて消失する（Kawecki 1997, Higashi et al. 1999, Kondrashov and Kondrashov 1999）．あるいは，1集団内の個体が食料を巡って競争しており，その競争の強さが表現型の類似性と正の相関を示し，さらに交配頻度は表現型が似ているほど高いと仮定した場合，理論的には2集団に分かれることができる（Doebeli 1996, Doebeli and Dieckmann 2000, Gavrilets 2004, Bürger and Schneider 2006）．しかしながら，これらの条件は限定的で複雑である（Bürger et al. 2006）．一般的に2集団間の交雑は僅かであっても，分化は抑えられてしまう．2つの理論的解析によると，同所的な進化的分岐は頻度依存性と同類交配の両方が強い時のみ起こる（van Doorn et al. 2004, Bürger and Schneider 2006）．

同所的種分化の可能性を確かめる実証例が存在する．私たちはヘノベサ島（図1.1）において，オオサボテンフィンチの2集団の雄がそれぞれ異なるさえずりを歌い，さらに嘴の平均サイズや乾期の平均的な食性も異なることを見い出したため，同所的種分化が2集団の間で進行中なのかどうかを問うことにした（Grant and Grant 1979）．最も重要なテストは，一方の集団の雄から生まれた娘個体が，同じさえずりのグループの雄と好んで交配するかどうかである（同類交配）．実際，次世代において同類交配は行われておらず，任意交配が観察された（Grant and Grant 1989）．種分化は起こっていなかったのである．2つの異なるさえずりをもつ集団間で，まずどのようにして形態や食性の違いが生じたかについてはわからない．ただ，任意交配の結果としてそれらの差異は消失し，その後10年間現れることはなかった．

このようなモデルはいくつかの魚類などの脊椎動物において検証されているが（Schliewen et al. 1994, Barluenga et al. 2006），むしろ節足動物が寄主植物をシフトするといったような離散的なニッチをもつ場合に適用しやすい（Feder 1998)．鳥類においては，アフリカに生息する托卵性のテンニンチョウ属のフィンチが一番の候補である．というのも，この鳥は種が異なる宿主の巣に卵を産みつけるが，異種の宿主の巣は離散的であり，その中で求愛行動をとるからだ（Sorenson et al. 2003）．

もしダーウィンフィンチ類において同所的種分化が起こっているとすれば，(a) 最も多くの環境を含むであろう大きな島で，(b) ニッチ（資源）がまだ数種にしか占められていないような放散の初期において起こりやすかったと考えられる（Grant and Grant 1989）．

3.6　側所的種分化

2つの集団は，交雑と遺伝子流動によって離れないように保たれ，生態的要因の違いがもたらす自然淘汰によってその差異は広げられる．進化の帰結は次の2つのバランスによって決まっている．異所的な集団間では遺伝子の交換はごく稀に生じ，たとえば鳥が繁殖のためにある島から他の島へと移動する場合が考えられるが，それでも同所的な集団間と比べれば非常に稀であるといえるだろう．このことから，同所的集団に比べ，異所的集団の方で自然淘汰が多様化に貢献しやすいはずである．異所的と同所的な状況の中間に位置するのが，集団が互いに地理的に隣接する（側所的）場合である．それらの集団がさらされる淘汰の違いによる効果は，遺伝子流動による同化の影響を上回るほど強いかもしれない（Slatkin 1975, Rice and Hostert 1993）．この場合，2集団には地理的隔離がないにもかかわらず，もはや交雑に至らない点まで分化する可能性がある（Endler 1977, Gavrilets et al. 1998）．側所的種分化のモデルは，異所的に起こる進化と同所的な場合の中間に位置する．

大西洋に浮かぶトリスタンダクーニャ島に生息するホオジロ科の鳥は，側所的種分化の理論にあてはまる条件を備えている．急峻な高度変化に沿った集団間での形態的な違いが，遺伝子流動を低レベルに保っているのである（Ryan et al. 1994）．

ダーウィンフィンチ類における側所的種分化の妥当性は，環境勾配に沿ってはたらく淘汰の強さや，フィンチがその淘汰様式を受け続ける程度に依存して

いるが，そのどちらについても明らかになっていない．側所的種分化の状況に最も適していると考えられるのは，イサベラ島やサンチャゴ島，サンタ・クルス島の高地における標高勾配である．これらの島はすべて標高が800mを越え，生息環境として挙げられる食性が高度に沿って変化している．低標高には乾燥した落葉樹林が存在し，移行帯を挟んでサンショウ属 *Zanthoxylum* やスカレシア属 *Scalesia* を含む湿潤な森，そして草地環境が現れる（図2.5と口絵7）．しかし，同種のフィンチにおける集団間の形態的な差異はこの標高に沿って観察されることはほとんどない．傾向として見られるのは，ガラパゴスフィンチ属において高標高で体サイズが大きくなるということである（Grant 1999）．サンタ・クルス島において，標高の勾配に沿って18km離れたコガラパゴスフィンチ *G. fuliginosa* の集団間では，4年間の各年で嘴の長さに違いが見られた（Kleindorfer et al. 2006）．これは側所的な分化の有力候補であるが，低地では高地に比べ固い種子を食べているため，嘴の先端がすり減ることによる違いが含まれているかもしれない．

3.7 モデルの検証

　近年の遺伝学（Coyne and Orr 2004）や生態プロセス（Schluter 2000）に焦点をあてた最も包括的な種分化研究は，以前のMayr（1963）やFutuyma（1998）など多くの研究者による結論と同じく，自然界における種分化の最も一般的な様式は異所的種分化であるとしている．それに加え，ガラパゴス，カリブ海，ハワイや東南アジア島嶼のような状況では，地理的隔離による明確な2集団の成立と生殖隔離という種分化の2つの要素が別に説明され，集団の形成には疑問の余地がないので，異所的種分化が最も単純なモデルだといえる．いくつかの例では種分化が同所的あるいは側所的に起こったかもしれないが，その必要条件はより特殊なものとなる．他の仮説を完全に無視する訳ではないが（たとえば，第9章を参照），今後ダーウィンフィンチ類のモデルとしては異所的種分化に焦点をあてることとする．

　モデルを検証する方法としては，測定可能な要素を直接研究するやり方と間接的な証拠から類推するやり方の2つがある．過去の出来事を研究する進化の

分野に関しては直接測定できることは限られており，現在の事象から得られる観察や測定からの情報をもとに推定しなければならないことが多い．

以下の5つの章では，ダーウィンフィンチ類のデータを用いて，種分化の主なアイデアを検証する．あるフィンチの種がどのようにして，生態的に異なりそして生殖的にも交雑をほとんどしない状態で共存できるような2集団に進化したかについて答えたい．私たちに自然環境下における種分化プロセスのすべてを観察することは不可能だが，その解明につながる調査を行うことは可能である．まずは異所的な分化における生態的状況と同所的な共存について考えることから始める．次いで交雑の障壁の性質や，それが自然界においてどのように進化したか，交雑には適応度の低下が伴うのか，もしそうならばその結果について議論する．

3.8　まとめ

標準的な異所的種分化のモデルに基づけば，種分化は新たな集団が形成されることで開始し，その集団が元の集団と交雑しない程度まで分化し，2集団の個体同士が同所的になっても交雑することなく共存できるようになった時に完了する．

交配障壁の進化は，完全に異所的に起こる場合もあれば，進化初期の状態で同所的になったのち，互いに離れるように淘汰がかかり，その傾向が強まる場合も存在する．つまり，生態的差異は，完全に異所的にも進化するし，同所的な場合に差異が促進されることもある．種分化は必然的な出来事ではない．2集団間で子孫に適応度の低下がほとんどなく自由に交配できる場合や，片方の集団が他方を競争排除する場合には，種分化プロセスが崩壊するかもしれない．また，異所的種分化に替わる仮説は2つ存在する．種分化は完全に同所的な集団間でも起こりうるし，環境勾配に沿った隣接する側所的な2集団が互いに異なるように淘汰が強くかかった結果としても起こりうる．これら2つの条件は異所的種分化に比べるとより限定されたものである．

第4章

島への移入と定着

> 小集団における生存率の低下は，偶発的な遺伝子の消失によるだけではなく，その集団全体が1組の両親や交配済みの雌1個体によって創設される場合にも起こる．
>
> (Mayr 1942, p. 237)

4.1 種分化：最初の分断

　標準的な異所的種分化モデルによると，種分化は新しい集団の成立から始まる．もし創設集団が大きい場合には，自然淘汰や偶然による遺伝的浮動を通して多様化し，最終的に種に至るまでに長い時間を要する．これは Lack (1947) がダーウィンフィンチ類の研究を先駆けた際に広く受け入れられていた新種の形成に関する考え方である (Stresemann 1936, Dobzhansky 1937, Mayr 1942)．これに対して，新しい集団が数個体の親によって創出される場合が考えられる．もしかするとその親個体は，元の集団を遺伝的に代表するような個体ではないかもしれない (Huxley 1938)．このような創設は集団の将来的な進化に非常に重要であり，たとえば小集団が長く続く場合には，確率的浮動によって希少な対立遺伝子が集団内で消失する可能性がある．この章では，島における初期の集団形成と，その後23年間に及ぶ遺伝・表現型レベルでの運命を紹介する．

4.2　新集団の形成

　急速な進化は，新集団が形成された後すぐに，ランダムな変化の蓄積や自然淘汰の結果として起こるかもしれない．集団を構成する個体が少ない場合，遺伝的浮動（対立遺伝子のランダムな消失）により遺伝的変異は減少し，近親交配が頻繁に起こる．遺伝子同士は相互作用しており（エピスタシス），新たな組み合わせができるたびに自然淘汰にさらされる（図 4.1）．これらの変化は，元の集団から生殖的に隔離された新種を生み出すのに十分なだけ重大な影響を及ぼすと考えられてきた．これが Mayr（1954, 1992）によって提唱された古典的な創始者効果であり，標準的なモデルによる漸進的な種分化と対照をなす説である（Grant 2001）．この説の元を辿ると，Sewall Wright による小集団の遺伝的構造とダイナミクスに関する研究によるところが大きい（Wright 1932）．

　大陸に近い小島に生息する鳥の集団は表現型（形態）がよく分化しているのに対し，非常に大きな大陸集団や大きな島に見られる集団では比較的分化が進んでいないことが知られている．Mayr はこの現象の説明に創始者効果モデルを用いた（たとえば，Mayr and Diamond 2001）．このような小集団を伴う異所的種分化は，しばしば集団間の位置関係を強調して周辺的種分化とも呼ばれる．本質的な要素としては，小さな集団サイズと，集団の創設後すぐに起こる大幅な遺伝的構成の変化が重要である．特に遺伝的変化は重要な役割を果たす．生態的な要素も無視はできないが，その重要性は二次的である（Mayr 1992）．

　集団の創設が起こっている最中またはその後における遺伝的変化の性質は理論的に調べられてきたが（Carson and Templeton 1984, Gavrilets and Boake 1998, Hedrick 1998），生殖隔離を導くような十分な変化であるとの証拠にはたびたび疑問が投げかけられてきた（Barton and Charlesworth 1984, Provine 1989, Barton 1996, Gavrilets and Hastings 1996, Coyne and Orr 2004）．この論争を解決するためには，自然状況下の創始者効果について遺伝的そして表現型レベルでの変化を研究する必要がある．

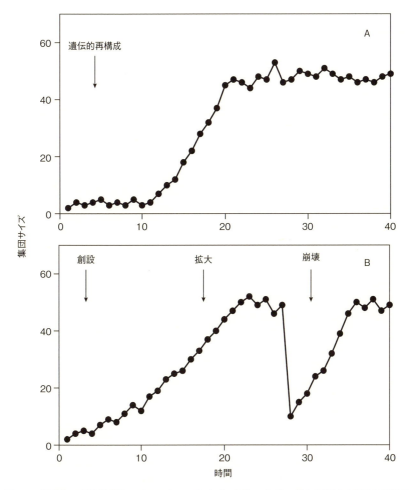

図 4.1 種分化の創始者効果モデルの2つのタイプ．上段の A は，新たな環境で集団が創設された際に個体数が少なく，対立遺伝子が集団から失われる．その結果，創設直後に大きな遺伝的変化が起きる．最終的には，生き残った対立遺伝子の新たな組み合わせの中から淘汰に有利なものが現れる（Mayr 1954）．一方 B では，集団サイズが増えるにつれて遺伝的浮動により重要な遺伝的変化が起こり始める．通常は不利であるような対立遺伝子の新たな組み合わせが，淘汰圧が弱い（または全くない）条件下で維持される．集団サイズの増加やそれに続く集団サイズの急激な低下に伴って淘汰圧が強まり，これらの出来事が繰り返されることで急速な形態変化が引き起こされる（Carson 1968）．どちらのスキームにおいても，遺伝的変化は元の集団との交雑を妨げるほど十分に大きい．

4.3 創始者効果：理論からの予測

以下は理論からもたらされた4つの遺伝的予測である．これらのうち，最初の3つについてはかなり容易に調べることが可能である．

- 移入と定着は遺伝子型に関してランダムである．
- 近親交配が起こり平均適応度は低下するが，創始者集団は近交弱勢の期間を生存するだけの十分な遺伝的多様性を持ち合わせている．
- 遺伝的浮動により，対立遺伝子の消失が起こる．
- エピスタシスを示す座位の対立遺伝子が新たな組み合わせになって自然淘汰にさらされる．

4.4 植民

通常は，新たな集団はその創設の後に発見され，集団内での変化は後の時点から遡ることによってのみ推測される．植民と定着そのものを観察するには，それが起きる場所と時間に居合わせる必要がある．幸運にも一度だけ，私たちは1982年の終わりにかけて，オオガラパゴスフィンチの繁殖集団が大ダフネ島に新たに植民する場面に立ち会った．まずはこの時の状況を説明したい．

1973年に，私たちは小ダフネ島においてフィンチ類の長期研究を始めた（口絵5）．小ダフネ島はガラパゴス諸島の中心に位置しており，8km南にはとても大きなサンタ・クルス島，同じだけ東に進むとバルトラ島が存在する（図1.1）．島は中心にクレーターを有する火山灰丘で，面積は34ha，長さはおよそ3/4km，標高は120mである．これまで人類によって攪乱された形跡はない．私たちはかすみ網を用いて大量のフィンチ類を捕獲し，体重や体長等の測定を行い，個体識別のために3色を組み合わせたバンドと対応した番号が記された金属バンドを脚に取りつけ，採餌行動の経過観察のために放鳥した（口絵8と9）．私たちは孵りたての雛にバンドづけすることで識別済みのサンプルを増やし，成鳥になってから再捕獲し測定を行った．小ダフネ島における主要な種は2種おり，ガラパゴスフィンチ *Geospiza fortis*（図1.3）とサボテンフィ

ンチ G. scandens（口絵10）である．コガラパゴスフィンチは非常に少なく，時には全く観察されない．

1982年の終わりはちょうど大きなエルニーニョが進行中であり，オオガラパゴスフィンチ Geospiza magnirostris（口絵10）が小ダフネ島で繁殖集団を形成した（Gibbs and Grant 1987a）．それ以前の数年間には数羽の本種の移住個体が乾期の小ダフネ島で観察されたが，雨期の始まりとともに姿が見られなくなり，元の集団のある島に戻ったと推測される．しかし，エルニーニョの年には違っていた．結果として，3羽の雄と2羽の雌が島にとどまり繁殖を行った．彼らはさまざまな組み合わせで繁殖し，合計で17羽の雛が生まれた．1984年までに親個体と14羽の雛が死亡し，1羽の雌から生まれた3羽を残すのみとなった．そのため，次世代は1羽の雌と2羽の兄弟から始められた．兄弟のうちの1羽はその子孫が次の繁殖まで生存できなかったため無視できる．よって次世代は事実上，1組の兄妹のペアから生まれたのである（Grant and Grant 1995a）．

4.5 近親交配

近親交配に代表されるような，予想されるいくつかの出来事は，集団が創設された直後に起きた．集団は10年の間，少ない個体数で維持され，新たなエルニーニョと豊富な雨に恵まれた1991年，およびそれに続く2年間でのみ個体数が増加した（図4.2）．創始者効果モデルから予想されるように，有害な対立遺伝子がホモ接合になる結果として起こりうる近交弱勢は，最初の10年間に観察された（図4.3）．その効果は，土着種のガラパゴスフィンチとサボテンフィンチで今まで記録されたものよりも厳しい状況であった（Keller et al. 2002）．しかし，近親交配によって生まれた最初の世代の生存率は予想外に高く，実際その後20年間の集団内で観察された他のすべての個体よりも生存率が高かったのである．創始者効果が予測する近親交配由来の遺伝的不利益は現れず，豊富な食料と低密度という有利な環境条件がこれを覆したともいえる．加えて，創始者個体たちはマイクロサテライト配列についてヘテロ接合度が異常に高く，それゆえ次世代は近親交配にもかかわらず，あまりホモ接合は観察

42　第4章　島への移入と定着

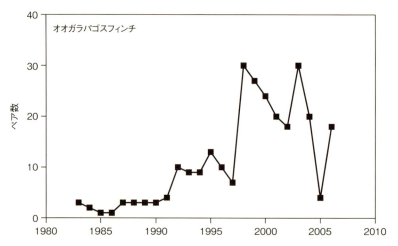

図4.2　大ダフネ島に生息するオオガラパゴスフィンチのペアの数．繁殖に参加しなかった個体（在来，移入個体どちらも）は除いた．

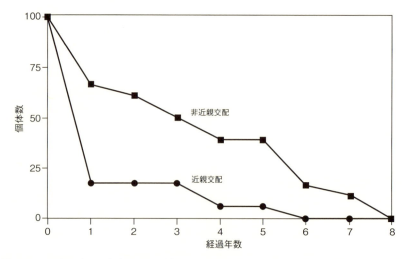

図4.3　1991年の大ダフネ島において見られた，オオガラパゴスフィンチ群集における近交弱勢．両親個体と子孫の系図とDNAタイピングを用いて，近親交配した個体を同定した．近親交配によって生まれた個体はそれ以外の個体に比べて初年度の生存率が悪かった．比較を簡単にするため，個体数の最大値を100個体に調整している．Grant et al.（2001）より．

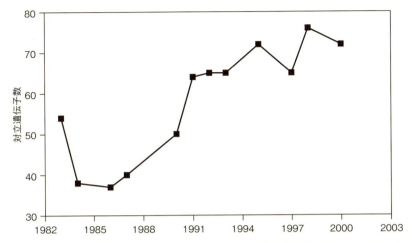

図 4.4 大ダフネ島のオオガラパゴスフィンチに見られる遺伝的多様性の変化．16個のマイクロサテライト遺伝子座に存在した対立遺伝子数をまとめて示している．対立遺伝子数は最初に減少するが，移入個体によって新たな対立遺伝子がもたらされることで増加へと転じる．Grant et al.（2001）より．

されなかった．

　また予想されたように，集団は遺伝的ボトルネック効果を経験しており，マイクロサテライトの対立遺伝子の多様性は減少していた（図 4.4）．同時期に嘴の平均サイズが僅かに増加しており，嘴形態への自然淘汰がはたらいた結果かもしれない（Grant et al. 2001）．

4.6　繰り返す移入

　ここまでの観察のほとんどは予想されたものである．しかし，マイクロサテライト配列に見られた対立遺伝子頻度の変化は予想に反していた．これに加えて，もう1つ驚くべき現象が観察されている．移入は一度ではなく繰り返し起きており，特に1990年代には多く見られた．これは驚くべきである．というのもガラパゴスフィンチとサボテンフィンチの移入個体が大ダフネ島で繁殖を行うのは非常に稀であり，通常1世代あたり約1個体程度であり（Grant et al. 2004），移入個体数が少なすぎて，自然淘汰の効果を相殺することはできないからである（第5章）．私たちはマイクロサテライトの対立遺伝子に統計手法（assignment tests; Pritchard et al. 2000）を用い，オオガラパゴスフィンチの移入個体がどの島からやってきたのか特定を試みた．その結果，私たちが（2つ目に）驚いたのは，移入個体が1つの島ではなく，4つの島（マルチェナ島，イサベラ島，サンチャゴ島，サンタ・クルス島）からきていたという事実である（図1.1）．しかし，実際に繁殖まで滞在した個体は，1個体がダフネに最も近いサンタ・クルス島からきており，その他の個体はすべてサンチャゴ島からきていたのである．このように，繁殖まで完了する移入個体は，辿り着いた個体からランダムに選ばれてはいないようである．その上，繁殖した個体はそうでなかった個体に比べ，有意にヘテロ接合性が高く，かつ平均嘴サイズが大きかった．

ほとんどの移入個体は集団に1つか2つの新たな対立遺伝子をもたらすが，1991年に最初に繁殖したある1個体は，調査したマイクロサテライト配列の16遺伝子座について合計11もの新しい対立遺伝子をもたらしたのである．繰り返しの移入が集団を遺伝的ボトルネックから救い，ヘテロ接合の増加に貢献し，長く近親交配に由来する効果を除去した．また，創始者効果モデルが示唆したような，表現型やマイクロサテライト対立遺伝子頻度の急激な変化を抑制したのである．

4.7　創始者効果の異なるシナリオ

創始者効果の異なる見方がCarson（1968）によって提唱された．その提案によると，数個体によって創設されたある集団は，第1段階として，低頻度の対立遺伝子を消失するようなランダムな遺伝的変化を経験する．第2段階では，組換えによって新たな対立遺伝子の相互作用が生み出され，その組み合わせは自然淘汰の効果が弱まって個体数が増加している集団の中で維持されることで，遺伝的多様性は増加する．個体数がさらに大きくなると，集団が強い自然淘汰にさらされることで，集団の崩壊が起こるかもしれない．この第3段階では，先ほど生み出された対立遺伝子の組み合わせに自然淘汰がはたらくこと

4.7 創始者効果の異なるシナリオ　45

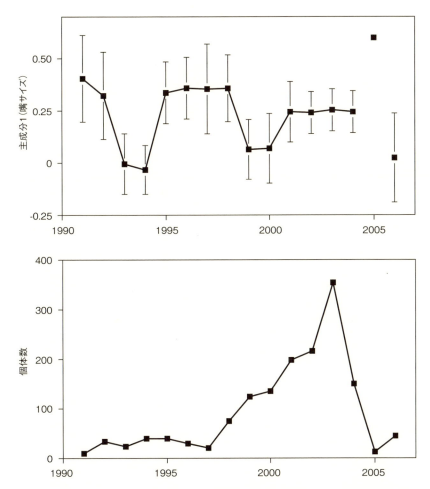

図4.5 大ダフネ島のオオガラパゴスフィンチ集団における平均嘴サイズの変化（上段），およびその期間中の集団サイズの変化（下段）．嘴サイズは，長さ，高さ，幅の計測値を主成分分析することによって推定した．縦の棒は平均からの標準偏差を示す．2005年の値は僅か5羽のサンプルから構成されており，標準偏差が非常に大きい．それ以外の年については，10サンプル以上を含んでいる．

で，急速な形態の進化が集団サイズの回復とともに起きる可能性がある（図4.1）．

オオガラパゴスフィンチの集団はまさに，上記で説明した3段階の創設−拡大−崩壊を経験した（図4.1と4.2）．拡大の期間には集団サイズが増加し，エルニーニョのあった1998年にはなんと100羽以上の雛が生まれた．もしかすると，特定できていない移入個体の貢献によって個体数は増加したのかもしれない．2003年には個体数が350に到達してピークを迎えるが，2005年には絶滅の瀬戸際まで減少し，この時にはたった4羽の雌と9羽の雄が残るのみであった．その後，ほとんど2005年の繁殖により，約45個体まで個体数は回復した．しかしながら，集団は新たに拡大や崩壊の時期を迎えても，形態的に変化することはなかった（図4.5）．数羽の嘴の大きな個体が崩壊を乗り切ったが，同様に嘴の小さな個体も僅かながら生き残ったのである．その後の調査においても，嘴の平均サイズは数年前と全く変わることはなかった．これらの観察事実は，種分化の創設−拡大−崩壊モデルで予測される変化とは異なっている．

4.7.1 結論

これらの知見は，新たな場所での植民の後，最初の数世代では遺伝的浮動と自然淘汰が同時に作用して集団に変化をもたらすが，それは僅かである，という一般的なアイデアと矛盾しない．ごく僅かな個体数による創始者効果の理論に基づくいくつかの予測については確認することができた．対立遺伝子は初期において失われ，近親交配に由来する子孫の適応度は低かった．予期せぬこととしては，植民は遺伝子型についてランダムではないことと，移入自体も繰り返して起きることで，遺伝的多様性が増加していくことである．

全体の変化は，以下の3つの理由により比較的小さかった．淘汰圧が弱く，それゆえ遺伝的浮動が十分な効果を発揮するほど集団サイズは小さく保てず，継続的な移入が分化を妨げたのである．もしこのフィールド調査の結果を種分化のスタートの典型例と見なせるならば，種分化は急速な1回のジャンプではなく，小さな段階の積み重ねによってゆっくり進み始める過程だと結論づけなければならないだろう．そうでなくて，もし種分化が創始者効果を通して起

こったとするならば，繰り返して移入が起こらないような地理的に隔離された島々で起きたはずである．新しい集団の創設に続いて継続的に移入が起こるのは，例外ではなくむしろ普通のことなのかもしれない．

ここまで私たちは，創始者効果が種分化に重要である証拠を得ることができなかった．しかしこのことは，Ernst Mayr が強調したように，種分化を導くような分化が大集団よりも島の小集団で起こりやすいという可能性を除外する訳ではなく，集団の創設のほとんどが絶滅に至ってしまい新種形成につながらない可能性も否定できない（Mayr 1992）．また，創始者効果が進化的に重要であるもう1つの理由を想像できる．新たな集団を創設する個体は数が少なく，交配相手の不足によって他種との交雑が起こるかもしれない（Grant and Grant 1997a）．もしこのような交雑が起こると，ボトルネック効果による対立遺伝子の消失と，他種からの新たな対立遺伝子の供給が組み合わさり，創設集団の遺伝的構成とその後の進化に大きな影響を及ぼしかねない（Grant and Grant 1994）．第8章では交雑の原因と結果について触れる．

4.8　他の種の例では

新たな集団の創設は普通観察できず，その効果は数世代後ようやく見つかる（Baker and Jenkins 1987, Baker and Mooerd 1987, Grant 2002）．よって自然集団における研究は通常，将来予測ではなく，現在から過去を推測するように行われる．たとえば，Fleischer et al. (1991) と Tarr et al. (1998) は，ハワイ諸島のハワイミツスイ類の集団における遺伝的多様性について報告しており，これらの集団は20年前に絶滅から保護するために個体が持ち込まれたものである．その調査では，マイクロサテライトにおいていくつかの対立遺伝子が失われているものの，大きな遺伝的変化はほとんど見られなかった．マイクロサテライト配列のヘテロ接合度は減少していたが（Tarr et al. 1998），予期せぬことに，アロザイムをコードする遺伝子座ではヘテロ接合度が増加していた（Fleischer et al. 1991）．Clegg et al. (2002a) は，オーストラリア付近の7つの島に次々に植民しているメジロ属 *Zosterops* のマイクロサテライト配列を用いて，Mayr の創始者効果モデルの予測を検証した．彼らは各集団形成にお

いて，対立遺伝子の消失が，創始者効果モデルが本来予測するような大きなものではなく，ほとんど検出できないほど小さかったことを見い出した．各集団形成ごとに，一貫して大きな体サイズへの方向性のある変化が生じており，このことは，新たな集団形成においてランダムな過程が極めて重要だとする予測とは矛盾している（Clegg et al. 2002b）．

創始者効果が明らかに種分化へ貢献している証拠はなく，それよりずっと大きな他の要因があるに違いないと結論できる．

4.9 まとめ

新たな集団の創設は種分化過程の始まりである．その集団サイズが小さい間に，近親交配や遺伝的浮動，遺伝的変異の消失，遺伝子の新たな相互作用（エピスタシス）の組み合わせにはたらく淘汰圧の結果として，種分化はとても素早く起こるかもしれない．理論的には，これらの機構によって変化が十分に蓄積された場合には，元の集団からは生殖的に隔離された新種が誕生するかもしれない．大ダフネ島における新集団形成に関するフィールド調査では，創始者効果による種分化への支持はほとんど得られなかった．オオガラパゴスフィンチの新集団は2羽の雌と3羽の雄によって形成され，大きなエルニーニョが始まった1982年の終わりには繁殖集団が確立された．近親交配が起こり，それによって生まれた雛は生存の面で不利となり，対立遺伝子の多様性は減少した．これらの事実はすべて理論から予測された通りであった．しかし，全体の変化は以下の3つの理由により，比較的小さかった．実際には淘汰圧が弱く，遺伝的浮動が十分に効果を示すほど集団サイズは小さく保たれず，さらには継続的な移入が分化を妨げたのである．もしこの創始者効果を含むプロセスを種分化のスタートの典型例と見なすならば，種分化は急速な遺伝的再構成ではなく，小さな段階の積み重ねによってゆっくり進み始める過程だと結論せねばならない．

第 5 章

自然淘汰,適応,そして進化

> 嘴の長い新種の鳥の誕生について話す時,これまではよく考えずに,元の集団から嘴の長い個体が突然に現れると説明することがあった.しかし,今では次のようにいいたい.すべての鳥は毎年生まれ,その中には少し嘴の長い個体や短い個体が含まれている.生息地や環境によって長い嘴が好まれる場合,短い嘴の個体よりも長い個体の方が平均的に生存しやすいのである.
>
> (Darwin 1867; in Burkhardt et al. 2005, p. 299)

5.1 適応

　図 3.1 に示されたような種分化サイクルでは,自然淘汰の力が,異所的な集団の分化を駆動する主な要素である.新たな環境に到着した個体は,これまで経験したことのない食料にありつく.新しい環境を十分利用できるように嘴サイズのような形質が変化し,そのような個体が生き残って繁殖することで,さらに適した嘴サイズをもつ個体が生まれる.たとえば,生存個体の嘴サイズは非常に大きいかもしれない.この分化過程は自然淘汰であり,1 世代で起きる出来事である.もしこの嘴サイズという形質が遺伝的に受け継がれるのであれば,次世代の個体は親世代に比べて大きな嘴サイズをもった個体が多く含まれるだろう.世代間を超えた変化は自然淘汰に対する進化的応答であり,対象の形質が遺伝的変異を含んでいる場合にのみ起きる.変化は最初の世代だけではなく,それに続く世代でも変化は続いていくだろう.結果として,集団は新し

い環境に遺伝的に適応するのである.

　本章では,餌資源に対する適応の証拠をまとめる.その証拠には間接的なものと直接的なものとがある.間接的な証拠としては,同種または異種間について,異なる島間での嘴サイズと餌の相関が繰り返し観察されている.直接的な証拠としては,餌環境の時系列変化に応答した嘴サイズの変化が報告されている.継続した適応進化には遺伝的変異の供給が必須であり,この集団内多様性がどのように維持されているかについて注目する.本章では,嘴サイズの発生に影響を及ぼす遺伝子の発現量の変異に関する議論で締めくくる.

5.2　嘴サイズと餌

　同じ種の異なる島における集団では,それぞれ嘴サイズ(図1.3)やその形状が異なっている(口絵11).異なる嘴は,掴むためや壊すためなどさまざまな用途に対応した道具になぞらえてきた(図5.1).嘴の差異が大きい場合には,嘴の平均サイズと種子サイズのような餌の特徴との対応が見つかる(図5.2).嘴サイズと餌の特徴が合致して説明できるのは,(a)種子割りの性能と(b)フィンチが利用できる餌資源の量と種類である(Abbott et al. 1977, Smith et al. 1978, Grant and Grant 1980, Boag and Grant 1984a, 1984b, Schluter and Grant 1984a).このようにして,各集団は局所的な環境に適応しているのである.

　ハシボソガラパゴスフィンチ *Geospiza difficilis* の6集団は明確な例を提供してくれる(Schluter and Grant 1984b, Grant et al. 2000, Grant and Grant 2002b).3集団はサンチャゴ島,フェルナンディナ島,そしてピンタ島に生育するサンショウ属(キャッツクロー)の森(口絵12)の中高標高に生息している(図5.3).以前はより大きな他の島にも生息していたが,人間活動による森林破壊により絶滅してしまった.ハシボソガラパゴスフィンチの生息環境は非常に限られており,その系統的起源も古いことから,先のサンショウ属が形成する森は古いと信じられている(図2.1と5.4).その他の3集団は低標高の島の中でも乾燥した低地の環境に生息している(口絵12).もしこれらの島にサンショウ属の森が存在していたとすれば,気候変動や標高の低下に起因し

5.2 嘴サイズと餌　51

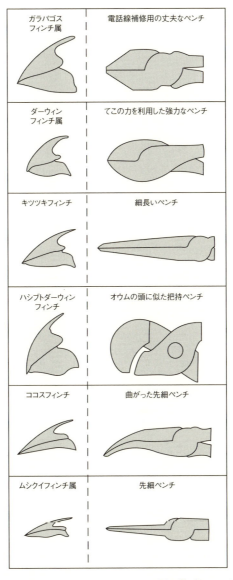

図 5.1 嘴の形状とペンチの間のアナロジー．*Cactospiza* 属の種（キツツキフィンチとマングローブフィンチ）は現在，ダーウィンフィンチ属に含まれると考えられている（表1.1）．Grant (1999) より．Bowman (1963) を K. T. Grant が改変．

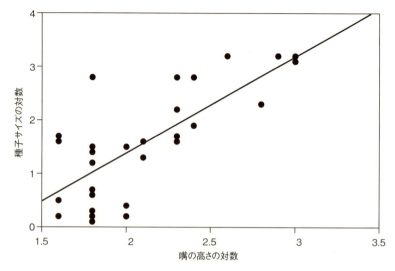

図 5.2 ガラパゴスフィンチ類が割ることのできる種子の最大サイズと固さは,平均嘴サイズに比例して増加する.ここでは自然対数スケールで示した.Schluter and Grant (1984a) に基づく.

て,その後に失われてしまったのだ(第2章).

　本種の異なる集団はそれぞれ異なる環境に生息しており,さまざまなサイズや形状の嘴を利用した方法で,異なる餌を食べている(図5.4).標高の高い島々では,彼らは比較的頑健な,鈍器のような嘴を身につけており(口絵2と13),節足動物や軟体動物のほか,乾期には果実や種子も利用する.標高の低いヘノベサ島では,嘴サイズと体サイズの両方がとても小さくなっており(口絵13),サボテン科のウチワサボテン属 *Opuntia* を含む蜜や花粉と同様に,小さな種子類にも大きく依存している.ウォルフ島とダーウィン島についても少しの例外はあるが同様のことがいえる.

　標高の低いウォルフ島では,海鳥(カツオドリ;*Sula* 属の種)を2つの印象的な方法で餌利用している(口絵14).フィンチは海鳥の産卵した卵の周囲に付着している膜から水分とタンパク質を得る.この単純な行動から,その後,鳥の関心は卵そのものへと移っていく.彼らは卵を蹴って落とすことで岩にぶつけ,割れたところで中身を食べるのである.この行動よりもさらに異様

図 5.3 ガラパゴス諸島におけるハシボソガラパゴスフィンチの集団. 白抜きのマークはすでに絶滅した集団を示す. Grant et al.（2000）より.

なのは，大人しくしている海鳥に近づいてその羽の基部に傷を負わせ，そこから出る血を消費することである．この行動はちょうどカが人間の血を吸うように，鳥や哺乳類に寄生する吸血性双翅目のハエ（Bowman and Billeb 1965）を食べる行動から進化したと考えられている．フィンチは吸血性のハエが食べる海鳥の血を直接的に食料として利用することで，食物連鎖を短縮しているのである．このような採餌行動の変化の結果として，新たな食性というニッチがフィンチ類に追加されたといえる．ハシボソガラパゴスフィンチの長い嘴は，

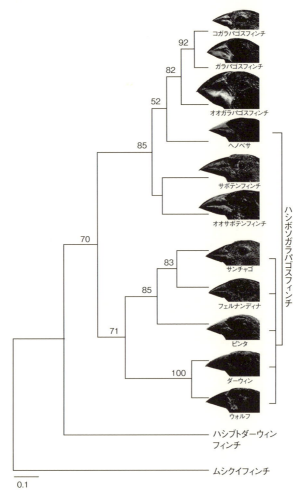

図 5.4 マイクロサテライト DNA から推定されたハシボソガラパゴスフィンチの系統樹．集団が生息する島の名前をカタカナで示した．上部の系統ではガラパゴスフィンチ属の全種が分岐している．ヘノベサ島のハシボソガラパゴスフィンチは他の島の集団と比べ，嘴サイズ，翅，歌の面から類似している（第 7 章）．遺伝的には共通祖先に由来している種と近いが，これは一部交雑の結果によるものである可能性がある（第 8 章）．この系統樹における各種の位置づけについては第 10 章の議論も参照のこと．遺伝的分化のスケールを図の左下に示した．Grant et al.（2000）より．

ウチワサボテン属の花の蜜へ到達するという意義のほかに，吸血性という新たな要素への形態的適応が反映されているのかもしれない．近隣のダーウィン島では同様に嘴が長く，卵を食べることは知られているが（Bowman and Carter 1971），ウチワサボテン属の花の蜜を利用するためのもので，吸血性はない．

これまで見てきたように，ダーウィンフィンチ類は同じ種のメンバーでも，多岐にわたる食性をもち，それに伴って島ごとに異なる嘴形態の適応的変化を示す．多才は，生態的な好機と，乾期や乾燥した年の過酷な状況下における食料不足によって促進されてきた．

5.3 環境変化に伴う適応進化

島間の多様性パターン調査から得られた過去の進化に関する推定は，現代の1つの島において進んでいる進化を実証することで，より強力に支持される．

ガラパゴスにおいてそのような検証は可能である．降水量が激しく年変動して（図5.5），食料供給やフィンチ類の生存率に影響を与えるからだ（Boag and Grant 1981, 1984b）．この進化的変化の過程はヘノベサ島において11年

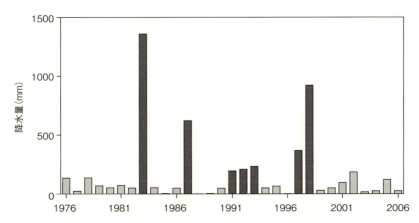

図5.5 大ダフネ島における年間降水量の変動．エルニーニョの年は暗色で示した．暗色のうち4ヶ所ではガラパゴス諸島での降水量はとても少なかったが，この時期には太平洋全体で海水面温度の異常が観察された（McPhaden et al. 2006）．

間にわたり調査され（Grant and Grant 1989），さらに詳細な調査が3倍もの期間にわたって大ダフネ島において行われた（Grant and Grant 2002c）．その島の小ささ（0.34km^2）とフィンチが到達可能な適切な地理的隔離（8km）が長所となり，大ダフネ島（口絵5）は，Darwinが適応進化の必須要素であるとした変異，遺伝，そして淘汰の研究に理想的である．表現型の変異に関しては，単純にフィンチをたくさん捕獲し，計測，バンドの装着（第4章）をすることで決定できる．また，子孫個体と親個体の比較で遺伝性を，その後の個体の運命を島内で追跡することにより淘汰圧を検出することが可能となる．

5.4 自然淘汰

1977年に，私たちは大ダフネ島の過酷な干ばつを目撃する幸運に恵まれた．一方，ガラパゴスフィンチにとっては幸運ではなく，85%の個体が死亡してしまったのである！ 干ばつの初期には，種子食のフィンチ類は豊富に存在する小さくて柔らかい種子を食べていることが観察された（口絵15と16）．干ばつによって，ほとんどの種子植物は成長と世代交代が妨げられ（口絵17），土中の種子は食べられることでその数は減少する．その結果，フィンチはまだ数が多く残っている大きく固い種子を利用するようになる．大きなフィンチの個体は大きな嘴と強力な筋肉をもつ傾向にあり，オオバナハマビシ *Tribulus cistoides*（口絵18）の固い実を比較的容易に割ることができる．小さな個体はそのような機械的な力を欠いているので（Bowman 1961, Herrel et al 2005a, 2005b），割るのに時間がかかるか，あるいは全く割れないため（Grant 1981b, Price 1987），大きな個体と比べて高い割合で死亡してしまう．この死亡率の差により，集団の平均嘴サイズも平均体サイズも増加し，雨が再び降る1978年の初めまでその変化は続いたのである．本章の冒頭でDarwinが述べたのと非常に近い形で，自然淘汰が起こったといえる（図5.6）．

5.5 進化

進化—ある世代から次世代への変化—は淘汰を受けた形質が遺伝する場合に

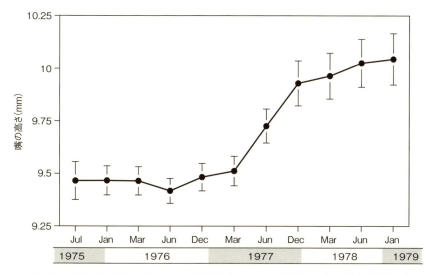

図 5.6 大ダフネ島のガラパゴスフィンチに見られた，自然淘汰による嘴の高さの変化．丸は平均，縦棒は標準誤差を示す．雌雄のサンプルサイズは1976年6月の640個体から，1979年1月の61個体まで幅がある．Boag (1981) より改変．

のみ起こる．たとえば，自然淘汰によって選ばれた形質だとしても，遺伝性がなければ進化的な変化は生み出されない．親個体と成熟したその子孫個体の間に見られる嘴サイズや体サイズの強い相関（図5.7）は，ガラパゴスフィンチのこれらの形質が高い遺伝率をもっていることを示す（Boag 1983, Keller et al. 2001）．同様の高い遺伝率は，大ダフネ島（Grant and Grant 2000）のサボテンフィンチやヘノベサ島（Grant and Grant 1989）のオオサボテンフィンチ（*G. conirostris*）にも見られる．

もし嘴サイズが強い遺伝性をもつのであれば，1977年の方向性自然淘汰はガラパゴスフィンチの次世代において観測可能な進化的変化をもたらすはずであり，実際そのような変化が観察された．生存個体の子孫は，自然淘汰を受ける前の集団よりも平均して大きな嘴を有していた．この進化の観測は，動物の育種家が用いる公式によって推定される値によく一致している．その推定値は，遺伝率と淘汰差の積として表現されるものであり，淘汰差は自然淘汰の前

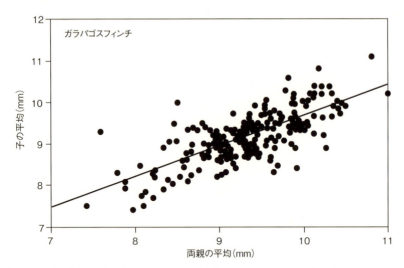

図 5.7 大ダフネ島のガラパゴスフィンチに見られる，親子間の嘴の高さの関係性．縦軸にそれぞれの家族の子孫個体の平均値がミリメーターで示してあり，横軸は同様に両親個体の平均値が示してある．最小二乗法による回帰直線の傾き（0.74）は遺伝率の推定値である．Grant and Grant (2000) より．

後における形質の平均値の差として定義される（Grant and Grant 1993, 1995b）．

図 5.8 は，適応進化の要素をわかりやすく可視化している．上段の図は自然淘汰を描写しており，生存個体の平均した嘴の高さ（黒棒）と干ばつ前の全集団平均の差を表している．嘴の特徴に関する遺伝率は図 5.7 に示した．進化は世代を超えて起こり，下段の図で示されている 1978 年に孵化した個体が成熟した時点と，上段の淘汰前の世代との比較によって示される．干ばつを生き残った親個体のように，次世代の個体もまた大きな嘴サイズをもっていたのである．

5.6 揺らぐ方向性淘汰

自然淘汰に応答した進化は，特定の形質や種，島のみで起こる訳ではない．

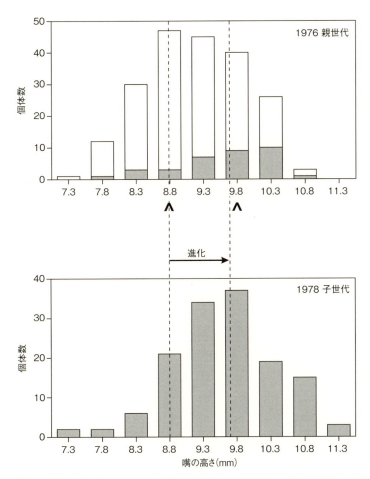

図 5.8 大ダフネ島のガラパゴスフィンチの集団における，嘴の高さの進化的変化．上段の図は 1976 年の繁殖集団での嘴の高さの頻度を示し，1977 年の干ばつを生き延びて 1978 年に繁殖に参加した個体は灰色で示してある．淘汰の前後で観察された平均の嘴の高さの差は，2 点の山型記号の差に対応している．淘汰への進化的応答は矢印で示されているように，淘汰を受ける前の 1976 年の集団と，1978 年の成熟した子孫集団とを比較して，嘴の高さの平均値の世代間での差として計測される．Grant and Grant（2003）より．

私たちは，ヘノベサ島に生息するオオサボテンフィンチの集団で，繰り返し自然淘汰が起こっていることを報告した（Grant and Grant 1989）．大ダフネ島においては，特定の環境状況の方向や強さが変化することにより，頻繁に自然淘汰が起こってきたのである（Price et al. 1984, Gibbs and Grant 1987b, Grant and Grant 2002c）．

　最も生態的に劇的な変化は1983年に起こった．サンゴのコアサンプルに基づく400年間の記録から，一番過酷なエルニーニョ現象に見舞われた年だったことがわかる（Glynn 1990）．1977年の干ばつ時に，大きな嘴をもつフィンチ類の生存に欠かせなかったオオバナハマビシ（口絵18）が，急激に成長するヒルガオ科コガネヒルガ属のツル植物 *Merremia aegyptica* などに取って代わられてしまった．降雨と植物の繁茂は8ヶ月間に及んで続き，その年以降でさえもエルニーニョの爪痕を簡単に見ることができた（口絵19）．ハマビシ属 *Tribulus* やサボテン類の植物が，小さな種子を多産する22種の他の植物に置き換わったことで，エルニーニョが島の環境を大きな種子が占有する環境から，小さな種子が多い環境へと変えてしまったのである．このような環境下では，特に小さく鋭い嘴（図5.9）を有する鳥が淘汰の上で有利であり，この状況は次の干ばつ期間である1985年まで続くこととなった．進化の方向が逆転したのである．

　方向性淘汰の揺らぎは30年もの期間にわたって続いた．生息している環境と同様に，ガラパゴスフィンチとサボテンフィンチの体サイズや嘴サイズ，嘴の形は繰り返し変化したのである．注目すべきは，さまざまな自然淘汰が繰り返し起こった結果として，大ダフネ島のフィンチ類は30年前の祖先個体とは形態的に異なっていることである（図5.9）．ガラパゴスフィンチは1973年に比べ，平均して体サイズは小さくなり，嘴の形状はより鋭くなった．それに対して，サボテンフィンチは体サイズは小さくなったものの，嘴の形は鈍くなる方向へ変化した．

5.7　短期間の事実から長期間の事柄を推定する

　数十年という短期間においては，自然淘汰の方向やもたらされる進化的変化

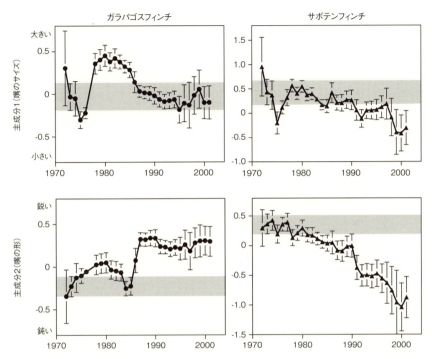

図 5.9 大ダフネ島で観察された，ガラパゴスフィンチとサボテンフィンチの集団における30年間の形態変化．推定された平均値は丸と三角で示されており，95%信頼区間は平均値の上下に伸びる縦棒で表されている．灰色で示された領域は，1973年に得られた大きなサンプルサイズに基づく信頼限界である．平均値に変化がなければこの領域を出ないはずであるが，明らかにこの範囲には収まっていない．縦軸は統計解析によって得られたサイズと形に関する主成分2つに対応する．Grant and Grant (2002c) より．

の振動は相殺されてしまうかもしれず，集団の嘴サイズは動的平衡状態に保たれる可能性がある (Price et al. 1984)．一方，数十年・数世紀，さらにそれ以上といった長期の観察では，嘴の大小や形状の鋭さが気象の傾向（第2章）にどのような影響を受けているか，あるいは植生や餌の供給に対する効果などが明らかになるかもしれない．

ここで強調したいのは，かなり幅広い研究対象の種に関して，進化的な不安定性が存在することである．集団は適応することができる．同じ島においても

新しい島においても環境は時空間的に変化し，それに伴って適応進化が起こる可能性がある．ハシボソガラパゴスフィンチの集団間に見られる空間的な嘴サイズの違いの進化は，ガラパゴスフィンチの時間的な変化に示されている適応の視点から説明可能である．彼らの適応性にとって重要な要因の1つは，集団が保持している大量の遺伝的な変異である．

5.8 変異の源泉

自然淘汰は集団内の表現型の多様性を減少させる傾向がある（Endler 1986）．新たな変異は毎世代，有性生殖によって遺伝子が新たな組み合わせになることによってもたらされる．その結果として，もし同じ方向へ淘汰が繰り返された場合や，極端な形質をもつ個体が同様の個体に選好性をもつ場合には，表現型が淘汰前のどの形質よりも極端なものになる可能性がある．元の集団の形態的な限界を超えるような変異は，方向性をもったさらなる進化的な変化をもたらし，適応放散ではこれが繰り返し起こってきたに違いない．

遺伝的変異はさらに3つの要因によって増加する．1つは，同種の遺伝的に異なる個体が少数，他集団から移入して繁殖に参加することである（遺伝子流動）．2つ目は，ある集団の個体が同じ島に棲む別種，あるいは他の島から移入によってやってきた別種と繁殖する可能性である（交雑）．これらの可能性については第8章で議論する．3つ目は，遺伝子の化学的変化である突然変異であり，新たな遺伝的変異がもたらされる究極的な源である．

どのようにして嘴の形態的な変化が起こったかについて，嘴の発生学の研究からその洞察を得ることができる．成熟した個体の形態変異に自然淘汰がはたらくことは，その形態をつくり上げる発生プログラムの変異に間接的な淘汰を加えていることと考えることができる．よって，嘴の発生プロセスに含まれる各遺伝子の発現を種間で比較することは，組換えや突然変異による効果の推定に役立つ．ガラパゴスフィンチ類の異なる集団や同種の小集団は，嘴の変異について2つの軸に沿った違いをもつ．1つは高さと幅に関する軸であり，もう1つは長さに関する軸である．これまでに，2つの軸それぞれについてその分子経路に含まれる遺伝子群が同定されている．それらの遺伝子は異種間で異な

る発現をしているのである.

5.9 嘴はどのように形成されるか

　嘴は胚発生の初期段階で形成される．およそ3日目か4日目，神経堤由来の間充織が上下の嘴の骨格を形づくり始める（図5.10）．この初期段階における嘴形成の過程は，線維芽細胞増殖因子8（Fgf8）とソニックヘッジホッグ（Shh）と呼ばれる2つのシグナル分子によって制御されている．上記の2因子は間充織を覆う上皮に隣接する領域で発現する．*Fgf8*遺伝子の発現領域は背面の前頭鼻骨原基（FNP）と腹面の下顎鼻骨原基（MNP）である．その間にある領域が*Shh*の発現領域である．これら2つの領域が出会う場所では，2つの分子が軟骨組織を誘導する（Abzhanov and Tabin 2004, Wu et al. 2004）．この場所から嘴がつくり出されるのだ．

5.9.1　高さと幅

　嘴形成の開始にかかわる2つのシグナル分子は，神経堤間充織に存在するその他の因子の発現についても相乗的に誘導する．それらの因子の中には，シグナル分子である骨誘導因子4（*Bmp4*）が含まれ，種間の嘴形状の差異の起源に重要な役割を果たす．

　5日目には，*Bmp4*遺伝子の発現がハシボソガラパゴスフィンチ等の間充織にて低レベルで検出されるが，嘴の大きなオオガラパゴスフィンチでは劇的に高いレベルで，またそれよりは少し低いものの，オオサボテンフィンチでも高いレベルで発現が見られる（図5.11）．6～7日目では，*Bmp4*の発現がすべてのガラパゴスフィンチ類で高くなるものの，ハシボソガラパゴスフィンチやサボテンフィンチなど比較的細長い嘴をもつ種（図5.4）ではまだ低いままである．嘴形状の発生に影響を与える*Bmp4*の機能的役割は，ニワトリを用いた実験によって実証されている．6日目における上嘴の末端間充織にレトロウィルスベクターとともに遺伝子を注射することで，その遺伝子を通常でない場所で発現させることが可能である．これは自然に見られるオオガラパゴスフィンチの同時期における*Bmp4*の高レベル発現を模倣している．この操作によっ

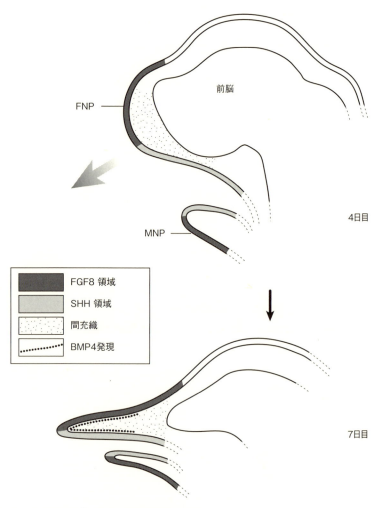

図 5.10 嘴の発生．線維芽細胞増殖因子 8（Fgf8）とソニックヘッジホッグ（Shh）の 2 つのシグナル分子が上皮に隣接する領域で出会うことにより，軟骨組織を誘導する（太矢印で示した）．*Fgf8* の発現領域は背面の前頭鼻骨原基（FNP）と腹面の下顎鼻骨原基（MNP）である．その間にある領域が *Shh* の発現領域である．もう 1 つのシグナル分子である骨誘導因子 4（BMP4）も，この領域の間充織で誘導される．

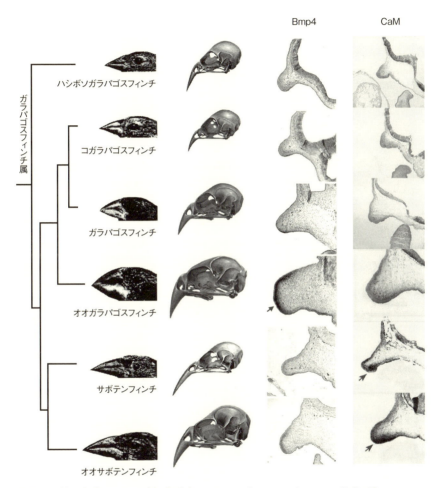

図 5.11 ガラパゴスフィンチ類の胚発生5日目における $Bmp4$ と CaM の発現の違い.$Bmp4$ の強く早い発現が,最も嘴の大きい種であるオオガラパゴスフィンチに見られることに気をとめられたい.同様に,CaM は嘴の鋭いオオサボテンフィンチやサボテンフィンチにて発現が認められる.Abzhanov et al.(2004, 2006)より.

て，上嘴の幅と高さがオオガラパゴスフィンチに非常に似た嘴が形成されたのである（Abzhanov et al. 2004）.

オオガラパゴスフィンチにおいて $Bmp4$ 遺伝子の発現は他の近縁種よりも早く起きるとともに，発生中の嘴で強く広い範囲での発現としても観測される．結果として，その嘴は高くそして幅広くなる．この遺伝子は脊椎動物において，いくつかの重要な代謝プロセスで発現しているほか，臓器や組織のさまざまな発生ステージで発現が確認されているため，遺伝子そのものは種間で大きく変わらないと予想される．その代わりに，突然変異を含む変化が遺伝子の制御に関する部分に起き，それがフィンチ類の成鳥の嘴サイズや形状に変化を与えているのかもしれない．このほかにも，たくさんの因子が相互作用するネットワークによって嘴の発生は制御されている．その中で知られているものの1つが，長さに影響を与える因子である．

5.9.2　長さ

2つ目の経路は，カルモジュリン遺伝子の発現を含む，嘴の長さに影響を与えるものである（Abzhanov et al. 2006）．カルモジュリン（CaM）分子はカルシウムシグナル伝達経路に含まれる．この分子はより長く鋭い嘴を有するサボテンフィンチ2種の嘴先端において高レベルで発現しており，頑健な嘴をもつガラパゴスフィンチやオオガラパゴスフィンチ，ハシボソガラパゴスフィンチの嘴では，発生の同段階において低い発現量となっている（図5.12）．カルモジュリンは胚発生において，$Bmp4$ 発現に明確な差異が見られ始めると同時に検出されるが（図5.11），$Bmp4$ 発現とは独立に起きているようである．それゆえ，CaM依存的な分子経路の制御に影響を与える変化は，長い嘴をもつサボテンフィンチ類2種の嘴形態の進化に，重要な変異を提供してきたであろう．

$Bmp4$ 遺伝子を含むこのような制御機構の発見は，ダーウィンフィンチ類の適応進化に寄与した遺伝的変化を明らかにするという複雑な仕事の刺激的な幕開けである．たくさんの遺伝子がフィンチ類の嘴形成に関与しており，その中でも新種が進化する時にいくつの変化が起こっているのかは，私たちが知りたい重要なテーマである．それを明らかにするため，この分野の研究は今後も続いていくだろう．

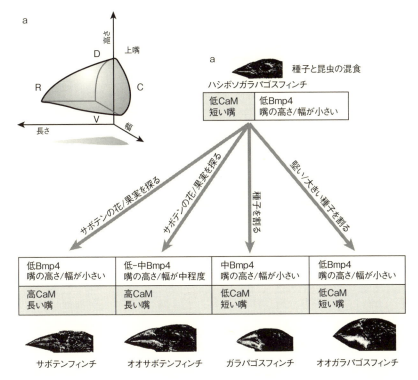

図 5.12 フィンチ類の嘴の発生に関与する，$Bmp4$ と CaM の 2 つの遺伝子とその効果のまとめ．Abzhanov et al.（2006）より．

5.10 まとめ

　集団の異所的な分化を促進する主要な力は自然淘汰である．自然淘汰の証拠にはパターンとプロセスという 2 つの説明がある．パターンとは，嘴形態と利用可能な餌の量やその種類との関連である．異所的な分化の最も明確な例は，ハシボソガラパゴスフィンチの 6 集団についてである．本種の異なる集団はそれぞれ異なる環境に生息し，嘴のサイズや形状の差異を生かした方法で異なる食料を利用している．各集団が局所的環境に適応しているのである．プロセスとしての自然淘汰は，大ダフネ島とヘノベサ島のガラパゴスフィンチの研究に

よって繰り返し検証されてきた．自然淘汰は環境が変化した際に頻繁に起きており，特定の環境条件（食料供給）の組み合わせによって淘汰の方向と強さが変わることが示されてきた．嘴サイズの変異に対する淘汰は，機械的な効率の違いから生まれている．大きな嘴とそれに伴う筋肉組織をもつ鳥は，大きく硬い実を割ることが可能である．淘汰にさらされる形態形質は遺伝性があるため，進化的な変化に結びつく．成熟した個体の形態変異に自然淘汰がはたらくことは，その形態をつくり上げる発生プログラムの変異に間接的な淘汰がはたらいていることと考えられる．近年のガラパゴスフィンチ属を対象とした分子遺伝学的解析により，嘴の高さと幅の発生にかかわる2つのシグナル分子と，長さに関するもう1つの分子が同定されている．これらの遺伝子の制御が種間で異なることが，適応進化の遺伝的基盤の理解に重要であると思われる．

第6章

生態的相互作用

> 私には，嘴形態の特殊化は過去にカギバガ科のガの間で起きた過酷な競争を表しているように見える．
>
> (*Perkins 1903, p. 302*)

6.1　はじめに

　種分化のサイクルにおける重要な段階の1つに，共通祖先から進化して異所的に存在していた2集団が，同所的に共存するプロセスがある（図3.1，第3段階）．そのような2集団は，一方の集団からもう一方の種が占める島への移入個体を通じて，影響を与え合っている．2集団の間に相互作用が起きるかどうかは，その時点で彼らがどれだけ異なっているかによって決まる．もしあまり違いがなければ，餌資源を巡った争いが起きるかもしれない．その結果としてどちらかの集団が絶滅することが考えられるが，餌利用にかかわる嘴サイズや形状が自然淘汰によって分化することで競争の効果が和らぐこともある．後者のプロセスは形質置換として知られ（Brown and Wilson 1956, Grant 1972），長期の同所的共存を促す．

　本章では，ダーウィンフィンチ類の種の間で，互いに初めて遭遇した時に見られる生態的な競争について，これまで知られていることを解説する．その後の2つの章で，交配相手がどのように選ばれ（第7章），交雑が起こり（第8章），さらには交雑によって生まれた個体に対して淘汰がはたらくかどうかについて考察する．種間競争に関しては，適応放散の文脈でより一般的な議論を

第 10～12 章で行う．よってここでは，種分化における生態的な競争の役割に焦点をあてることにする．

6.2 競争

競争の結果としての多様化は，どのようにして検出できるのだろうか？　共存している近縁種間の生態的違いを観察するだけでは不十分である．その生態的な違いが異所的に進化したもので，競争の結果生じたものではない可能性が捨てきれないからである．しかしながら，もし二次的接触の時点で種間競争が生じて分化が起きたなら，異所的な集団同士よりも，同所的集団間での違いの方が大きいはずである．この章の最初では，集団間の比較を通して，過去の競争に関する証拠を巡って議論する．近年まで僅かな証拠しか得られなかったが，2005年に自然条件下で直接このプロセスを観察することができた．本章の後半では，このことについて紹介し議論する．

6.3 共存のパターン

David Lack (1947) は，同所的な集団と異所的な集団を比較することでいくつかの共存のパターンを見つけ出し，それを競争がもたらした進化的効果の証拠と解釈した．

1. ハシボソガラパゴスフィンチはコガラパゴスフィンチが生息する場所（サンチャゴ島，フェルナンディナ島，ピンタ島）では高標高に分布するが，同種がいない場所では低標高に分布する（ヘノベサ島，ウォルフ島，ダーウィン島）．コガラパゴスフィンチは常に低地に生息する種であり，それは生息環境が低地に限られない場合でさえも同様である．コガラパゴスフィンチが生息していない3つの低標高の島では，ハシボソガラパゴスフィンチの嘴が他の島に比べて頑健ではなくなっている（口絵12～14）．特にヘノベサ島では，このような嘴の形状は，利用する餌のニッチに関して，コガラパゴスフィンチの特徴だけではなくサボテン

フィンチの不在も影響している.
2. ガラパゴスフィンチとコガラパゴスフィンチは，一方が不在である島では，嘴や体のサイズが互いに非常によく似ている．大ダフネ島（ガラパゴスフィンチのみが生息し，稀な移入を除いてコガラパゴスフィンチは見られない；図1.3）やロス・ハルマノス島（コガラパゴスフィンチのみ生息）が一方の種のみ生息する例であり，その他の多くの島では両方の種が生息する．
3. オオサボテンフィンチは，オオガラパゴスフィンチとサボテンフィンチがどちらもいない島（エスパニョラ島）では，嘴の形状とサイズが両種の中間を示すが，オオガラパゴスフィンチが生息しているとよりサボテンフィンチのような特徴を有する（ヘノベサ島）（口絵20）．

6.3.1 嘴から餌を推測する

上記の3つの例は，近縁種間の最小限の生態的違いが共存には欠かせないことを示している．これよりも差異が小さい場合，先に島を占めた一方の種が，もう一方の種を競争的に排除することが予想される．ガラパゴスフィンチ類の種が共存しているすべての集団で，少なくとも1つの嘴の次元に関して最低でも15%の違いが見られることは，最小限の違いという考えと辻褄が合っている（Grant 1999）．その最小限の違いを超えた，2種間の嘴サイズの違いがより大きくなればなるほど，食性の違いも大きくなる（図5.2）．

Lackが1938～39年にガラパゴス諸島を訪れて以来，野外調査によって，特定の嘴形態に基づく餌の推定を支持する量的な証拠が十分に得られてきた．ハシボソガラパゴスフィンチは，コガラパゴスフィンチが生息するような低地ではコガラパゴスフィンチに似た種子食であり，高標高では節足動物を多く利用する異なった食性を有する（Schluter and Grant 1984b）．大ダフネ島に生息するガラパゴスフィンチも同様に，小さなコガラパゴスフィンチに似た嘴をもつ（Boag and Grant 1984a, 1984b）．オオサボテンフィンチの食性は，オオガラパゴスフィンチ（口絵21）がいないエスパニョラ島では同種に似た種子食を示し，同所的に生息するヘノベサ島では主に，サボテンフィンチが他の地域で行っているようにウチワサボテン属 *Opuntia* を利用する（Grant and Grant

1982)（口絵22と23）．ダーウィンフィンチ属の種が食べる昆虫の大きさは，その嘴のサイズとともに変化し（Bowman 1961），あるいは一部，競争者の存在にも依存しているかもしれない．これについてはさらに研究する必要がある．

6.3.2 パターンの解釈

同所的に違いが強調される場合，それは競争や自然淘汰によって形態変化などの多様化がその場所で起こったことを示唆する．しかし，その1組の種のペアは系統的に姉妹種だろうか？　もしそうなら，両種の間に観察される違いは，種分化サイクルの二次的接触の段階において何が起こったかという問題に直接関連がある．反対にもしそうでなかったとしても，2種が適度に近縁だったとしたら，互いに接触した時の相互作用に着目する価値はある．

コガラパゴスフィンチとハシボソガラパゴスフィンチの例では，近縁さの問題に答えるほど十分に明確な系統樹は得られていないが—実際とても紛らわしい（図2.1；第10章も参照）—おそらく近縁ではなさそうである．残りの2つの例では，ガラパゴスフィンチとコガラパゴスフィンチは姉妹種であり，オオサボテンフィンチ（エスパニョラ島）はオオガラパゴスフィンチよりも古い起源をもつ．

続いての問題は，私たちが現在観察している異所的な状態は，同様に現在観察している同所的な状況に先んじて起きたか，それとも後で起きたのか，である．この疑問に答えるのは難しい．異所的集団と同所的集団は遺伝的に非常に類似しているため，互いにどのような経路を辿って現在の集団に至ったかを明らかにするのは困難なのである．よって答えもまたさまざまだ．ガラパゴスフィンチとコガラパゴスフィンチは多くの島で同所的であるが，島嶼部の中央右に位置する2つの島でだけ異所的である．彼らの歴史に関する簡単な説明は，異所的集団が同所的集団から派生したというものであり，この反対は成立しない．実際に，最後の氷期最盛期には現在よりも海面が低く，大ダフネ島がサンタ・クルス島の一部であり，それぞれが別の島になったのは僅か15,000年前のことである（Grant and Grant 1998a）．島が形成されるとともに，ガラパゴスフィンチの新たな集団も元の集団から派生したのである．コガラパゴス

フィンチの集団も同様に形成されうるが、どこかの時点で絶滅したと思われる。

オオサボテンフィンチ（エスパニョラ島）とその仲間（図2.1；マイクロサテライトによる）に見られる入れ子になった系統的関係性は、エスパニョラ島に生息するオオサボテンフィンチが他の個体群よりも古い起源をもつ証拠と考えられる。もしこれが正しければ、エスパニョラ島のオオサボテンフィンチがまず異所的に存在し、その後ヘノベサ島においてオオガラパゴスフィンチと同所的になったはずである。そうならば、ヘノベサ島での進化的変化は、オオガラパゴスフィンチとの競争によって起きた形質置換の証拠といえる。

6.4 形質置換と解放

形質置換は資源消費に関連する形質の分化過程であり、同所的な近縁種間で起きる。その結果、種間競争は減少する（Grant 1972）。対して、異所的な場合にはその形質が収斂していくことを形質解放と呼ぶ。競争相手の種がいない場合、それぞれの資源消費に関する形質は、存在していない種の方向へ変化するのである。「形質置換」という用語はBrown and Wilson（1956）によって初めて導入され、ガラパゴスフィンチとコガラパゴスフィンチの例が典型的なものとして取り上げられた。実際には、形質解放の例として記述するのが良さそうである（Boag and Grant 1984b）。形質置換は、異所的種分化モデルの第3段階と関連があり、これまで大ダフネ島で観察、記録されてきた（Grant and Grant 2006a）。

6.4.1 観察された形質置換

大ダフネ島のオオガラパゴスフィンチの繁殖集団は、1982年に2羽の雌と3羽の雄によって創設された（第4章）。この定着はガラパゴスフィンチの形質置換を導く可能性を秘めており、互いに利用効率や頻度は違うものの、ハマビシ属の種子（口絵24）を食べるのである。種の平均より大きなサイズの嘴をもつガラパゴスフィンチでも、木質に保護された分果を割って中の種子を得るのに、オオガラパゴスフィンチに比べ3倍も長い時間を要する（Grant

1981b).オオガラパゴスフィンチは,ガラパゴスフィンチをハマビシ属を食べる餌場から物理的に排除しようと競争し,さらにはハマビシ属の実の密度を減少させることでガラパゴスフィンチが利用しても有利にならないようにする(Price 1987).一般的に,餌の供給がひどく減少しているような場合,オオガラパゴスフィンチがハマビシ属の実を枯渇させることによってガラパゴスフィンチにかかる淘汰の結果,小さな嘴サイズへシフトするよう仕向けていると予想される.

予期された形質置換が実際に起こったのは,オオガラパゴスフィンチの繁殖集団が形成されてから22年後のことである(図6.1).集団創設の初期にはその個体数が餌資源に対して非常に少なく(図4.2),何でも利用することができたために,ガラパゴスフィンチへの競争効果は穏やかなものであった.さらなる移入個体を含む繁殖によって集団サイズは徐々に増加し,2003年には最大で350個体に到達した(図6.2).2003年と2004年にはほとんど雨が降らず,2003年には16mm,2004年には25mmか1インチほどであった.どちらの年においても繁殖は行われず,新たな餌(種子)の供給もほとんどないため,両

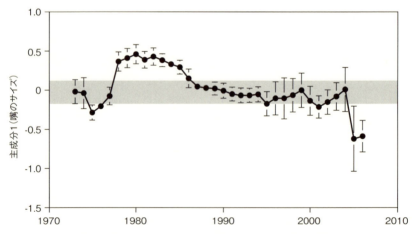

図 6.1 大ダフネ島におけるガラパゴスフィンチの長期的な形態変化の時系列.2004~05年にかけて,オオガラパゴスフィンチとの競争に起因する嘴サイズの形質置換が起きている.各年の平均嘴サイズ(黒丸)と95%信頼区間(縦棒)が示してある.灰色の領域は1973年の最初のサンプルに対する信頼限界である.Grant and Grant (2006a) より.

種の個体数は劇的に減少した．2004年の初めには，オオガラパゴスフィンチの個体数（150）とガラパゴスフィンチの個体数（235）がそれまでで最も接近した．各個体の大きさはオオガラパゴスフィンチがガラパゴスフィンチの約2倍あるが，集団全体の生物体量で考えると実際にはほとんど一緒である．2004～05年にかけて，両種の個体数はそれほど減少せず，ガラパゴスフィンチは大きな嘴をもつ個体への強い方向性淘汰を経験した（表6.1）．例を挙げると，順に大きな嘴をもつ雄10個体はすべて死んでしまった．嘴の長さよりも嘴の全体の大きさの方が，各年の生存個体と死亡個体を区別する要因として最も重要であった．嘴の大きさの指標は両方の性について淘汰を受けたが，高さと幅に対する長さである形状の指標は，いずれの性でも淘汰を受けなかった．

6.4.2 オオガラパゴスフィンチの競争的役割

実験的な証拠を除いて，オオガラパゴスフィンチがガラパゴスフィンチ集団の死亡率に影響を及ぼしていることをどのように調べれば良いだろうか．ちょうど1977年，そのような自然淘汰の原因が，限られた餌資源量と利用資源の重複，そして対照的な状況下での自然淘汰の方向，といった関連する証拠から予想された．

オオガラパゴスフィンチはガラパゴスフィンチよりも早くハマビシ属の実を消費し，その消費量はオオガラパゴスフィンチ1個体に対しガラパゴスフィンチ2個体分が消費する餌量に相当する．2種が合計で種子を消費した結果，2004年にガラパゴスフィンチが餌としてハマビシ属を利用した頻度は，他の年の半分にとどまってしまった（図6.3）．餌の供給量は定量化されていないが，それでもなお，オオガラパゴスフィンチの例外的な採餌率の低さから，餌不足は明らかである．2004年には最低でも90個体がハマビシ属の分果を200～300秒にわたって探し回るのが観察され，種子の入った分果を1～2個以上手に入れた個体はいなかったのである．1970年代の通常の状況であれば，同じ時間だけ観察した8個体は9～22個の分果を探しあてており，その平均間隔は僅か5.5秒であった．採餌率に見られるこの差は非常に大きいものである．

ガラパゴスフィンチの個体数は1973年に研究を始めて以来，最も低いレベルの83個体にまで減少した．オオガラパゴスフィンチの個体数も同程度まで

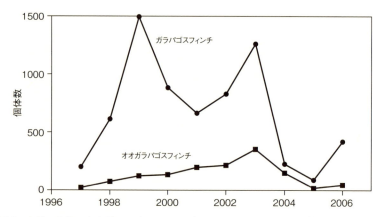

図 6.2 大ダフネ島のオオガラパゴスフィンチとガラパゴスフィンチの個体数に見る，集団の崩壊とその前後．図 4.2 も参照のこと．Grant and Grant（2006a）より．

表 6.1 ガラパゴスフィンチが経験した，逆方向の強い淘汰を伴った 2 つのシナリオに関する淘汰係数．2004 年にはオオガラパゴスフィンチが同所的に存在し，1977 年には不在であった．統計的有意性（t-tests）は $P<0.05$, <0.01, <0.005 そして <0.001 について，*，**，*** と **** でそれぞれ示した．各主成分は，全体の体サイズ，嘴サイズとその形状の指標である．Grant and Grant（2006a）より．

	1977		2004	
	雄	雌	雄	雌
体重	0.88****	0.84***	−0.62*	−0.63
翼の長さ	0.47***	0.71**	−0.66*	−0.60
足根の長さ	0.24	0.27	−0.48	0.01
嘴の長さ	0.75****	0.88***	−1.08****	−0.95*
嘴の高さ	0.80****	0.69*	−0.94***	−0.91*
嘴の幅	0.71****	0.62*	−0.87***	−0.81*
主成分 1　体	0.69****	0.73**	−0.67*	−0.52
主成分 1　嘴	0.80****	0.74**	−1.02****	−0.92*
主成分 2　嘴	0.23	0.29	−0.34	−0.26
サンプル数	164	55	47	24
生存個体の割合	0.45	0.42	0.34	0.54

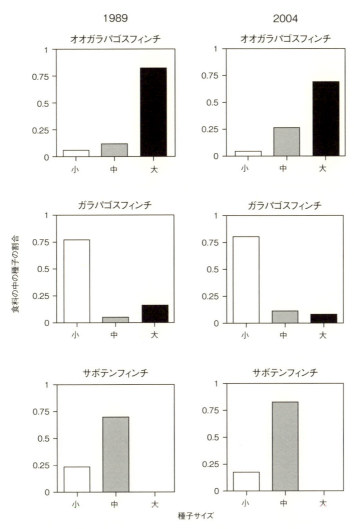

図 6.3 大ダフネ島に生息するガラパゴスフィンチ属3種が食料として用いる種子を，3つのサイズカテゴリーで示した．大きな種子はオオバナハマビシ，中サイズの種子はガラパゴスウチワサボテンの1種 *Opuntia echios*，そして小さな種子には20種以上の植物が含まれている．Grant and Grant (2006a) より．

減少したが，集団サイズの比率で見た効果はこちらの方が大きく，2005年に向けた繁殖個体としては僅か4個体の雌と9個体の雄が残ったのみであった．この集団は大きなサイズの種子の現存量が枯渇した結果として，ほとんど絶滅寸前に追い込まれてしまった．両種のたくさんの個体が死んでいる状態で発見され（口絵25），その胃は空であった．島にはハマビシ属の硬く大きな種子（果実）はないため，オオガラパゴスフィンチに形質置換の余地はほとんどなかった．平均嘴サイズは増加したが，小さな嘴と大きい嘴の両方の個体が生き残っていた（図4.5）．

両種にとってハマビシ属に代わる主な餌はウチワサボテン属 *Opuntia* の種子であるが，2004年は例年になくその生産量が少なかった．サボテンの種子量が不十分であったのは，本来好んで食べる餌の供給不足から逃れる2種類の種子食のフィンチにとってだけではない．サボテンを専門に食するサボテンフィンチ（図6.3；口絵23）にとっても不十分であり，過去32年間で最も個体数が減少し，その数はガラパゴスフィンチとほぼ同じ50個体となった．この状況から逃れることができたのは，ガラパゴスフィンチ集団の中でも一番小さな，コガラパゴスフィンチに似た個体たちである．これらの個体はコガラパゴスフィンチのように，エネルギー報酬の少ないとても小さな種子を食べることが知られている．2個体のコガラパゴスフィンチが2004年に島で観察され，両個体とも先述の環境下で2005年まで生存したことは重要であるかもしれない．

6.4.3 対照的な状況下での淘汰

2004年に起こったガラパゴスフィンチの大きな嘴をもつ個体を不利にする強い淘汰は，オオガラパゴスフィンチが同所的にいる状況下で起こった．これと正反対の条件はオオガラパゴスフィンチ不在だった1977年であり（図6.1,表6.1），小さな嘴をもつガラパゴスフィンチを不利にする淘汰圧が存在したのである（第5章）．1977年と2004年の淘汰事象を比較することは，形態的な安定性の背景を理解するのに役立つ．2004年の直前には，餌資源の構成に変化をもたらすような異常な降雨はなく，急激な気温変化や捕食者の侵入など，その他の稀な環境変化も起きていない．この時小さなフィンチの個体が高頻度

で生き残ったが，1977年に同量の降雨があったにもかかわらず，2004年とは反対に小さな個体の生存率は低かったのである．2つの年の間に見られる顕著な差は，オオガラパゴスフィンチの個体数である．1977年には散発的な2～14個体の移入個体だったのに対し，2004年の初めには150個体がすでに定着していた．その結果，2003～05年にかけて起こったガラパゴスフィンチ集団の崩壊は，1976～78年に起こったものよりも深刻であった．

6.4.4　形質置換の進化

嘴の特徴に関する平均的な変化は遺伝率が高いため，次世代の集団に引き継がれる（図5.7）．強力な方向性淘汰がはたらくと，進化的応答が起きると予測される．その推定値は，淘汰の強さの指標である淘汰差と，遺伝的変異量の指標である遺伝率の2つの量の積である（第5章）．長い干ばつを生き抜いた個体から生まれた2005年の子孫個体は，嘴の平均サイズが予測された値と近く（図6.4），淘汰を受ける前の親世代の平均よりも，およそ0.7小さかった．これは実際の進化的変化と予測値が近いという一般的なパターンに合っている（図6.4）．

要約すると，ガラパゴスフィンチの平均嘴サイズはオオガラパゴスフィンチの不在（1977年）によって大きくなり，同所的に存在する場合には小さくなったのである（2004年）．特に後者は，オオガラパゴスフィンチからの形質置換であると同時に，コガラパゴスフィンチからの解放でもある．これらの進化的変化はLack（1947）が想像していたよりも複雑なものであり，種分化のプロセスにおいて，競争種の存在が形態的・生態的適応をもたらすという説を直接支持する結果となった．またこの章で見た競争的相互作用は，共存する種間に規則的な嘴の差異が見られるというパターンについても（たとえば，図1.3），その一部を説明できる．

6.5　まとめ

種分化のサイクルで重要な段階の1つに，共通祖先から進化して別々の場所に生息していた2集団が，同所的な共存を確立することがある．2集団が競争

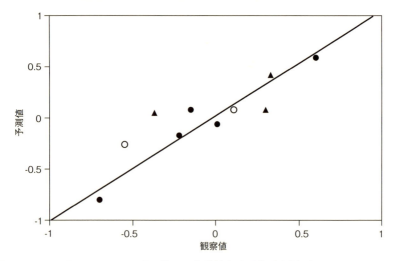

図 6.4 ガラパゴスフィンチにおける嘴サイズ（黒丸）と形状（白丸）と，サボテンフィンチの嘴サイズ（三角）に対する自然淘汰で観察された進化的応答．予測値との比較として示しており，対角線は観察値と予測値が一致している場合を表している．予測値は異なる淘汰事象についてそれぞれ淘汰差と遺伝率の積で求めており，標準偏差の1単位量として表示してある．サイズが増えれば正の値を示し，減少すれば負の値を示す．Grant and Grant (2002a) に 2005 年のガラパゴスフィンチの形質置換に関する値（図の最下部にある点）を加えた．

的に相互作用するかしないかは，その時点で互いにどれだけ異なっているかによって決定される．相互作用する集団は自然淘汰にさらされる可能性があり，資源消費に関連する形質（嘴）が分化することで競争を和らげる．これを形質置換と呼ぶ．嘴形質の形質置換は，同所的および異所的に生息する近縁な2種間の集団比較を行うことで明らかにできる．たとえば，オオサボテンフィンチは，オオガラパゴスフィンチとサボテンフィンチがいない環境では両種の中間的な嘴形状と体サイズをもつが（エスパニョラ島），オオガラパゴスフィンチが同所的にいる場所ではよりサボテンフィンチに似る（ヘノベサ島）．もしエスパニョラ島に生息するオオサボテンフィンチの集団がオオガラパゴスフィンチとサボテンフィンチよりも古い起源をもつならば，ヘノベサ島での進化的変化がオオガラパゴスフィンチからの形質置換の証拠である．大ダフネ島で直接観察された形質置換の過程は，そのようなパターンからの推定を支持する．

1982 年にオオガラパゴスフィンチが繁殖集団を形成し，干ばつに見舞われる 2003 年までその数を徐々に増やしていった．干ばつによってハマビシ属の果実が深刻に枯渇したことで，オオガラパゴスフィンチは，ガラパゴスフィンチの集団が小さい嘴へ進化的にシフトする原因となったのである．

第7章

生殖隔離

地理的に重複している近縁な鳥類の種において,見た目が似ている場合には,著しく異なるさえずりをもっていることが多い.
(Huxley 1938, p. 257)

7.1 交雑を避けるための交配前隔離

　交雑の停止は種分化プロセスの完了を示している.これはどのように生じるだろうか.その答えは,集団間の差異の蓄積にあるといえる.利用する餌に応じて嘴が分化したように,交配に関係する機能をもつ形質も分化する.標準的なモデルによれば,分化は同所的な分布になってから初めて起こるのではなく,異所的な状況下ですでに始まっているのである.やがて形質が十分に異なることによって,集団同士が同所的に一緒になった場合,一方の集団が他方を潜在的な交配相手として認識しなくなる.シグナル形質とそれに対する応答の違いが交雑の障壁をもたらすのだ.この時点で,2集団間での交配前隔離が成立する.本章では,近年共存が確立されたような2種間において交雑を妨げる形質の違いが実際に何であるか,さらにその違いが異所的にどのように進化し,同所的にはどれだけ効果的かについて考える.

　遺伝子の交流を妨げる障壁は,交配の前後どちらでも機能しうるが,本章では交配前隔離に焦点をあてることにする.交配後隔離は,交雑によって生まれた子孫の生存率低下や不妊,配偶者を探す能力の欠如によって起こるが,これについては次の章で考える.

7.2 種間の区別に含まれる要因

すべてのダーウィンフィンチ類の種は互いに似た求愛行動をもっている（Lack 1947, Ratcliffe 1981）．同属に含まれる近縁種のグループは同一の羽を有しており，たとえば，ガラパゴスフィンチ属は雄が黒く雌は茶色である．種の違いは，嘴のサイズや形状，さえずりの違いとして明確に現れる．そのため，嘴とさえずりの特徴をもとに，個体を同種のメンバーかまたは非常に近縁な同所的な別種なのかを区別できるのかどうかを調べてみよう．

7.2.1 嘴

David Lack（1945, 1947）は交雑を妨げるものとして，特に嘴とその形状が重要であり，これらの違いは異所的な自然淘汰を通して実現されると指摘した．もしこれが正しければ，交雑障壁は生態的適応の副産物として生じるものであり（Fisher 1930, Dobzhansky 1937, Schluter 2000），自然淘汰や性淘汰によって直接的にもたらされるものではないことになる．

求愛行動における嘴の大きさと形状の役割は，Lack（1945, 1947）の予備的な実験によって初めて検証された．その後 Laurene Ratcliffe によって，いくつかの島に生息するガラパゴスフィンチの雌雄の博物館標本を用いた実験が行われた（Ratcliffe and Grant 1983a）．三脚に棒を取りつけ，対照的な標本を両端に固定した．一方は実験対象の個体と同じ集団に属する綿詰め標本（剥製）であり，もう一方は同所的に生息する近縁別種の標本である（口絵 26）．実験に用いた標本は，体サイズは似ているものの，嘴に関しては全く異なるものであった．この実験デザインは，見た目だけで 2 個体の違いを判別することができるだろうかという，フィンチへの疑問に対応している．答えはイエスだった．被験個体は同種の標本によく反応し，相手が雄か雌かによって求愛行動や攻撃行動をとったのである（図 7.1）．

7.2.2 さえずり

形態に基づく区別が唯一の可能性ではない．フィンチ類は種によって異なるさえずりを行い，Robert Bowman（1979, 1983）はこのさえずりの違いが互い

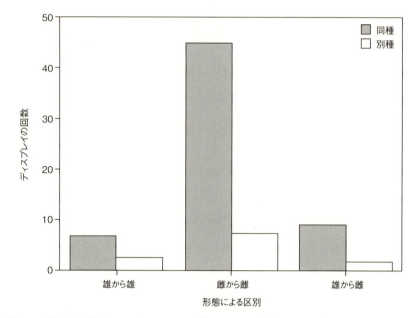

図 7.1 形態に基づくガラパゴスフィンチの種間の区別．被験個体と同じ集団に属する綿詰め標本を提示した場合（灰）と同じ島の別種標本を提示した場合（白）．各棒グラフは，実験が行われた4つの島（大ダフネ島，プラサ・スール島，ヘノベサ島，ピンタ島）で8〜16個体がディスプレイした平均回数を示している．また，4種（ガラパゴスフィンチ，コガラパゴスフィンチ，サボテンフィンチ，そしてハシボソガラパゴスフィンチ）を含むいくつかの実験データを組み合わせて示している．Ratcliffe and Grant (1983a) より．

に交雑を避ける要因になっているのではと主張した．さえずりによる区別という仮説は，いくつかの島において，録音したさえずりをプレイバックする（口絵26）ことで検証され，先の嘴形態による区別の実験に用いられた種と同じガラパゴスフィンチの種が対象とされた (Ratcliffe and Grant 1985)．視覚的な手がかりがない状態で，雄の個体は同種のさえずりと同所的な別種のさえずりとを実際に区別したのである（図7.2）．この雄の反応は，さえずりが交配を巡る同性の競争相手からの刺激だとすると，筋が通っている．そのため，雄を取り除いた状態でプレイバックへの応答を雌に対して実施すると，雄と同様の区別を示すはずである．この実験で，雌は一般にプレイバックへは近寄らな

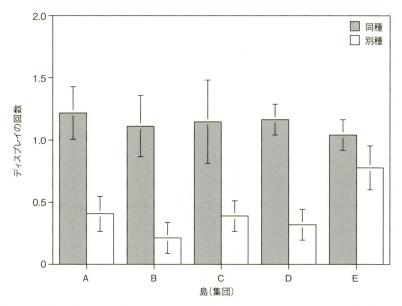

図 7.2 同種と別種のさえずりのプレイバック実験による，ガラパゴスフィンチ属の雄の個体識別．実験はプラサ・スール島（A），ピンタ島（B, C），大ダフネ島（D, E）で行われた．それぞれの棒グラフはおよそ10個体について，同種のさえずりを聞かせた場合（灰）と別種のさえずりを聞かせた場合（白）の平均値を表している．棒グラフから伸びる縦線は平均からの標準誤差を示す．被験対象の種と別種としてさえずりが用いられた種はそれぞれ，ガラパゴスフィンチとコガラパゴスフィンチ（A），コガラパゴスフィンチとハシボソガラパゴスフィンチ（B），ハシボソガラパゴスフィンチとコガラパゴスフィンチ（C），ガラパゴスフィンチとサボテンフィンチ（D），サボテンフィンチとガラパゴスフィンチ（E）である．Eの実験では，他とは異なる応答指標を用いている．Ratcliffe and Grant（1985）より．

かったり，雄個体に追い払われたりした．他の種を用いた研究では，雌の反応を高めるエストラジオールを使用することによりこの問題を解決している．たとえば，ウタスズメ *Melospiza melodia* はこの条件下において種を区別しており，テープに録音された異種のさえずりのプレイバックよりも同種のさえずりにより良く反応することがわかる（Patten et al. 2004）．

このように，個体はさえずりと嘴の形態に基づいて，自身が属する種の個体と同所的な近縁の別種の個体とを区別することができる．これら異種認識の手

がかり2つは，形態の違いは大部分が遺伝的な要因が重要であるのに対し，さえずりではそうでない点で異なっている（図5.7）．さえずりは遺伝的に受け継がれるのではなく学習によるところが大きいため，環境の影響を受けやすく，別に議論が必要である．

7.3 学習

さえずりの学習については，ダーウィンフィンチ類の雛を飼育実験下に置き，同種あるいは別種の録音したさえずりを聞かせることで検証が行われてきた（Bowman 1979, 1983）．結果は以下のようにまとめられる．さえずりは，生まれて間もない段階での刷り込みのような過程によって，父親あるいはその他の雄個体から学習する（雌はさえずらない）．学習の期間は孵化後およそ10日から40日の間であり，これは巣立ちの数日前から，通常巣立ち雛の親への依存が終わるまでの時期に対応している．この期間を通して父親がさえずりを行う．

よって，さえずりは文化的に受け継がれる形質であり，非遺伝的な変化にさらされる．おそらく，聴覚的な信号は生涯の早い段階で学習され，嘴の大きさや形状といった視覚的情報とともに，性的刷り込みを通してのちの配偶者選択に用いられる（Bowman 1983, Grant and Grant 1998a, 2002b, Grant et al. 2000）．これら2つの信号を関連づける学習は巣の中で始まり，巣立ち雛の親への食料依存の間，もしくはその期間を超えて続くのである．交配相手の区別に関する基礎は，最初の求愛経験によって変化したり強固なものになったりするかもしれないが（Bischoff and Clayton 1991），若鳥が初めて他種のさえずりと外見を見聞きした際に確立する．相手の何に反応するかを学ぶのと同様に，何に反応すべきではないかを学習することも重要だろう（Gill and Murray 1972, Lynch and Baker 1990, Grant and Grant 1996b）．たとえば，ヨーロッパに生息するズグロムシクイ（*S. atricapilla*）の雄は若い段階で，視覚的信号（羽）と聴覚的信号（さえずり）の関連づけを，自種と他種であるニワムシクイ（*Sylvia borin*）について確立する．ズグロムシクイは異種との接触がない状況下で8ヶ月間この関連づけを記憶し続け，繁殖期がくるとまたその情

報を用いて異種個体の区別を行うのである（Matyjasiak 2005）.

ダーウィンフィンチ類のさえずりの学習において特別なことはない．遺伝的に決められたさえずりではなく，さえずりの学習という現象は，鳥類全体の27目中およそ半分で見つかっているのである（ten Cate et al. 1993）．さえずりの学習と種分化の間の機能的関連は，これまで何度も指摘されている（Payne 1973, Immelmann 1975, Clayton 1990, Irwin and Price 1999, ten Cate and Vos 1999, Payne et al. 2000）．

7.4 種間でのさえずりの違い

同所的に生息するすべてのダーウィンフィンチ類は，それぞれ特有のさえずりをもっている（Bowman 1983）．さえずりは短く，種の中でも個体ごとに僅かに異なるさえずりが見られ，これらはサブタイプと呼ばれている．ヘノベサ島（Grant and Grant 1989）やダフネ島（Gibbs 1990, Grant and Grant 1996b）では標識個体を用いた長期研究が行われ，ごく稀な例外はあるものの，ガラパゴスフィンチ類の雄は父親と同じタイプの1種類のさえずりのみ行い（図7.3），一旦学習したさえずりを生涯維持した（図7.4）．大ダフネ島のサボテンフィンチ（図7.5）は，ガラパゴスフィンチとは大きく異なるさえずりをもっており，テープに録音された別種のさえずりを聞いた際，2種は互いに無視する（Ratcliffe and Grant 1985）．学習されたさえずりの違いは，交雑の障壁として機能する．ヘノベサ島では，異なる種による並行進化の例が見られる．さえずりがどれだけ異なっていれば障壁として機能するかは知られていないが，嘴のサイズのように，顕著な変異が見られる軸について15%の差異が目安になりそうである（第6章）．さえずりについてどの要素（複数かもしれない）が重要であるかはまだ特定されていない．

ここまで見てきたように，ダーウィンフィンチ類の生殖隔離は，さえずりとそれに関連する形態による区別という理論によって説明できる．これらの学習は通常，両親から早い段階で性的刷り込みのような過程を通して行われる（Grant and Grant 2002b, 2002d）．フィンチは2つの信号を独立に学習するが，それらの学習は相互に強化されていくかもしれない．自らと同じ種の個体同士

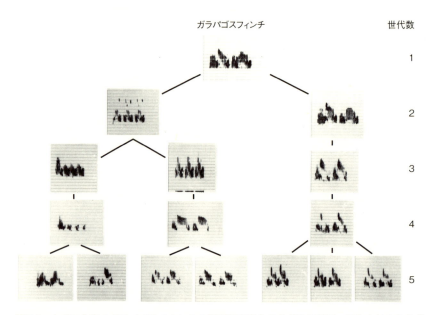

図 7.3 大ダフネ島のガラパゴスフィンチの雄個体が歌うさえずりの系図. ほとんどのさえずりが父親と同一のものであるが, 一部の個体が違うさえずりをもつことが見てとれる. 横軸は秒数であり, 縦軸は 0～8kHz の周波数を表す. Grant and Grant（1996b）より.

や別種のフィンチ個体を区別する時に, 彼らが 2 つの手がかりをどのように比較しているのかを推定することは難しい（Grant et al. 2000, Grant and Grant 2002b）. その理由の 1 つとして, 雌が相手を選ぶ基準として何を採用しているのかわからないことが挙げられる. さえずりのパフォーマンスに関連する特徴（トリル率と周波数範囲；Podos et al. 2004a, 2004b）, 音素構造と時間パターン, 鳴き声の間隔や鳴き声自体の持続時間と均一性（Grant and Grant 2002b）, 音エネルギーが最大になる頻度, 未測定の音色やその他の複雑な組み合わせが考えられる.

これら生育初期の学習に関する見解は, さえずり（雄）とその認識（両性）の両方にあてはまる. 同様の状況は研究の進んでいるキンカチョウ（*Taeniopygia guttata*）とも共通している. 雌はさえずりを行わないが, 兄弟個体のグループを用いた選好性実験では, 見知らぬ雄個体のさえずりと, 彼らの父親の

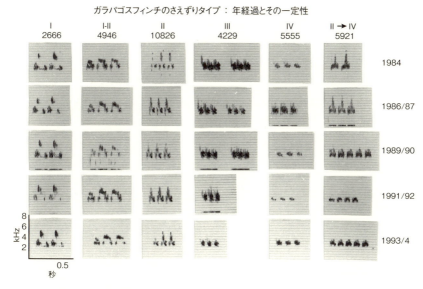

図 7.4 大ダフネ島のガラパゴスフィンチの雄に見られるさえずりは,生涯変わらない.Grant and Grant (1996b) より.

さえずりに両性とも等しい選好性を示したのである (Riebel 2000, Riebel et al. 2002). キンカチョウでは,色あざやかな羽や嘴の色もまた刷り込みの対象である (Clayton 1988, ten Cate et al. 2006).

7.5 異所的な場合のさえずりの多様性

さえずりは地理的隔離によっても分化する.さえずりの違いは,ハシボソガラパゴスフィンチの集団間で最も顕著で,彼らは嘴サイズと採餌行動でも分化している(第5章).標高の高いフェルナンディナ島,サンチャゴ島,ピンタ島の3島(図1.1と5.3)において,このフィンチたちは,構造的に複雑で時として見通しの悪いサンショウ属の森(口絵7と12)に生息しているため,長距離の音の伝達は難しい.その鳴き声は音色や時間パターン,周波数変調について複雑であり,高い周波数をもつ(図7.6).反対に,ヘノベサ島やウォル

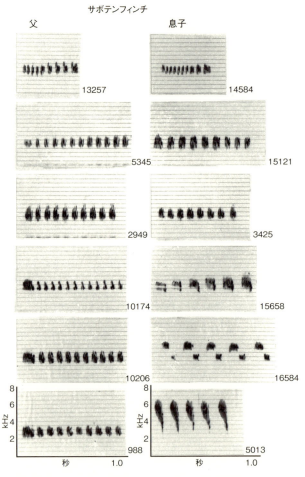

図 7.5 大ダフネ島のサボテンフィンチのさえずりに見られる父子間（上3段）の類似性．下3段には変化した例を示した．Grant and Grant（1996b）より．

フ島，ダーウィン島は島の標高が低く，より開けた構造的に単純な生息地であり，植生は長距離の音伝達をある程度妨げない代わりに，海鳥が低周波で大きく鳴いている．フィンチのさえずりは短く，構造的に単純である．そのさえずりは簡単な音の繰り返しや狭帯域のブーブー音であり，強い周波数変調がない

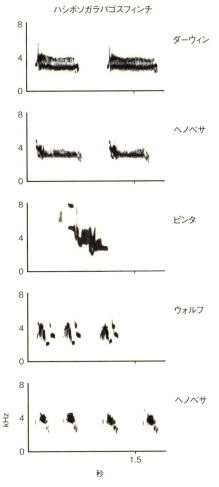

図 7.6 ピンタ島，ウォルフ島，ダーウィン島およびヘノベサ島のハシボソガラパゴスフィンチによる求愛時のさえずり（advertising songs）．Grant et al.（2000）より．

代わりに，警戒声で鳴くことによって始まる（図 7.6）．進化史のある時点において，ハシボソガラパゴスフィンチの集団はさえずりの特徴が分化し，その分化には生息環境が重要な影響を及ぼしたと推測される．

7.5.1 生息環境への適応

さえずりの特性は，異なる島の異なる生息環境で性淘汰によって変化するかもしれない（Bowman 1983, Price 1998）．なぜならば，ある個体のさえずりは他の個体よりも雌にとって魅力的である場合や（異性間淘汰），競争者である他の雄を追い払う効果が高い場合も考えられる（同性内淘汰）．ある生息環境において音の伝達効率が良ければ，他の特徴が同じであっても，異性間および同性内の両方の要因から交配成功率が高まるはずである．さえずりの周波数は島間で著しく変化しており，一般的に植生を通した音エネルギー伝達の最大化に対応している（Bowman 1983）．この対応関係は，主にピッチや周波数変調に見られる，さえずりの特徴に関する適応的変化をうまく説明できる（Bowman 1983）．

7.5.2 形態分化の帰結として起こるさえずりの変化

さえずりの特性は，単に個体のサイズ変化の結果としても変わりうる．Bowman（1983）は，フィンチのさえずりの周波数の中央値が，種間で比較して，体サイズと内部共振室のサイズが大きくなるほど減少することを発見した．しかしながら同種の個体間においても，非常に大きな変異が存在する．

さえずりに関する他の2つの特徴である音の反復と周波数領域は，嘴と頭部の大きさに伴って規則的に変化する．大きな嘴はゆっくりとした音の反復を生み出し，周波数領域はより狭くなる（Podos 2001, Podos et al. 2004a, Huber and Podos 2006）．この関連性は統計的に有意で，生体力学的な説明も持ち合わせている．大型の種は小型種に比べ，大きく嘴を開閉してそれを繰り返す素早い動きが苦手なのである（Podos et al. 2004b）．しかし，この傾向には例外も存在する（Huber and Podos 2006）．たとえば，ハシボソガラパゴスフィンチの音の反復はヘノベサ島よりもウォルフ島のさえずりで速く，嘴サイズはヘノベサ島の方が小さいため先ほどの予測に反している．サンタ・クルス島に生息する姉妹種のガラパゴスフィンチとコガラパゴスフィンチは，さえずりの特徴に不連続な違いはなく（Grant and Grant 2002d），2種間の違いよりも彼らの類似性を強調するかのようなさえずりも見られる（図7.7；他の例はBowman 1983）．いくつかの例で，ある種が時々別種とほとんど同じさえずりを行

7.5 異所的な場合のさえずりの多様性

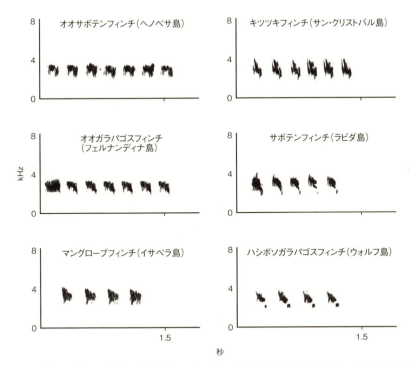

図 7.7 種間に見るさえずりの類似性．いくつかのさえずりでは，これらのソナグラムでは捉えられない微妙な違いによって区別できる．フェルナンディナ島で 1977 年に録音されたオオガラパゴスフィンチのさえずりは，私たちの耳にはオオサボテンフィンチやキツツキフィンチのさえずりに聞こえた．しかしこれらの 2 種はどちらもフェルナンディナ島には生息していないのである！

うことによって，その別種がさえずりに反応することが知られている（Bowman 1983, Grant and Grant 1996b; 次の章も参照のこと）．これらやその他の例外（Slabbekoorn and Smith 2000, Grant and Grant 2002d, Seddon 2005）とは別に，異所的に起こる嘴形態の適応変化に起因する結果として，近縁の別集団の個体が聞き慣れないような雄の鳴き声の特徴の変化が考えられる（Podos and Nowicki 2004）．

　嘴と体の大きさは一般的に強く相関しているため，さえずりの特徴の決定には両方が一緒に関与していそうである（Grant and Grant 2006b）．嘴と体の影

響が一緒であれ別々であれ，形態分化とさえずりに関する解釈は，Fisher (1930) と Dobzhansky (1937) が唱えた，適応分化の副産物として交雑障壁ができるという説と一致している（Barton 2001）．さえずりの変化はまず第1に，特定の生息環境を利用することからできたものであり，2番目に，形態の適応変化の副産物である．両者に共通するのは採餌生態である．

7.5.3 偶然の役割

種分化の生態理論（Schluter 1998, 2000）は，異所的なさえずりの多様化を説明するには不十分であり，偶然もまた重要な役割を果たす．

個体ごとの学習したさえずりに現れる，構成要素やモチーフ（音素）の小さな違いは，コピーする際のエラーの蓄積によるものと考えられている．そのようにして生まれた新規性のほとんどは偶然によって集団から消失するが，遺伝的浮動によって高頻度に増える場合もあるかもしれない．あるいは，雌による配偶者選択によって積極的に頻度が増加する可能性もある．十分に時間があれば，集団間の違いは交雑障壁として機能するのに十分な大きさまで蓄積するはずである．このような多様化では，環境の違いの役割は不必要である（Price 2007）．

新しいさえずりの変異は，コピーの誤りを通してのみつくられる訳ではない．たとえば，少数の個体が新集団を創設する際に（第4章），さえずりの構成要素が偶然失われる可能性もある．特に，まだ不完全なさえずりしかできない若い個体が創始者となった場合に起こりやすい（Thielcke 1973）．全くの仮説と思えるが，ムシクイフィンチがその例となっている．先のストーリーに沿って，*olivacea* 系統の個体が歌うさえずりの短いモチーフは，*fusca* 系統の長いさえずりから派生してきた可能性がある．また，さえずりの新たな変異は偶然によってその数を増やすかもしれない．大ダフネ島では，オオガラパゴスフィンチの1羽の雄の個体が移入し，移入先の集団サイズが小さいことによって，新たに持ち込まれたさえずりが広まったのである（第4章）．この雄は繁殖力が高く，そのさえずりは瞬く間に広がっていき，集団内で最も多く歌われるサブタイプとなった（Grant et al. 2001）．

ガラパゴス諸島の北西で隣り合うウォルフ島とダーウィン島では，ハシボソ

ガラパゴスフィンチの形態や生息環境の構造がほとんど同一であるにもかかわらず，さえずりは驚くほどはっきりと異なっている（図7.6）．2つの島がそれぞれ独立に，ムシクイフィンチのような系統的に古い祖先集団の個体によって創設されたとし，さらにさえずり全体のレパートリーとして反復音とブザー音の両方をもっていたと仮定しよう．各小集団の中で祖先的なさえずりの一部分が消失したり維持されたりすることで，構成要素は偶然に変わっていく．そしてこのような小集団の効果は，集団創設時や，その後集団の個体数が少なくなる期間に現れる（Grant et al. 2000）．

結論として，異所的集団に起源をもつさえずりとそれによる交配前隔離は，環境への適応と偶然の組み合わせの結果として起こるのである．

7.6　二次的接触の再現

地理的隔離によるさえずりの違いは初期の種分化を意味し，単に私たちが違いを検出するだけでなく，フィンチにとっても相手を識別する差異となる．個体間識別の可能性は，ガラパゴス国立公園内で異なる集団の個体を並べて置くだけでは検証できないが，テープに録音されたさえずりを使えば検証することができる．離れていた集団同士の二次的接触は，島Aに生息する個体に，島Bで録音されたさえずりをプレイバックすることで再現できる．この実験により，ハシボソガラパゴスフィンチの高地に生息する集団（ピンタ島）と低地に生息する集団（ヘノベサ島）のさえずりの間には，比較的弱い交配前隔離の存在が明らかになっている（Ratcliffe and Grant 1985）．

たとえ低標高に存在する3集団であっても，集団間には識別可能な変異が存在する．ヘノベサ島の個体は2種類のさえずりを行う．反復音のさえずりか，騒がしい鳴き声のさえずりであるが，ごく稀にその両方であることもある（Grant et al. 2000）．雄は両方のさえずりタイプに等しく反応する．ダーウィン島の個体は，ヘノベサ島の個体とほとんど同じうるさいブザー音のようなさえずりのみを行い，ウォルフ島の個体は反復音のみのさえずりを行う（図7.6）．ヘノベサ島で行われたプレイバック実験では，その島の個体が両方のさえずり（反復音またはブザー音）を行うにもかかわらず，雄はダーウィン島で

録音されたさえずりに，自集団と同じ程度に反応したのである（Grant and Grant 2002b）．一方，どちらのさえずりを行うタイプの個体も，ウォルフ島の鳥のさえずりに対しては強く拒否した．検証した12個体の中で，ウォルフ島のさえずりを無視したのはたった1個体のみであった．おそらく，彼らはさえずりの時間パターンの違いに反応しており，5音が等間隔に並ぶウォルフ島と，同様の音がペアになってゆっくり歌われるヘノベサ島のさえずりを区別していると考えられる．

　これらの実験結果は，異所的に獲得された，小さく見えるさえずりの違いが，種分化の初期段階に相当する程度の変化につながることを示している．鳥はある島からもう一方の島へ飛んでいき，その島に依存した異なるさえずりを行う近縁集団の個体と出会う．そのさえずりの違いは，彼らの耳からすると，移入個体を無視するのに十分な差異を含んでいるのかもしれない．

　同じような実験が，さえずりを使わず剥製標本を用いて行われている（図7.8）(Ratcliffe and Grant 1983b)．形態に関する実験結果はさえずりの時の結果と似ており，同様に初期の種分化を暗示している．予想通り，識別の程度が最も強かったのは，在来個体と移入個体の形態差が著しく大きな時であった．形態の差が同じであったとすると，ガラパゴスフィンチ属の識別の強さは，近縁種が少ない島に生息する個体よりも，多くの近縁種が生息する島の個体の方でより強かった（図7.9）．このことは，フィンチが生まれて間もない段階の経験から，何に反応すべきではないかを学んでいるという考えと合っており，以下のような興味深い示唆も含んでいる．たとえば，多数の種からなる大きな島からきた移入個体と，同様に大きな群集に所属する在来個体が出会っても，交雑の可能性はほとんどなさそうである．小さな島についてはこれと反対のことが予測される．しかし，特に小さな島が隣接の島から十分に離れている場合は，環境の特異さと集団の小ささが進化的新規性の起源になるかもしれない（Petren et al. 2005）．よって種分化は，分布周辺域の小さい島間（異所的な）におけるさえずりや形態の分化からスタートし，それらの小さな島からの移入個体と在来個体とが交雑しないような大きな島で（同所的な）分化がさらに進むのかもしれない．

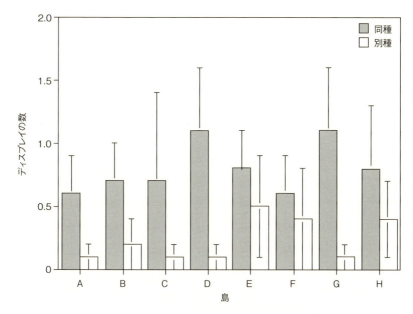

図 7.8 ガラパゴスフィンチ属による他種の識別．灰棒は自集団の剥製標本に対する反応を，白棒は移入種を想定して，他の島の形態的に類似した種の標本に対する反応を示す．各棒は約10個体が1つの場所でそれぞれの標本に使った時間の平均を表しており，縦線は標準誤差を指す．実験に用いた被験対象種と移入種の組み合わせとその島は以下の通りである．A：ダフネ島のガラパゴスフィンチとサンタ・クルス島のコガラパゴスフィンチ，B：エスパニョラ島のコガラパゴスフィンチとダフネ島のガラパゴスフィンチ，C：エスパニョラ島のコガラパゴスフィンチとサンタ・クルス島のガラパゴスフィンチ，D：プラサ・スール島のガラパゴスフィンチとサンタ・クルス島のコガラパゴスフィンチ，E：プラサ・スール島のコガラパゴスフィンチとサンタ・クルス島のガラパゴスフィンチ，F：プラサ・スール島のサボテンフィンチとヘノベサ島のオオサボテンフィンチ，G：プラサ・スール島のサボテンフィンチとヘノベサ島のハシボソガラパゴスフィンチ，H：ヘノベサ島のハシボソガラパゴスフィンチとサンタ・クルス島のサボテンフィンチ．Ratcliffe and Grant（1983b）より．

7.7 まとめ

　ダーウィンフィンチ類は互いに似た求愛行動をもち，同属の近縁種グループ内では羽の外見が同一である．このような近縁種間では，さえずりや嘴の大き

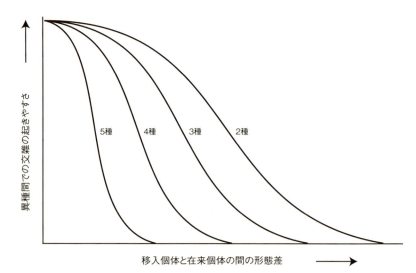

図7.9 在来種と移入種の繁殖可能性は，形態的な違いが大きくなるにつれて減少する．つまり形態的な差が小さければ，交雑の可能性は大きくなる．交雑可能性の減少度合いは，島のサイズとそこに生息する近縁種の数に依存する．5種が共存する島では急な減少が見られ（5種と記した曲線），ほとんど他種を含んでいない場合（2種と記した曲線）はより緩やかである．学習の理論によると，種数の多い島より少ない島の方で交雑が起きやすい（本文参照）．Grant (1999) より．

さ，その形状が著しく異なっている．野外実験により，さえずりと形態に基づいて，ある個体が自集団の個体と別種の個体とを区別できることが明らかになった．形態的な違いと鳴き声の違いの両方が，交雑に対する交配前隔離を形成し，これらは異所的に生じる．遺伝的に次世代へと受け継がれる嘴の形質とは異なり，さえずりは学習され，つまりは文化的に引き継がれる形質である．学習は，生涯の中で初期の感受性をもつ期間に，刷り込みに似た過程で起こる．嘴の大きさや形状といった視覚的な情報もおそらく，それと同時期に学習される．嘴形質に基づいた情報は，適応的に分化する（第5章）．適応的な形態変化に伴い，さえずりの特性も単純に体サイズの変化を受けて変わるかもしれない．大きな鳥では，さえずりの音調がより低い．また，さえずりの特性が嘴サイズと形状に引きずられて変わる証拠もあり，大きな嘴をもつ個体は，ゆっくりとした音反復率と狭い周波数領域をもつ．さえずりの違いは性淘汰の

影響を受け，それぞれの生息環境においてより効率の良い伝達音になると考えられている．これらの事実は，交雑障壁が適応分化の副産物として形成されるという Fisher と Dobzhansky の理論と合っている．しかし，いくつかの変化は適応ではない．さえずりは，異所的な集団間において，学習時のコピーに誤り（文化的突然変異）が生じてそれが蓄積することでも分化する．これに加え，新たな集団の創設時や個体数が少ない状況下では，さえずりの異なる要素をランダムに消失させる点で，偶然が重要な役割を果たすかもしれない．

第8章

交雑

> 一連の博物館標本の中から突如として現れる異常なほどの変異体は,変化と実験のプロセスが今も続いているのだという印象をもたらす.
>
> *(Swarth 1934, p. 231)*

8.1 はじめに

　前章で述べた通り,嘴形態とさえずりは交雑障壁を構成し,それぞれの障壁は異所的に進化する.二次的接触の時点において,それらの障壁は完全に形成されているだろうか? もしそうでなければ,そのような障壁を構成する要素のいくつかが淘汰にさらされて分化し,障壁が強化されることによって交雑の完全な停止をもたらす.もし交雑に対する交配後の不利益があるならば,配偶者選択に影響する要素へは性淘汰がはたらくと考えられる.交配後の不利益とは,交雑によって生まれた子孫個体が生存できなかったり,あるいは交配相手を得られないことや,各集団内で交配するよりも残せる子孫数が少なく,相対的に不適応であることを指す.本章では,同所的な状況下で交雑障壁が強化される可能性を議論する前に,交雑の発生と原因,そして交雑個体の適応度について考察する.

8.2 交雑

　ダーウィンフィンチ類は稀ではあるが交雑し，それによって生まれた個体は繁殖まで生存する．これは，どの種についても交雑障壁は完全ではないことを示している．障壁を乗り越えて遺伝的な交流があるということは，本章での検証実験のように，異所的な状況では種分化が完了していない証拠である．

　交雑の証拠は，主にバンドづけされた個体同士のつがいパターンの観察から得られる．ヘノベサ島とダフネ島で実施された標識個体の長期研究は，ガラパゴスフィンチ属の種間における交雑が，ほとんど毎年1組か，もう少し高い割合で起こっていることを明らかにした．言い換えると，稀ではあるが，根強く継続的に起こっているのである．ヘノベサ島では，オオサボテンフィンチが自らより大きなオオガラパゴスフィンチ（口絵27）と小さなハシボソガラパゴスフィンチの両方と交雑している（Grant and Grant 1989）．大ダフネ島では（口絵28），ガラパゴスフィンチがより大きなサボテンフィンチや偶発的な移入個体である小さなコガラパゴスフィンチと交雑する（Grant and Grant 1992, Grant 1993）．雛が巣で両親個体から給餌されている時に雌雄を同定すると，観察だけでは父親の起源を誤ることがある．世話をしているのは血縁的なつながりのない「社会的な両親」である可能性があり，マイクロサテライトDNAマーカーを用いた確認が必要である（Grant et al. 2004）．交雑を行った個体が，同種他個体とのつがい外交尾によってハイブリッドではない個体を生む可能性が示唆されていることからも（Slagsvold et al. 2002, Veen et al. 2001, Reudink et al. 2005），DNAを使った検証が必要であることがわかる．

　交雑は比較的小さな島である大ダフネ島やヘノベサ島，あるいはガラパゴスフィンチ属に限ったことではない．サンタ・クルス島で起きたコダーウィンフィンチ（*Camarhynchus parvulus*）とムシクイフィンチ（*olivacea*系統）の交雑は，その後，コダーウィンフィンチとの戻し交配に至ったとされる（Bowman 1983, Grant 1999）．博物館標本のうちの数羽は，同所的に生息する種の中間的な形態をもつため分類が難しい（図1.3）．これらの個体は交雑由来である可能性がある．フロレアナ島（サンタ・マリア島）からは，コダーウィンフィンチと*fusca*系統のムシクイフィンチの中間的な標本が2羽得られている

(Swarth 1931, Lack 1945, 1947). サンタ・クルス島からは，キツツキフィンチとムシクイフィンチの中間，さらにコダーウィンフィンチとムシクイフィンチの中間的な標本が見つかっている．もし（Ken Petren との）現在の遺伝解析によって博物館標本の交雑起源を確かめることができるなら，約200万年前に共通祖先をもつ種の交雑が示されるだろう．

8.3 なぜ交雑が起こるのか

遺伝子移入を伴う交雑は，動植物のいずれでも，特に人間活動が環境を撹乱した際によく起こることが知られている（Anderson 1948, Stebbins 1959, Arnold 1997, 2006, Seehausen et al. 1997, Taylor et al. 2006）．生息環境の撹乱は，これまで別の場所にいた集団を引き合わせ，交雑の機会を増やすことによって遺伝子流動に対する障壁を弱める．その結果，交雑種が遺伝的に1つの集団になってしまうかもしれない．あるいは，交雑個体や戻し交配による個体に適した新しい生息環境が撹乱によってつくられることにより，2種間の生息地の間に，交雑個体の多く占める交雑帯が形成される可能性がある．ダーウィンフィンチ類では，完全な自然環境のもとで撹乱を受けていない場合にも，交雑は複数回生じている．種間交雑は，交雑帯など地理的に限られた現象ではなく，またその他の多くの例（Harrison 1993, Rowher et al. 2001, Secondi et al. 2003, Bronson et al. 2005）とも違い，姉妹種間に限られた話ではない．

一般に，交雑は互いの求愛行動やそれに対する反応が似ている時に起こる．最も重要なシグナルは何だろうか．嘴や体サイズが類似した種は交雑するため，形態の似ている種ほど交雑しやすいとも考えられそうだ．たとえば，コガラパゴスフィンチの最も大きな個体は，自集団の一番小さな個体よりもガラパゴスフィンチの最も小さな個体により似ているため，交雑するのではないだろうか（図1.3）．しかし，この印象的な事実にもかかわらず，形態の似た個体同士による交雑は，大ダフネ島において主要なパターンではない（Boag and Grant 1984b）．このことは，嘴やそれに伴う鳴き声の特徴が，交雑種の配偶者選択を決定的に支配している訳ではないことを示す．それよりも，交雑の原因としてより重要なのは，異種のさえずりを誤って刷り込み学習してしまうこ

8.3 なぜ交雑が起こるのか

とである.

もし雛の短い感受期に，同種のさえずりよりも別種のさえずりを聞く機会が多かったとすると，学習を含む刷り込みのような過程（第7章）は影響を受けてしまう．結果として，その雛には別種のさえずりが刷り込まれるのである．この現象は特殊な状況下で稀に起きるので，その数は雛全体の1%にも満たない．例として，父親個体が死んでしまった場合や，一方の大声でさえずりを行う種（オオガラパゴスフィンチ）の雄が，非常に近い巣で繁殖する別種（ガラパゴスフィンチ）の雄にしつこく鳴いて繰り返し追い払うことが挙げられる（図8.1）．大ダフネ島のある例では，サボテンフィンチのつがいがガラパゴスフィンチのペアの巣を盗み，そこにあった卵を取り除かなかった例が知られている．その卵からは雄が孵化し，サボテンフィンチのつがいによって育てられた．その雛は学習によって，のちに育ての父親のさえずりを行ったのであった (Grant and Grant 1996b, 1997a, 1998a).

それぞれの交雑イベントがどの要因に駆動されたかを直接の観察によって特定することはできない．たとえば，大ダフネ島のあるガラパゴスフィンチのつがいから生まれた1羽の雌がサボテンフィンチの雄と交配し，同じ巣で生まれた姉妹個体が同じ年にコガラパゴスフィンチの雄と交配しているのは不可解である（Grant and Grant 1997a）.

誤った刷り込みが行われた個体はしばしば，刷り込み元の集団の個体と交配し，その結果交雑に至ることがある．私たちは大ダフネ島で雌雄含め482個体のフィンチ類（ガラパゴスフィンチ，コガラパゴスフィンチ，サボテンフィンチ）のさえずりを記録し，そのうち16回の交雑が観察されたが，すべての交配が両親の嘴形態ではなくさえずりのタイプに基づいていた．12回については，雌と刷り込みに誤りがある他種雄の交雑で，残りの4回については，雌と刷り込みに誤りをもつ雄の子孫個体であった（Grant and Grant 1996b）.

このように，誤ったさえずりの刷り込みは交雑をもたらす．それはもう1つの理由からも重要である．異種のさえずりを忠実にコピーできるということは，嘴サイズに由来する，さえずりの音への形態的制約（第7章）は乗り越えることができ，少なくともその制約をごく小さいものとしたり，機能上問題がないようにできることを示している．

104　第8章　交雑

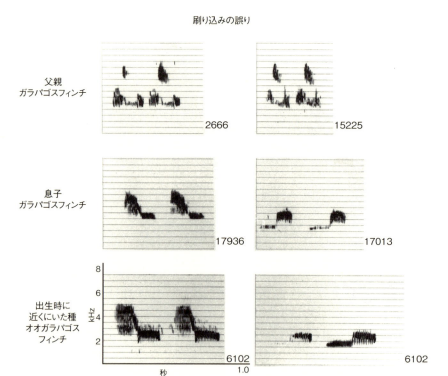

図 8.1　大ダフネ島のガラパゴスフィンチが，刷り込みの過程の結果として誤ってオオガラパゴスフィンチのさえずりをコピーした例．ガラパゴスフィンチの2羽の雄の雛はそれぞれ，自身の父親のさえずりではなく，近くにいたオオガラパゴスフィンチのさえずりをコピーしている．15225 の雄は 2666 の息子であり，このように息子が父親の隣になわばりを形成するのは稀なケースである．また，学習対象となったオオガラパゴスフィンチの雄が2つのさえずりをもっていたのも稀な例であり，偶然にも集団内の他の2つのサブタイプからそのさえずりに急速に置き換わっている（第7章）．どちらの場合も，さえずりの誤ったコピーによる交雑には至っていない．Grant and Grant (1998a) より．

8.4 交雑が起きないのはいつか

　種間でサイズの違いがとても大きくなる場合には，交雑できないか，しても非常に稀である．ヘノベサ島では，最も大きいオオサボテンフィンチと最も小さいハシボソガラパゴスフィンチの交雑は観察されたことがなく，大ダフネ島では，同様に最大種のオオサボテンフィンチは他のどの種とも交雑したことがない．サイズの違いは種分化してからの時間の長さと重要性が混同されるが，大ダフネ島の例はサイズの違いがより重要なことを示している．

　オオサボテンフィンチとガラパゴスフィンチは姉妹種ではないものの，近縁種である（図2.1）．大ダフネ島において合計6羽のガラパゴスフィンチの雄が誤ってオオサボテンフィンチのさえずりを学習したことが知られているが（たとえば，図8.1），そのうち1羽もオオサボテンフィンチの雌と交配した個体はいなかった．サイズの違いが主な交雑障壁として機能しているようである．この島では，オオサボテンフィンチ（>30g）は明らかにガラパゴスフィンチ（約18g）より大きく，サボテンフィンチ（約22g）はガラパゴスフィンチとそれほど近縁でないにもかかわらず，サイズが近いため交配する．交雑が見られないということは，雌がこれまでに学んだ2つの情報（さえずりと形態）のうち，少なくとも一方に大きな違いがあるため，雄を潜在的な交配相手として認識していないことを意味するのかもしれない．この可能性はオオサボテンフィンチの雌を用いて検証することができるだろう．観察によると，もう1つの可能性として，雄のハラスメントが交雑を妨げていることが考えられる．誤った刷り込みをもつ6羽のガラパゴスフィンチの雄は，オオサボテンフィンチから学習したものより平均周波数で僅かに高いさえずりを行う場合もあったが，なわばりをもつオオサボテンフィンチの雄に繰り返し追いかけられていた．これは，さえずりが効果的な刺激であったことを示している．6羽のうちのあるガラパゴスフィンチの雄個体は，さえずりをやめて静かになったのちに，ガラパゴスフィンチの雌とペアになっている．

8.5　雑種個体の適応度

　適応度は変化する．1976〜82年にかけて，大ダフネ島で生まれた雑種個体は1羽も繁殖まで到達しなかった．この時ガラパゴスフィンチとサボテンフィンチのそれぞれの子孫も多く死亡したが，ガラパゴスフィンチとコガラパゴスフィンチのペアから生まれた雑種第一代（F_1）はガラパゴスフィンチ同士のペアの子どもよりも生存率が有意に低かった．つまり相対的にも絶対的にも生存率が低かったのだ（Grant 1993, Grant and Grant 1993）．雑種の低い生存率に対する説明としてまず考えたのは，両親のゲノムに由来する遺伝的不和合性であった．しかし，もう1つの仮説として，雑種が両親の中間的な嘴形態を有するため，乾季を生き抜くのに適したサイズの種子を十分量得られなかったことが考えられる．ガラパゴスフィンチが乾季の生存に用いるハマビシ属の分果は大きくて硬く，雑種が割るには大きすぎるため，割るのを試す個体はいるものの成功する個体は現れなかった．さらに，雑種はウチワサボテン属 *Opuntia* の種子（図8.2）を利用することができるが，サボテンフィンチの主な食料でもあるため，利用するにはサボテンフィンチよりも非常に効率が悪い（Grant and Grant 1996c）．

　1983年のエルニーニョ現象は，生態的な状況を大きく変え（第5章），埋土種子集団は22種の植物からなる小さく柔らかい種子で占められた（図8.3）．このように変化した状況下では，中間的な嘴サイズをもつ雑種の生存率が上昇したのである．ガラパゴスフィンチとコガラパゴスフィンチのペア（図8.3）およびガラパゴスフィンチとサボテンフィンチのペア（図8.4）から生まれた雑種第一代（F_1），さらにはその雑種個体と親種の交配である戻し交配から生まれた個体に，生存率の上昇が見られた．年間巣立ち雛の最大数に関して，交雑なしの純粋な子孫個体（ガラパゴスフィンチとサボテンフィンチ）と，1983年，1987年そして1991年に生まれた雑種第一代と戻し交配によって生まれた個体を比較すると，同時期に孵化して同じ環境を経験した純粋な系統の個体と全く同程度に，雑種第一代と戻し交配個体が生存した（図8.4）（Grant and Grant 1998a）．さらに雑種第一代と戻し交配個体は，交配相手を得るのに全く苦労せず，親種と同じように繁殖し，卵や雛の数，巣立ち雛の数にも差は

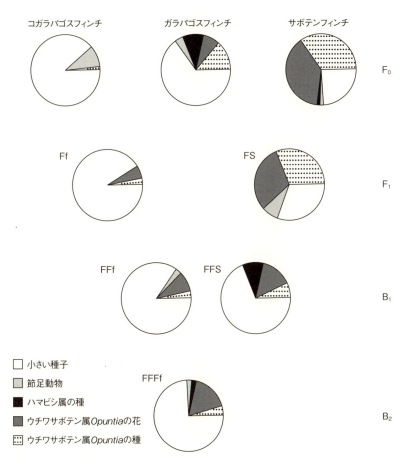

図 8.2 大ダフネ島に生息するガラパゴスフィンチ属の食料について，親種（F_0），雑種第一代（F_1），さらにその後 2 世代の戻し交配個体（B_1 と B_2）での利用割合を示した．各シンボルは，コガラパゴスフィンチ（f），ガラパゴスフィンチ（F），およびサボテンフィンチ（S）由来の遺伝子の割合を示しており，雑種第一代では適切な表記である．しかし，戻し交配個体ではこの略記では不十分である．Grant and Grant (1996c) より．

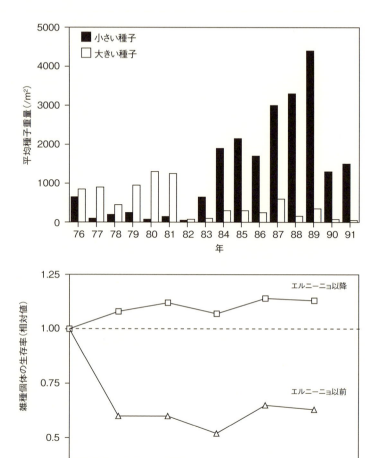

図 8.3 1982〜83 年の大雨（図 5.5）の後に観察された，大ダフネ島における雑種個体の生存率の変化．小さな種子（黒棒）の生物体量（mg）が大きな種子の生物体量（白棒，上図）よりはるかに多くなっており，それに伴ってガラパゴスフィンチとコガラパゴスフィンチの雑種個体の相対適応度が大きく改善している（下図）．相対適応度はガラパゴスフィンチの生存率に対する雑種の生存率として，<1.0 あるいは >1.0 で表されている．このエルニーニョ現象が発生する以前は，雑種は比較的不適応であったが（1976〜81 年の群集，<1.0），エルニーニョの後ではガラパゴスフィンチより僅かに適応度が高い（1983〜87 年の群集，>1.0）．Grant and Grant (1993) より．

8.5 雑種個体の適応度　109

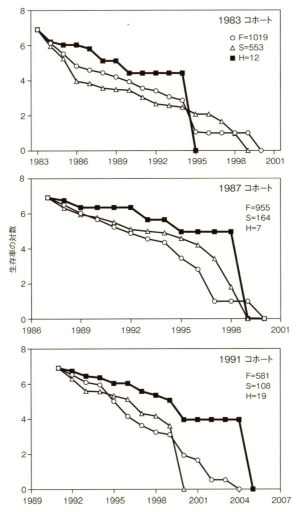

図 8.4 大ダフネ島における，雑種と戻し交配個体の適応度と親種の関係．生存数は自然対数スケールで表示してあり，初期個体数は各図内に示すとともに，始点では 1,000 個体に調節した．雑種と戻し交配個体（H）は黒四角，ガラパゴスフィンチ（F）は丸，サボテンフィンチ（S）は三角で示した．

なかったのである（Grant and Grant 1992）．このように生存と繁殖のいずれでも，雑種と戻し交配個体で適応度の低下は見られなかった．これはガラパゴスフィンチが，コガラパゴスフィンチやサボテンフィンチと遺伝的不和合がなく，雑種の相対適応度は外的環境要因に依存していることを示している（Grant and Grant 1992）．

雑種個体のヘテロ接合度の大きさは，交雑による小さな有害効果を緩和し，彼らの高い適応度に寄与しているのかもしれない（Grant et al. 2003）．

8.6　大ダフネ島での遺伝子移入

雑種第一代の個体同士が繁殖して雑種第二代（F_2）を残すのは非常に稀であり，2例が知られるのみである．その代わりに，希少種であるコガラパゴスフィンチを除いて，一方あるいは他方の親種と戻し交配する（口絵28）．雑種個体や戻し交配によって生まれた個体の生存率が高かった1983～2006年には，頻繁に繁殖が行われ，結果としてコガラパゴスフィンチからガラパゴスフィンチや，ガラパゴスフィンチとサボテンフィンチの間で遺伝子の移入が起こったのである．雑種や戻し交配個体はその特徴として，潜在的に対立の恐れがあるシグナルを示すことで自身の由来を明らかにしており，興味深い．たとえば，さえずりは交雑した親種のどちらか一方を用いるだろうし，形態的にはその2種の中間である．交配のパターンから，配偶者の選択時におけるさえずりの大きな重要性が明らかになっている（Grant and Grant 1998a）．親種自身が時々交雑してしまうように，もし雑種第一代（F_1）の雄が父親と同じさえずりを行うならば，同じタイプのさえずりをする父親をもつ雌と交配することがある（Grant and Grant 1997b）．雌側からすると，自身の父親と同じさえずりをする相手を選んでいる．言い換えるなら，雑種の戻し交配はさえずりのタイプによって行われるのである（図8.5）．

形態は配偶者選択において，以下の2例に説明されるように，付随的な役割を担っているようである．最初の例は，サボテンフィンチの雄とガラパゴスフィンチの雌の間に生まれた，ほとんどガラパゴスフィンチに似た雑種のつがい形成パターンである．父親のサボテンフィンチと同じさえずりをもつ雄の雑

8.6 大ダフネ島での遺伝子移入　111

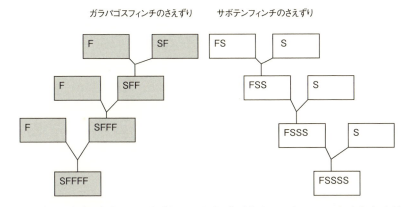

図 8.5 大ダフネ島で起きた，さえずりのタイプに基づくガラパゴスフィンチ（F）とサボテンフィンチ（S）の交雑と戻し交配．これによって対立遺伝子の浸透が起こった．FSはサボテンフィンチのさえずりを歌う雑種第一代（F_1）を表す．この雑種とサボテンフィンチが繁殖した時には，戻し交配による第一代子孫としてFSSが生まれる．同じく，ガラパゴスフィンチのさえずりを行う雑種第一代（F_1）（SF）や，その後の戻し交配による個体（SFF，など）がラベルづけしてある．雌の交配に着目した場合も，同様の交配パターンが見い出せる．

種は，初めガラパゴスフィンチの雌とペアになったが，その後サボテンフィンチの雌とつがいを形成している．その生涯の後半では，再度それぞれの種の雌とつがいになっている．マイクロサテライトマーカーにより，それぞれのペアから生まれた雛の父親がその個体であると確認されている．続いての例は，誤ったさえずりを学習したサボテンフィンチから生まれた4羽の雌個体が，予想通り，典型的なガラパゴスフィンチタイプのさえずりをもつガラパゴスフィンチとつがいになったことである．つがい相手として選ばれた4羽の雄個体は，ランダムではなく形態に基づいて選ばれており，平均以上にサボテンフィンチらしい大きなサイズと鋭い嘴をもっている雄であった（Gran and Grant 1997b）．

　ガラパゴスフィンチとサボテンフィンチの間で起こった遺伝子流動は両方向性であるが，1990年以降に遺伝子移入が進行し，ガラパゴスフィンチからサボテンフィンチへの流動が反対方向に比べ3倍も大きかった．この時点でサボテンフィンチは雄が雌よりも多く，すべての交雑ペアはサボテンフィンチの雄

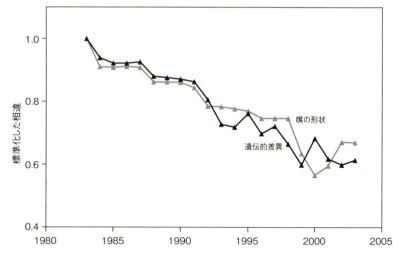

図 8.6 交雑による遺伝子移入の結果として，大ダフネ島のガラパゴスフィンチとサボテンフィンチに見られた遺伝的および形態的収斂．種間の嘴の形状の差とマイクロサテライト対立遺伝子の差は，1982年の差を1.0とすることで標準化している．Grant et al.（2004）より．

とガラパゴスフィンチの雌の組み合わせであった（Grant and Grant 2002c）．交雑率は低いままであるが（<2%），交雑個体と戻し交配個体の生存率は高いままであり，2003年までには，サボテンフィンチ集団のおよそ30%の個体が，ガラパゴスフィンチの対立遺伝子を保有していた．2種の集団は，遺伝的にも形態的にも互いに類似していき（Grant et al. 2004）（図8.6），その変化は，以前は最も分化していた形態形質である嘴の形状で特に顕著であった（図5.9）．

8.7 島嶼での遺伝子移入

ヘノベサ島を除いたガラパゴス諸島では，交雑に関する研究が行われていないが（Grant and Grant 1989），以下に示す遺伝的情報による裏づけと同様に，形態的なパターンからも交雑の発生が推測されている（図1.3）．もし交雑種間において，淘汰上中立な遺伝子が低頻度で交換されるならば，各種が別々の島

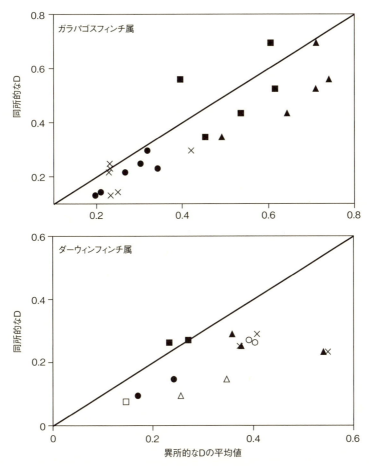

図 8.7 ガラパゴス諸島に生息するガラパゴスフィンチ属（上図）とダーウィンフィンチ属（下図）の近縁種間に見られる浸透交雑の形跡．対角線の下部に値が集中していることから，種間の遺伝的分化（D）は一般的に，異所的な組み合わせよりも同所的な組み合わせで小さい．シンボルの違いは種の違いを表している．具体的な種名は Grant et al.（2005a）を参照のこと．

にいるよりも1つの島に2種がいる場合に，互いの遺伝的構成が類似しやすいだろう．マイクロサテライトマーカーを用いた研究により（Grant et al. 2005a），ガラパゴスフィンチ属とダーウィンフィンチ属のそれぞれの種間で，

非常に強い傾向が見い出された（図8.7）．最も極端な例はガラパゴスフィンチとコガラパゴスフィンチであり，この2種は遺伝的にも形態的にも分化している．両種が同所的に生息している8つの島のすべてで，それぞれが他の島に生息する場合よりも，2種が互いによく似ていたのである．

8.8 強化

　強化とは，同所的な2種の雑種に不利にはたらく淘汰の結果として，繁殖形質の差異が促進されることである．Dobzhansky (1937) は，共存する種間に見られる大きな差は，次の意味で種分化の最後の段階に進化すると提唱した．2集団のうちで互いに最も似た個体は時として交雑し，それによって生まれた雑種個体は比較的不適応であることが多く，淘汰がはたらくのである（Liou and Price 1994, Hostert 1997）．強化の証拠は鳥類（Sætre et al. 1997）やその他さまざまな生物から得られている．（たとえば，Coyne and Orr 1989, 1997, Marshall and Cooley 2000, Geyer and Palumbi 2003, Nosil et al. 2003, Pfennig 2003, Hoskin et al. 2005, Lukhtanov et al. 2005, Peterson et al. 2005）．

　ダーウィンフィンチ類の生殖隔離は，ほぼ完全に求愛行動のシグナルとその応答の分化による．子孫個体（接合子）が形成されたのちに，遺伝的な不和合によって発生上の問題が生じた証拠は存在しない（Grant and Grant 1997c）．生存不能や不妊をもたらす接合後の不和合性は，Price and Bouvier (2002) による鳥類の幅広い調査によると，集団が切り離されてから200〜300万年経過したのちに進化を始めるとされる．ダーウィンフィンチ類のほとんどの種において，分化してからの時間はそれより短いので，遺伝的不和合性の欠如は驚くべきことではない．

　遺伝的不和合性がないにもかかわらず，本来消費すべき最も適した食料が不足している場合，雑種個体や戻し交配による個体は，生態的な不利益を被るかもしれない．2集団の交雑に由来する個体には原則として淘汰が作用し，交雑に対する障壁を強める結果となるだろう（Huxley 1938）．その交配障壁は比較的弱く，なぜならば交雑を行う2種の個体は互いに，一般的にさほど形態は似ておらず（Boag and Grant 1984a, Grant and Grant 1997a），種特異的なさえ

ずりの特徴もあるからである (Grant and Grant 1997a). 逆に，交雑しない個体は，交雑する個体と比べてもほとんど全く違いはない．雑種個体や戻し交配個体に対する淘汰の強さは稀な交雑の生じる頻度にも依存し，さらには生態的に不利な状況が継続する時間の長さにも影響される．一般的に乾燥して海水面が比較的低温の際は雑種の生存に不利であり，いわゆる「アンチョビーイヤー」と呼ばれる．反対に温度が高く湿潤な期間は有利な状況であり，「サーディンイヤー」と呼ばれる (Chavez et al. 2003). 海水面の温度状況は，およそ25年周期で変化している．このため，雑種に対する淘汰の正味の強さは50年後に計算されるべきであり，そのようなタイムスケール上では無視できるかもしれない．

もしさえずりの差異に強化が生じているのであれば，形質置換の時と同様に，同所的に共存している種とその由来となったであろう異所的な集団を比較することで検出可能である．Laurene Ratcliffe (1981) は，多くの島のガラパゴスフィンチ属に対して，さえずりの7つの特徴の多変量解析を行うことでこれを検証し，同所的な分化の証拠がほとんどないことを示している．

8.9　生殖的形質置換

嘴サイズは，日常の餌探しの際に道具として機能する形質であるが，繁殖期には交配相手を探し出す際のシグナルの1つとしても機能する．乾燥期の中でも繁殖期ではない時期に生態的な淘汰圧によって嘴の形質置換が起きると（第6章），その後の交雑機会は減少するかもしれない．もしこれが正しいなら，生態的だけではなく，生殖的形質置換ともいえるだろう．しかしながら，配偶者選択における形質置換の影響は単純に結果であり，分化を駆動する要因ではない．

8.10　遺伝子移入の進化的重要性

環境変動や新たな環境の導入が起きた場合，遺伝子移入は急速な進化を促進する意味で重要であったかもしれない．遺伝子移入は，受け入れた種の遺伝的

116　第8章　交雑

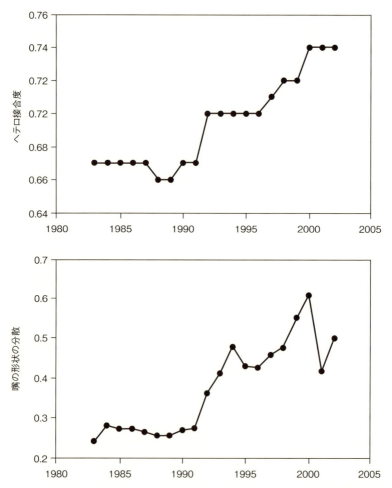

図 8.8　大ダフネ島のサボテンフィンチに見られた，ガラパゴスフィンチとの浸透交雑によるマイクロサテライト配列のヘテロ接合度の増加と（上図），嘴の形状の分散の増加（下図）．Grant et al.（2004）より．

および表現型レベルでの分散を増加させ，のちに淘汰を受ける（図8.8）．それゆえ，少数の研究された種において，形態形質がなぜそれほどまでに高い遺伝率をもつのかを説明するのに役立っている（第5章）．交雑による遺伝子移入の進化的な波及については，以降の章，特に第11章でさらに取り上げることにする．

8.11 まとめ

　交雑に対する障壁は，同所的な生息が確立された時点においては，どのケースにおいても完全ではない．ダーウィンフィンチ類は稀に交雑し，時には雛が他種の雄のさえずりを誤って学習することによって起きてしまう．誤った刷り込みによる交雑が生じる状況は，少々複雑である．交雑によって雑種が生まれ，一方または他方の親種と，父親のさえずりタイプに依存した戻し交配を行う．遺伝子移入を伴う交雑現象は，異所的な状況下では種分化が完全ではないことを示している．雑種個体と戻し交配個体の生存率は生態的な状況に依存する．中間的な嘴サイズの個体を好む環境下では，雑種個体と戻し交配個体の生存と繁殖は，実際のところ親種を上回るほどではないものの，同程度には行うことができる．彼らはその他の環境下では比較的不利であるが，接合後の遺伝的不和合の証拠は得られていない．原理的には，種分化の初期に見られる求愛シグナルやそれに対する応答の違いは異所的に生じ，同所的に生息した時に雑種を不利にする淘汰によって促進される（強化）．しかし，遺伝子移入を伴う交雑の証拠と，雑種の高い生存率を実現するような好ましい生態環境では一般に雑種の適応度が高いことを考えると，強化が起こる可能性はそこまで高くなさそうである．同所的にさえずりの分化が促進されている証拠を探した研究では，ほとんどその事実は得られなかった．遺伝子移入は，親となる種の遺伝的そして表現型レベルでの分散を増加させ，環境変化が起きた際の急速な進化の促進に重要であったに違いない．

第 9 章

種と種分化

「種」について語る時，さまざまな博物学者のそれぞれの頭の中で，異なる考えが優占しているのを見るのは本当に面白い．ある人は，どれだけ似ているかがすべてであり系図はほとんど関係ないといい，またある人は，類似性に基づく議論は水泡に帰すだろうという．さらに系図が鍵であると語る人もいれば，信頼できるテストによる不妊性が重要であり，その他に関しては一切の価値がないという人もいる．私は，定義できないものを定義しようとすることから難しさが生じると考えている．

(*Charles Darwin letter to J. D. Hooker, 1856; Darwin 1887, vol. II, p. 88*)

十分に長い期間一定に保たれる力と，かなりの量の違いが，種の本質であると考える．

(*Charles Darwin letter 179 to J. D. Hooker, 1864; Darwin and Seward 1903, vol. I, p. 252*)

9.1 はじめに

集団は分化し，最終的には新たな種となる（図 9.1）．この連続的な変化の過程の中で，どの時点で1種が2種になったといえるだろうか？ 本章では，ダーウィンフィンチ類の適応放散の文脈において，種をどのように定義し，そして認識するかという問題について議論する．私たちは生物学的種概念を用

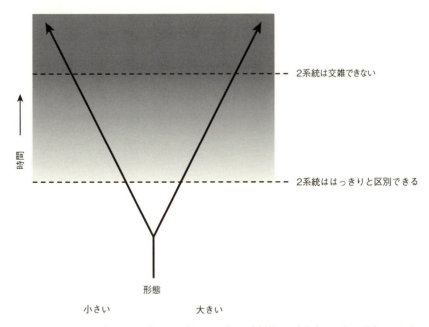

図 9.1 単純化した種分化の概念図．隔離された集団（系統）が分化する．どの時点でこれらの系統を 2 種と認識するのが良いかについては，意見が分かれる（本文参照のこと）．

い，実用的な種の定義を与え，2つの議論がある問題に適用する．1つは，大きく分化した異所的な集団には交雑の余地が全くないのかということ，そして反対に，交雑している集団間では，どれだけの交雑と遺伝子の交換が分化を抑制してしまうのかという疑問である．

9.2 過程から産物へ：種とは何か？

系統分類学者にとって最初に答えるべき大きな質問は，種がどのように進化するかではなく，種とは何かである（Cracraft 2002）．Templeton（1989）は，種の形成プロセスに関する研究を行う前に，まずこの質問に答えなければならないと提案している．順序としては論理的で単純である．しかしながら，種の定義についての質問は一般的な問題でありながら，まだ答えを持ち合わせ

ていない (Grant 1993, Coyne and Orr 2004). そのため, Darwin が『種の起源』で書いたように, 私たちはどのように種を定義するかについて普遍的な合意に至っていないため, 上記の順序に従ってこなかったのである. Dobzhansky (1941, p. 341) は, この問題を以下のように説明している.

> この本当に驚くべき状況—生物学の基本的な単位の1つと想像される種の定義の失敗—を推し量るのは難しいことではない. 上記で言及されたすべての試みは, 明らかに不可能な仕事を成し遂げようと努めたものである. すなわち, 生物の複合体の2つについて, すでに別種になっているのかあるいはまだ1種なのかが決定できる定義をつくろうとしていたのである. もしそれらの種が別々に創造されたり, または種は他の種から突然に, 1回の劇的な変化でつくられた場合には, そのような作業は実行可能であるかもしれない.

9.3 実用的な定義

　生物学者は種を, 祖先–子孫の進化的な系統の線引きに基づいた集団として見ることで一致しているが (de Queiroz 1998, p. 63), 集団間にどれだけの違いがあれば別種と呼ぶにふさわしいかについては議論が続いている. 種は, シトクロム酸化酵素I遺伝子の配列に代表されるような遺伝的情報によって簡単に診断されるような違いがあるべきだろうか (図9.1)? 種がそのように認識されるならば, 交雑の可能性とは関係なく客観的に同定・分類が可能である. そうでなくて, 2集団は完全に遺伝子の交換が不可能になった時のみ別種として考えるべきかもしれない (Dobzhansky 1935, Barton and Hewitt 1985). この考えは, 明確な復帰不能点をもつという利点がある. これら2つの極端な例の間には分化についての連続的な過程が存在し, 両集団の独自性を失わないレベルでの交雑を含む多数の状況がある. しかし, 交雑が起こっているにもかかわらず, そのような種間で独自の実態が維持されるかどうかを決定するには長い時間を要するだろう. 種分化は過程であり, 出来事ではない.
　本書における私たちの主な関心は, 種分化の過程についてその原因と結果で

あって，その産物を定義することではない．ここまで私たちは種を定義しないで，分類ではなく（Harrison 1998, Hudson and Coyne 2002），生殖隔離の進化を強調する生物学的種概念（Wright 1940, Dobzhansky 1941, Mayr 1942, Coyne and Orr 2004）を用いることで，十分であることを見い出した．Ernst Mayr は非常に長いキャリアの最後で，「私は生物学的種を，他集団からは生殖的に（遺伝的に）隔離されていて，内部では交配を行う自然集団のグループとして定義する」と書いた（Mayr 2004）．この視点によると，種を分けるのは，しばしば隔離機構とも呼ばれる，隔離を維持する形質であることが理解できる．隔離機構は，「集団間での遺伝子流動を制限したり妨げたりするような，遺伝的に決定される差異のこと」として定義される（Futuyma 1998，また Coyne and Orr 2004 も参照）．

　これまでの章でダーウィンフィンチ類から学んだことを鑑みれば，我々も種を同じように定義しているものの，遺伝的に決定される隔離だけが重要とはいっていない．種は，互いに適応度の低下がほとんどなく交配できるメンバーからなる，1 つまたは複数の集団から構成される．彼らはその他のすべての集団から生殖的に隔離されており，その理由としては，互いの集団を潜在的な交配相手として認識しないために交雑が起こらないか，起こったとしても稀であり，通常相対的に不適応な子孫が生まれてしまう（あるいは全く生まれない）ことが挙げられる．

　この定義は，時折起こる交雑や遺伝子移入を許すものである．さらに重要なことに，生殖隔離が非遺伝的な理由により生じ，そして確立できることを認めているのである．このことは，主な交雑障壁の構成要素が遺伝的なものではなく学習によるダーウィンフィンチ類やその他の陸生鳥類にとって重要である．フィンチ類ではおそらく同一のさえずり学習プログラムの生物学的特徴が共有されているが，初期の経験の違いによって異なるさえずりを学習するため，最終的なさえずりに差異が生じる．つまり，何を学習するかに差があるのであって，学習能力に差がある訳ではない．主として脊椎動物に見られるようないくつかの種のグループでは，生殖にかかわる生物学的に重要な形質の維持に，文化的な継承が遺伝的な要素と同程度に大切であるかもしれず，それによって種間の違いが保たれている可能性がある．

ある意味でさえずりは，鳥類のW染色体（または，ヒトのY染色体）と，文化的に対応したものである．さえずりは，学習の結果としてW染色体上の遺伝子よりもはるかに速い変化を伴うが，片方の親のみから引き継がれ，組換えを起こさず，（文化的な）突然変異による変化にさらされる．さらに一般的にいうならば，遺伝子だけではなく成長途中で経験する環境が，その後の交配パターンに影響を与えうるのである．これはミバエ類（Brazner and Etges 1993, Etges 1998）やクモ類（Hebets 2003）のようないくつかの無脊椎動物にもあてはまる．通常は，それらでは，遺伝子によって与えられる厳格な神経性のコントロール下で配偶者選択をすると考えられているけれども．

9.4 ダーウィンフィンチ類は何種類か？

何種類の種が存在しているかという疑問に，これまで見てきた実用的な定義を適用したい．最低でもダーウィンフィンチ類は14の生物学的種のグループから構成されている．このうち12種がガラパゴス諸島で近縁種とさまざまな組み合わせで共存しており，稀に交雑が起こっても互いの違いを維持している．残りの2種は近縁種から地理的に隔離されている．異所的に大きく分化した集団からは，それらに名前をつけようとする科学者をよく悩ませる問題が生じる．理由は明らかで，このような集団に近縁集団との間における生殖的な和合性の基準を用いるには，あて推量で適用するしかないからである（Zink and McKitrick 1995, Helbig et al. 2002, Newton 2003）．

地理的に隔離された2種のうちの一方の種（ココスフィンチ *Pinaroloxias inornata*）は，ココス島に単独で生息している．遺伝的にも形態的にも非常に独特であるため，この種を別種として扱うことに疑念の余地はない．他方の種であるオオサボテンフィンチは，エスパニョラ島とヘノベサ島において近縁種のサボテンフィンチから地理的に隔離されている．エスパニョラ島の集団は遺伝的にも形態的にも，そしてさえずり（Bowman 1983, Ratcliffe and Grant 1985）に関しても，別種として認識されるだけの差異を十分に持ち合わせている（Petren et al. 2005）．しかしヘノベサ島のオオサボテンフィンチ集団では違いが小さく（口絵20），問題である（Lack 1947, Petren et al. 2005）．ヘ

ノベサ島のオオサボテンフィンチを用いた識別テストはさえずりのみ調査されており，大ダフネ島のサボテンフィンチのさえずりと自集団のさえずりの間に区別を示さなかった（Ratcliffe and Grant 1985）．一方で，プラサ・スール島のサボテンフィンチは，いくつかの応答指標によって，ヘノベサ島のオオサボテンフィンチの雌標本を識別することがわかっている（Ratcliffe and Grant 1983b）．同様のテストがヘノベサ島で行われていないため，ヘノベサ島の集団に対してオオサボテンフィンチの名前をそのまま使用してきている．もしサボテンフィンチと同所的に生息したとしても，1種になるほど自由には交雑しないだろうという，主観的な判断を仕方なく下した結果であることはわかっている．これは図3.1に示された異所的種分化過程の第2段階の良い例となると同時に，分類における異所的な種の問題の典型例でもある．

Lack（1947）や我々が認識している14種に加え，もう1種のムシクイフィンチと2種のハシボソガラパゴスフィンチという，3つの可能性は検討に値するだろう．

9.4.1 ムシクイフィンチ：1種か，それとも2種か？

ダーウィンフィンチ類の根幹をなすグループには，ムシクイフィンチの2系統である *olivacea* と *fusca* が含まれている（Petren et al. 1999）．マイクロサテライト（Petren et al. 1999, Tonnis et al. 2004）とミトコンドリアDNA（Freeland and Boag 1999a）の違いに基づくと，これらの2系統は他のどの集団間よりも互いに非常に長く隔離されている（150〜200万年かそれ以上）．しかし，羽（口絵2と4）や特にサイズに関してはその違いが小さく，異所的な生態環境の差が非常に小さかったと考えられる．その形態的な類似性に対し，さえずりに関しては大きな差異が認められる．それでもなお，互いの集団で他方の種のさえずりのプレイバック実験を行ったところ，さえずりによる識別の証拠はほとんど得られなかったのである（Grant and Grant 2002d）．ここから考えられるのは，もし彼らが同所的に生息したなら，頻繁に交雑するだろうということである．この2系統が遺伝的に不和合である可能性も考えられるが，コダーウィンフィンチとの明らかな交雑（第8章）を考慮するとその可能性はなさそうである．接合後の和合性を無視していると認識しつつも，私たちはム

シクイフィンチは単独の生物学的種であり十分に分化した遺伝的系統であると考えている．

おそらく，たとえ異なる場所に生息していたとしても，安定化淘汰がはたらけば2系統の集団は同じ生態的ニッチにとどまるであろう．この現象は交雑障壁の進化を遅らせており，ダーウィンフィンチとオオダーウィンフィンチのように近年形成された種のペアとは好対照に位置する．どうやら，種分化は進化系統樹の異なる部分では異なる速度で進んできたようである．究極の疑問は生態的な問題である．*olivacea* が高標高に集団形成する島において，*fusca* は低標高に集団形成しなかったのはなぜだろうか（Grant and Grant 2002d, Tonnis et al. 2004）？ 長くガラパゴス諸島に生息していると，ムシクイフィンチは定住性になり，もはや全くあるいはほとんど島間を移動しなくなるのかもしれない（Petren et al. 2005）．継続して島を占有している期間に定住性が強くなることは，鳥類の間で一般的な現象であるようだ（Ricklefs and Cox 1972, Mayr and Diamond 2001）．あるいは，生息環境が不適であるのかもしれない．問題の島はフェルナンディナ島，イサベラ島，サンチャゴ島，そしてサンタ・クルス島である．フェルナンディナ島は低標高に疎な自然植生をもっており，その他の3つの島では，人間活動によって低標高の生息地が撹乱されている．これらのすべての島は大きいため起こりそうもないが，1つもしくはそれ以上の島で *fusca* の集団が絶滅してしまったのかもしれない．

9.4.2　ハシボソガラパゴスフィンチ：1種か，それとも3種か？

ハシボソガラパゴスフィンチの顕著な特徴は，ムシクイフィンチとは違い，集団間の形態に大きな変異が含まれていることである．ピンタ島，サンチャゴ島およびフェルナンディナ島の高標高集団は形態的，遺伝的そしてさえずりに至るまですべて似ているが，低標高の集団同士ではすべての島で3つの特徴がそれぞれ異なっている．ヘノベサ島に生息する個体はサイズが特に小さい（口絵13）．ウォルフ島（口絵14）とダーウィン島に生息する個体は大きく，サボテンフィンチに似た長い嘴をもつ（Grant et al. 2000）．よって，このように3つのグループに分けることができるのである．それでも私たちは，交雑の可能性を考慮して，6集団すべてが同種のメンバーであるという伝統的な扱いを支

持してきた．

　プレイバック実験で，ヘノベサ島のハシボソガラパゴスフィンチはピンタ島とダーウィン島に生息するハシボソガラパゴスフィンチのさえずりに反応しており，これはもしピンタ島（高標高集団）（Ratcliffe and Grant 1985）やダーウィン島（低標高集団）（Grant and Grant 2002b）からハシボソガラパゴスフィンチが移入してきたとしても，同所的に共存できないであろうことを示唆している．代わりに交雑によって，移入個体が在来のハシボソガラパゴスフィンチ集団に吸収されるかもしれない．反対に，ウォルフ島からのハシボソガラパゴスフィンチ個体は，無視されるだけの十分なさえずりの違いを持ち合わせている．それでも，形態的にはダーウィン島の集団とほとんど同一であり，ダーウィン島（あるいはウォルフ島）では交雑が起こりそうである．このように，6集団それぞれが少なくとも他の1集団と潜在的には生殖的につながりをもっているようだ．さらに，ヘノベサ島とウォルフ島の集団のように明らかにつながっていない集団同士が共存できるかどうかは怪しいものである．ウォルフ島（とダーウィン島）に生息するハシボソガラパゴスフィンチの採餌ニッチは，ヘノベサ島において，より小さなハシボソガラパゴスフィンチと大きなオオサボテンフィンチの2種に占められている．どちらの場合においても，少数の移入個体は在来個体に対して競争の上で不利であるだろう（Grant et al. 2000）．

9.5　産物から過程へ戻る

　種数を数えることは，分かれたばかりの種間の境界が曖昧であったり隔離機構による定義が不十分であるという事実を隠してしまう傾向にある．ここで私たちは，種のダイナミックな本質に立ち返ろうと思う．

　雑種の適応度に対して生態的な影響（第8章）があることは，興味深い結果を示唆する．環境変化に伴って，種分化の過程が止まったりあるいは戻ることさえもありうるのである．これは新しいアイデアではない．「浸透交雑は初期の種の違いを消滅させ，1つの集団に融合してしまうかもしれず，このようにして先の分化が押し戻される」（Dobzhansky 1941, p. 350）．該当する例の1つ

はカワセミの2種 *Ceyx erithacus* と *C. rufidorsus* に関するもので，インドネシアの4つの島々で記述されている（Sims 1959）．もう1つの例は台湾に生息するヒヨドリの2種（*Pycnonotus sinensis* と *P. taiwanensis*）である（Severinghaus and Kuo 1994）．2種の融合は普通，環境の人為的な撹乱と関連している（Cade 1983, Seehausen et al. 1997, Taylor et al. 2006）．

　大ダフネ島のガラパゴスフィンチとサボテンフィンチは20年以上にわたる浸透交雑の結果として，形態的にも遺伝的にも収斂している（図8.6）．つまり，この2種は種分化の過程を逆向きに進んでいるのである．天候の変化や餌の構成に変化が生じれば（第8章），進化の方向は再び収斂から分化へと容易に逆転するだろう．それでも2集団はさえずりが大きく異なっており，互いのさえずりグループ内で交配するため，2種の生物学的な種として機能している．それぞれの種の個体はほとんどすべての場合において，嘴の形態と同様にさえずりを基準として，フィンチ同士はもちろんのこと，私たちにも同定することができる．彼らは互いに同種と認識していればもっているはずの排他的ななわばりをもっておらず，互いのなわばりが重なっている．現時点で私たちは，大ダフネ島で2種間の差異が失われている可能性は認めつつも（他の島々ではそうではない），2種として扱う．しかしこの2集団の多くの個体が形態の類似に伴い，さえずりのタイプで互いを同種として認識するようになるかもしれない．もしそうであるなら，ある時点でもはや2種としては扱えず1種とすべきであると判断するのは任意性が残る．

　近縁種はここ100万年の間に共通祖先を共有しているが，ガラパゴスフィンチとサボテンフィンチは姉妹種ではない（口絵1と図2.1）．これは系統的な近縁性がさえずりや形態の違いに比べて，交雑の可否を決める際にあまり重要ではないことを示している．ムシクイフィンチの2系統の比較によっても同じことが示唆されている．前章で議論したように，ガラパゴスフィンチは大ダフネ島においてサボテンフィンチと交雑したが，より近縁で形態的には分化しているオオサボテンフィンチとは交雑しなかったのである．

　このような，種の境界に関する流動性と曖昧性は，種分化のプロセスにおいて予想されることであり（Price 2007），特に適応放散して間もない種では顕著であろう．ダーウィンフィンチ類が進化生物学者にとって価値があるのは，

多くの進化的遷移が段階的な性格をもつことを，よく例示するところにある．いくつかの理由で，ダーウィンフィンチ類は分類学者を悩ませている（Zink 2002）．とはいっても，その境界が曖昧な場合も少々存在するものの，同じ島に10もの種が共存し（たとえば，サンタ・クルス島），生態的に分化し，形態的に認識可能で，さえずりと形態によって生殖的に隔離されているのである（Grant 1999）．

9.6 分裂と融合

　種分化のプロセスはしばしば，集団間の違いがどんどん蓄積し，やがて完全な交雑の停止を導くもの，として捉えられている．しかし，大ダフネ島で目撃された浸透交雑と収斂は，共通祖先から派生した生態的に分化した種と，配偶者選択によって単に生殖的に異なっている場合との間に動的な緊張状態があることを示している．収斂や分化の傾向が振動する様子（図9.2）は，一定の速さで分化していく場合（図9.1）や同所的な集団の確立後に分化が加速するという説明よりも，種分化の過程をより良く特徴づけている．生態学的な要因は，この振動が弱いか強いか，または頻繁か稀かといったことを決定しているのである（第8章）．

　私たちは，もしかすると，サンタ・クルス島の南側に生息するガラパゴスフィンチについてこの収斂-分化のダイナミクスを目撃しているのかもしれない．1960年代の調査では，嘴のサイズ分布に二峰性が見られた（Ford et al. 1973）．この二峰性は最近になって現れた傾向ではなく，100年以上前に収集された博物館標本のサンプル中にその兆候を見ることができるのである（図9.3）．最も頻度が高かったのは典型的なサイズであったが，もう1つの山は非常に大きなサイズの個体から形成されていた．1970年代に入り，その場所での二峰性は失われてしまったことが明らかとなり，それ以降二峰性が現れることはなかった（Hendry et al. 2006）．この2つの分布の山が混ざったのは，生息地の人為的な撹乱や原因不明の餌環境の変化による自然淘汰の結果である可能性が高く，11km離れた撹乱を受けていないある集団では，その二峰性が維持されたままだった（Hendry et al. 2006）．

128　第 9 章　種と種分化

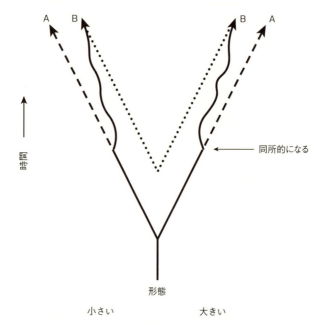

図 9.2　種分化の間に時折起こる浸透交雑の結果として，分化と収斂の間で揺れ動く場合（B）と，図 9.1 に見られる対照的に安定した分化（A）がある．点線は外挿によって推定された共通祖先までの道のりであり，交雑する種の直近の祖先が誤って推定されることが見てとれる．

　二峰性が生じるためには，3 つの方法のそれぞれ，またはその組み合わせが考えられる（Grant 1999）．1 つ目の可能性は，分断化淘汰による同所的な分化である（Ford et al. 1973）．これは，中間的な食料資源が不足する方向へと環境が変化した結果，通常は安定化淘汰や方向性淘汰だったものが分断化淘汰へと移り変わるかもしれないことを意味する．2 つ目は，最近になって他の島からサイズの大きなガラパゴスフィンチの個体が移入した可能性である．筆頭候補はサン・クリストバル島（図 1.1）であり，この島のガラパゴスフィンチは他のどの島よりも大きく（Grant et al. 1985），最も大きい個体（嘴の幅が 12〜13mm）はサンタ・クルス島の最も大きい個体と同程度の大きさである（図 9.3）．この可能性は図 3.1 の異所的種分化モデルに即している．3 つ目は，比較的稀なオオガラパゴスフィンチとの交雑の可能性である．この説を支持す

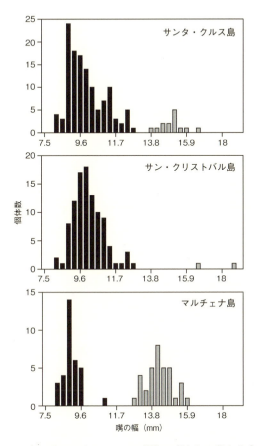

図 9.3 サンタ・クルス島のガラパゴスフィンチ（黒）に見られる嘴サイズの著しく歪んだ分布（上段）．1つの説明として考えられるのは，同種の大型個体がサン・クリストバル島から移入し繁殖を行った可能性である（中段）．マルチェナ島のような他の島々では（下段），ガラパゴスフィンチの最も大きな個体グループのサイズが平均して小さい傾向にある．もう1つの説明としては，サンタ・クルス島のガラパゴスフィンチがかなり稀なオオガラパゴスフィンチ（灰色）と交雑し，ガラパゴスフィンチと戻し交配した可能性である．同じことがサン・クリストバル島でも起こったかもしれない．同島では2個体のオオガラパゴスフィンチを Darwin とその同僚が 1835 年に採集しており，本種の最も大きな品種の名残りであるとされる．1835年の直後，その集団と体サイズの大きなフロレアナ島の姉妹集団は絶滅してしまっている．2種の個体数がより同数に近いマルチェナ島のような島では，交雑は起こりにくそうである（しかし，中間に示されている1個体が他の島からの移入個体でない場合は，雑種である可能性がある）．

る点は，サンタ・クルス島に生息するガラパゴスフィンチの特に大きな雄個体が歌うさえずりが，オオガラパゴスフィンチのさえずりに似て（私たちの耳には）聞こえることである．さらに，Bowman（1983）と Huber and Podos（2006）が発表したソナグラムは，私たちが未発表のものも含め，さえずりのモチーフが両種間で類似するとしている．さえずりの類似性は単に異種からのさえずり学習によるものかもしれないが，交雑や戻し交配の結果としてより起こりやすそうである（第8章）．また近年のラビダ島やサンチャゴ島からきたオオガラパゴスフィンチによるダフネ島での集団形成を考慮すると（Grant et al. 2001），ラビダ島の小さなオオガラパゴスフィンチの個体（図1.3）がサンタ・クルス島に移入し，ガラパゴスフィンチと交雑したと可能性もある．

　その起源が何であれ，このガラパゴスフィンチの集団に見られる例外的な変異の多さ（図1.3と9.3）は，繰り返し生じる浸透交雑と分断化淘汰の両方によって維持されてきたのだろう．この集団は生殖的に隔離された2つの集団に至る同所的な種分化の可能性を秘めている（Ford et al. 1973）．これが起こるためには，なわばりの寛容性や互いの無関心さを伴って，さえずりに基づく同類交配が生じなければならないだろう．さらには，新種のための生態的ニッチが必要なため，典型的なガラパゴスフィンチとオオガラパゴスフィンチのニッチの間に，十分な余裕が必要であろう．ニッチに空きがあるかどうかは疑問である．オオガラパゴスフィンチが絶滅しない限り，新しく生まれる種はその初期において，いわば形態的（図1.3）そして生態的に似た近隣の集団（第6章）に囲まれることになるだろう．また，大ダフネ島でオオガラパゴスフィンチがしたように（第4章），数個体が小さな島へ移住し新集団を創設することは，将来の進化的な可能性をより広げるかもしれない．この興味深い状況に関する研究は現在も進められている（S. K. Huber and J. Podos 私信）．

9.7　まとめ

　本章では，分化している集団がどの時点で2種として見なされるべきかという問いについて扱った．種の定義に関して，誰もが納得する見解は得られていないのが実情である．2集団が分化の初期段階で検出可能な程度に異なってい

る場合，あるいは種分化の最終段階で完全に遺伝子流動が起こらない場合，このどちらでも別種として考えても良いのかもしれない．これら2つの極端な考え方の間には，各集団が独自性を保ちながら時として交雑を経験するような状況が数多く存在する．これを考慮して，私たちは以下の2つの文で定義される生物学的種概念を用いることとする．種とは，互いに適応度の低下をほとんど受けないような交配を行う個体によって構成される，1つまたはそれ以上の集団のことである．その集団は他のすべての集団から生殖的に隔離されており，交雑が全く起きないか，たとえ起きたとしても低頻度であり，生まれた子孫個体が相対的に（または完全に）不適応であることが想定される．

この定義により，時折起こる交雑や遺伝子移入を許容し，生殖隔離は非遺伝的な要因によっても生じて，確立されうることが認められるのである．種分化の過程はしばしば，集団間の違いがある程度蓄積するとやがては完全な交雑の停止を導くものとして捉えられている．しかし，大ダフネ島で目撃されたガラパゴスフィンチとサボテンフィンチの浸透交雑と収斂は，共通祖先から派生した生態的に分化した種と，配偶者選択によって単に生殖的に異なっている場合との間に，動的な緊張状態があることを示唆している．生態的な環境変動によって分化と収斂の間で揺れ動くというのは，一定の速さで分化していくとか，同所的な集団の確立後に分化が加速するというよりも，よく種分化の過程を特徴づけているのかもしれない．

第10章

ダーウィンフィンチ類の放散を再現する

これこそが，適応放散において，さまざまな系統で間引きや分化と特殊化の増大が起きる中で，よく例証される過程である．
(Simpson 1949, p. 208)

10.1　はじめに

　「適応的な」という形容詞で表されるように，適応放散は生態的な現象であるとともに進化的な現象でもある（Schluter 2000）．結果として，繰り返し起こる種分化を通して，生態的に分化した種が蓄積していく．第3章では，複雑で詳細な現象の中から，種分化の本質を単純化した図を示した（図3.1）．本章では，これまで触れてこなかったその詳細に注意を払うことにする．環境と同様に，種分化の詳細もそのサイクルごとに多岐にわたり，多様性の理解に役立つことがある．またたとえば，なぜダーウィンフィンチ属は究極的にはムシクイフィンチから派生したのであってその逆ではないのかを理解するのに有用である．

　第2章で述べたように，ガラパゴス諸島の環境は気温や海抜の振動を経験してきたが，長期的な視点で見ると，寒冷化と乾燥化，そして島の数の増加が起こっている．フィンチ類の放散は，変動環境下における種多様性の増加とともに展開してきた．島の数の増加によって種分化の機会は増加し，ひいては種の数の増加をもたらしたのである（図2.2と2.4）．さらに天候や植生の変化は，新たなタイプの種が進化する機会を増加させる．進化的過程の全体的な結果と

して，異なる環境から構成される島嶼において，異なる種が勢ぞろいすることとなる．大きくて標高の高い島では，より多くの生息環境が存在し，生息するフィンチ類の種数も多い（Abbott et al. 1977）．

　過去を解釈するという手法は，検証できる可能性が限られた遡及的な方法であるため，放散のいくつかの側面では，現在答えることができる質問よりも多くの疑問が生じる．さらに，化石を用いない適応放散の研究は，現在生存している生物の研究であり，絶滅が一切なかったと仮定しない限り放散のすべてを扱っている訳ではない．化石の記録から一般的に考えると，絶滅が起こらないことはありえない（Valentine 1985, 2004）．時折起こる絶滅は，ガラパゴスのように地震や火山活動が活発な環境のもとではほとんど避けられない．絶滅した生物のデータが得られないことは，進化史を解釈しようとする試みにとって一番大きな制約である．Williams（1969）は絶滅を，「見えない歴史」として巧みに表現した．

　それゆえ，放散のいくつかの部分に関する議論は，推論に基づくものにならざるをえない．私たちは，現在というレンズを通して過去を見ているのであり，そのレンズは曇ったり歪んだりしている．古気候学や地質学，進化学，生態学，生物地理学の知識を使うことで，現在の成り立ちを理解するために過去を再現しようと最善を尽くすのである．私たちは地質学から，過去に起こったプロセスが現在見られるプロセスと全く同じであるという斉一性の原理を採用する——これは自然淘汰や適応，競争，浸透交雑が過去にも存在したと仮定する．しかしながら，環境の状況に関してはそんな仮定を置くことはできない．

10.2　放散の形

　放散の初期に進化した種は，比較的後半に進化した種と比べて以下の3つの点で異なっている．(a) グループ全体の中でも異なる属の間では形態的（図10.1）および生態的な差を示すが，(b) 属内での種多様性はなく，そのため(c) 同属種が同所的に共存する可能性はない．そのような初期に進化した種は，ムシクイフィンチ，ココスフィンチ，ガラパゴスフィンチの1種（ハシボソガラパゴスフィンチ），そしてハシブトダーウィンフィンチの1種である．

134　第10章　ダーウィンフィンチ類の放散を再現する

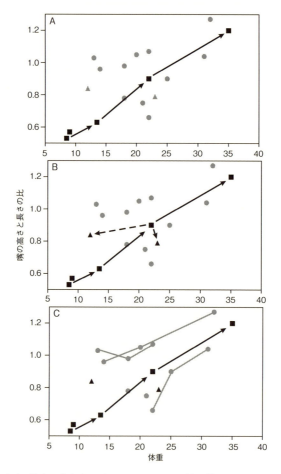

図10.1　ガラパゴス諸島に生息するダーウィンフィンチ類の種が，A, B, C の3段階で示す形態的多様性（系統間の差異）の蓄積．上段：放散の初期に分化した種のセットは，体サイズと嘴サイズに関して全範囲への広がりを見せる．各種はマイクロサテライト DNA と図2.1 の分岐点に基づいて線でつなげてあり，矢印は時系列での進化の方向を示している．中段：中央の点はハシボソガラパゴスフィンチの高標高集団を表しており，そこから伸びる点線矢印は，のちに進化した最北端の2つの島とヘノベサ島に生息する同種集団へとつながっている．下段：放散の後期で分化した近縁種の3つ組がそれぞれ線で結ばれており，そのバリエーションは初期の種のセットとほぼ平行である．ある体サイズに対して，比較的尖ったあるいは鈍い形状の嘴をもつ．嘴の比率は Lack（1947）による雄の平均測定値から計算した．体重は Grant et al.（1985）による．

ダーウィンフィンチ属の5種とガラパゴスフィンチ属のその他の5種は，後期に進化した種のセットを構成しており，さまざまな組み合わせで同所的に生息している．

初期と後期に進化した種のセットの間にある明確な対比は，放散に構造を与える．その構造は，種が時間とともに蓄積するという単純なモデルからは予測できないものである．そのようなモデルでは，最も初期の種が，新たな近縁種を生み出す機会に一番多く恵まれるだろうと予測される．たとえば，5種のダーウィンフィンチ属の種がいたとすると，それより古いハシブトダーウィンフィンチの仲間も少なくとも5回は進化する時間があったことになり，嘴のサイズや形状，食性の違いからさまざまな組み合わせで同所的に共存するはずである．しかしながら，同所的に生息するようなハシブトダーウィンフィンチやムシクイフィンチ，ハシボソガラパゴスフィンチ，ココスフィンチのそれぞれの近縁種は存在しないのである．このように，初期と後期に進化した種のセットの間にある違いは，どのように説明することができるだろうか．

風変わりなココスフィンチは特殊なケースであるが，簡単に説明することができる．1つの島だけに生息して隔離されているため，他の場所で分化する機会をもたない．ココスフィンチは他の種を生じるのに十分な時間を有しており（図2.1），なおかつその生息環境も，集団内で多様な採餌タイプを生み出すのに十分な変化に富んでいた（Werner and Sherry 1987）．そのような（異所的種分化ではなく）同所的種分化に適した状況にもかかわらず，依然として1種のままなのである．これらの事実は，ダーウィンフィンチ類の同所的種分化に対する反論として用いられてきた（Lack 1947, Grant 1999, Coyne and Price 2000）．

10.3　種分化と絶滅

種の蓄積は，2つの反対向きにはたらく過程，種分化と絶滅の綱引きの結果である．種分化と絶滅を集団内の出生死亡過程になぞらえるとともに，どちらのスピードも一定で，なおかつある期間内で同じである必要がないと仮定するならば，分子データから得られる種の起源の時間パターンを用いることで，こ

れまでの種分化が一定率で起きてきたのかそれとも異なる率で起きたのかを調べることができる（Nee 2006, Rabosky 2006, Weir 2006, Price 2007）．このようにして解析されたダーウィンフィンチ類の放散は，時間的に異質であったとされる．もし絶滅率が一定であったと仮定するならば，種分化率は後半に比べて前半で遅かったのである（Schluter 2000）．図10.2は，種が蓄積する様子を描いている．ムシクイフィンチが2つの系統に分かれたのち，次に現れるハシボソガラパゴスフィンチとハシブトダーウィンフィンチの2種が形成されるまでには，明らかに長い時間がかかっている．

初期の放散における種分化率が低い要因を見つけるのは難しいことではない．ガラパゴス諸島は当時，現在よりも均質な環境であった．島の数は少なく，生息環境の多様性や餌の種類も少なかったのである．初期の種のセットの間に見られる大きな形態的および生態的な違いを，当時の進化の視点から解釈することの方が難しい．反対に，後期に進化した種のセットでは，種間の変容が小さいため理解は容易である．初期の種のセットに関する低い種分化率と高い絶滅率について，まずはそれぞれの効果を議論し，その後一緒に議論していこう．

10.3.1 種分化

ムシクイフィンチやハシブトダーウィンフィンチ，高標高に生息するハシボソガラパゴスフィンチはかなり異なるニッチを占めており，仮説による適応の山や谷の予測からは遠く離れている．かつての温暖で湿潤な状況下（第2章）では，これらの種がガラパゴス諸島における唯一の構成種たちであった可能性は否定できない．形態的分化は，他の放散現象によく見られるように急速にそして広範囲にわたって起きていたかもしれないが（たとえば，Foote 1997, Harmon et al. 2003, Valentine 2004, Gavrilets and Vose 2005, Ruta et al. 2006, Seehausen 2006；または図10.2のオオハシモズ科を参照のこと），種分化は伴っていなかった可能性がある．それとは違って，生殖的・生態的隔離が進化した後に，各系統で長期間の適応変化を通して，分化はゆっくりと，そして連続的というよりは段階的に起きたことが考えられる（第5, 6章）—いわゆる，種分化を超えた系統発生進化である（Simpson 1949）．たとえばこのよう

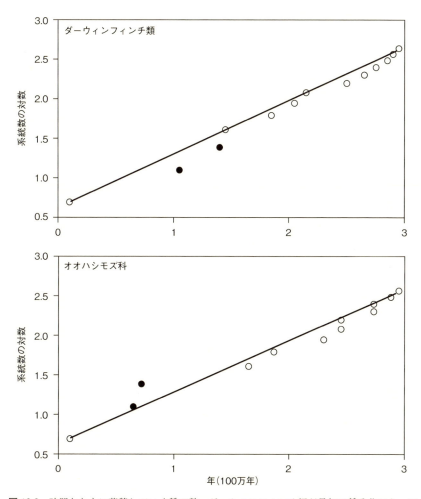

図10.2 時間とともに蓄積していく種の数. ダーウィンフィンチ類が最初の種分化によってムシクイフィンチの2系統に分かれたのち (上段図左下), ガラパゴスにおいて次の2種が出現するまでに長い時間を要している. 直線より下に描かれている2つの黒点は, 指数的な種数の増殖よりも遅いことを表している. マダガスカルのオオハシモズ科における放散 (下段図) は, 次章で議論するが, 反対に初期において種の蓄積が速いパターンを示している. 図2.1 および Yamagishi and Honda (2005) の図 8-6 の RNA 配列データに基づく.

にして，ハシブトダーウィンフィンチは現在の特有な姿を，大昔には急速に，近年には徐々に獲得してきたのかもしれない．

ここで，先の2つの説明のうち特に最初の仮説に立つと，種間の大きな形態的ギャップを説明するための疑問が出てくる．なぜ進化的な分化は，共存が成立した際の最小限の違いが生じたのちに止まらなかったのだろうか？　何といっても，ムシクイフィンチの2系統間における最小限の形態的違いに示されるように，はっきりとした分化は必然であるとは限らないのである．有史以前の植物や節足動物群集に関する詳細な知識を欠いている限り，私たちはこの質問には答えることができない．緩やかな変化というもう一方の仮説は，生態的な群集が種分化と移入により漸進的に成立してきたことを考慮すると，先の説明よりも幾分もっともらしいように思える（Ricklefs and Schluter 1993）．

新たな植物や節足動物の移入が，定期的に新しい生態的な機会をもたらすことで，種分化やその後の方向性の適応変化を促進したのかもしれない．Perkins（1903）は，ハワイ諸島に生息するハワイミツスイ類の多様化に関して，キキョウ科ミゾカクシ属（ロベリア）の放散と昆虫相の拡大によって進化的応答の機会が提供されたという観点から同様の説明をしている．ガラパゴスでは，気候変動によって乾燥に適応した植物に定着の機会を与え，その流入はダーウィンフィンチ属やガラパゴスフィンチ属の高い種分化率をうまく説明できる．ハシボソガラパゴスフィンチの高標高に生息する集団は，その進化的な展開において重要な役割を果たしている（図10.1，中段）．ダーウィンフィンチ類の歴史の比較的初期にサンショウ属の森で起源し，形態がやや一般的であったこの集団は，乾燥に適応した新たな集団（図2.1）に派生したのと同様に，ガラパゴスフィンチへの小さな放散や，もしかするとダーウィンフィンチ属の起源にもなっているのである．形態的にこれらの新しい種は，鈍い嘴と大きなサイズへと向かう最初の進化的な軌跡に対して上や下に分化している．

ここまで紹介してきた新しい移入個体の効果に関するアイデアは，サンショウ属やウチワサボテン属 *Opuntia* のような重要な植物の分子系統樹を用いて検証する必要がある．ガラパゴス諸島の植物の分子系統樹は存在しない．現在わかっていることは，ウチワサボテン属がごく最近になって移入したということである．大陸に位置するエクアドルとガラパゴスのウチワサボテン属はアロ

ザイムについてほとんど違いがない (Browne et al. 2003).

10.3.2 絶滅

中間的な形態をもつ種の絶滅は，種間の大きな形態的差異を説明することができるとともに，ダーウィンフィンチ類の放散の初期において，種の蓄積速度がゆっくりとしていた根拠にもなる．初期に形成された種の間で絶滅率が高い場合，見かけ上，種分化率が遅い印象を与え，上記で使用した方法論の説得力は弱まるだろう．古生物学者の G. G. Simpson は，化石記録の中に見られる繰り返しのパターンを，放散の初期に出現した種の間引きの結果として解釈した（本章の冒頭を参照）．化石の世界から現代的に考えると，絶滅は多様性依存的であり，なおかつ環境依存的であるといえる．種の多様性が増加した際や，特に環境が変わる際には，絶滅率が上昇する傾向にある (Valentine 2004).

初期に現れた種のセットのうちのいくつかが絶滅することは，乾燥を伴う生息環境の変化によって起こっていたかもしれない．初期の種たちの間や，ダーウィンフィンチ属やガラパゴスフィンチ属との間に起こった競争の両方が，その後半で急激に強まることで絶滅に貢献した可能性がある．後半に出現した種はその環境が予測しづらく，生態的により融通がききそうであり，変化する餌の構成にも適応的だっただろう．たとえば，サンショウ属の森が人為的な影響によりサンタ・クルス島とフロレアナ島から失われた結果，この森に依存していたハシボソガラパゴスフィンチ集団の絶滅に至った (Grant 1999). 現在これらの島では，他のガラパゴスフィンチ属の種とダーウィンフィンチ属の種が，一変して質の落ちた生息地を占めている．

最近になって起きた絶滅は，過去の絶滅に少しの光明を投ずる．人間活動の影響を除けば，現在知られている範囲のダーウィンフィンチ類の集団の絶滅は，生息地の変化が原因だったと考えられる．フェルナンディナ島の東海岸に点在するマングローブに生息が限られているマングローブフィンチの集団は，20 世紀中に絶滅してしまった (Grant and Grant 1997d). その原因は明白で，地震活動や土地の隆起，土壌の乾燥，そして生息に適した古いヒルギダマシとオヒルギの個体の枯死である．他のフィンチの種との間に起きた競争が要因として含まれた可能性はないと確信している．たとえば，この島のマングローブ

林には，ダーウィンフィンチ属の種は1種も生息していない．このように，絶滅は現代において，生息地が自然にあるいは人為的に失われることで起きている（Grant et al. 2005b）．

　これらの考えをまとめると，生息環境の変化と競争排除が組み合わさることで，初期のセットの中の種のうち，後期に出現した種に生態的に最も類似した種が排除されたのだろう．いくつかの種は，ガラパゴスの植生が熱帯多雨林から現在の異質な一部乾燥した森に遷移する期間に，かつて適応し占有していた資源が失われたことで，絶滅している．初期に分化して現在まで生き延びている種たちは，互いにそして後期に出現した種とも生態的・形態的に最も異なっている．たとえば，ムシクイフィンチの仲間の中で最も小さい種とハシブトダーウィンフィンチの仲間の中で最大の種の組み合わせである（図10.1）．結果として，1属あたり1種しか存在せず，同属種の同所的組み合わせはない．

10.3.3　系統とのかかわり

　絶滅の可能性は，系統推定に新たな問題を引き起こす．図2.1の表現は，現存している種の遺伝データを用いた，歴史の最も単純な推定である．言い換えるなら，それはいわば見えている歴史であり，絶滅によって失われた種の見えない歴史からは一切影響を受けないことを仮定している．しかし，先に示唆しているように，初期に形成された種のいくつかは絶滅していることがほぼ確実であり，フウキンチョウ科クビワスズメ属に似た祖先種（第2章）自身もその絶滅種の1つであったかもしれない．

　絶滅を考慮すると，以下の順序が望ましいように思う．最初の新たな種は，ガラパゴスの5つの島のうちの1つで進化したムシクイフィンチであった．2番目の種は祖先集団の1つに起源しており，ムシクイフィンチに起源している訳ではなかった．その2番目の種はのちに，ココスフィンチ—ココスフィンチの原型—またはハシボソガラパゴスフィンチ，あるいはその両方の種を生じていった．こうしてココス島に集団が創設され，その元となった集団はその後ガラパゴスで絶滅した．ガラパゴスにおけるこの絶滅は，ムシクイフィンチ形成後の種分化に明らかに長い時間間隔を要した理由を十分に説明できる（図10.2）．

上記のシナリオが示唆する近縁関係は，羽の特徴においてももっともらしい．雄が黒く雌が茶色の羽というココスフィンチがもつ特徴は，クビワスズメ属や他の大陸部とカリブ海の近縁種そしてガラパゴスフィンチ属も有しているのに対し，ムシクイフィンチでは異なっている．さらに，ココスフィンチとハシボソガラパゴスフィンチの数集団は，独特な錆色を，羽と尾の下の覆い羽に共有しており（Lack 1947），さえずりが類似している（Grant et al. 2000）．マイクロサテライト DNA の見地から，ココスフィンチに遺伝的に最も似ているのは，ピンタ島とサンチャゴ島のハシボソガラパゴスフィンチである．

　この初期の系統に関する修正された見解は，ムシクイフィンチの *fusca* 系統を起源とするすべての種の系統と一見矛盾する．この矛盾は，1種から2種が生じた以後の遺伝子の変化が独立であったとする仮定を緩和することで解決できる．近年出現した種との交雑（図 8.6 と 8.7）が起きるとこの仮定は成り立たないが，はっきりと二分する方法で分岐パターンの関係を描くこと（図 2.1）によりつくられるものである．2番目の見えない歴史である浸透交雑は，遺伝子の交換が非対称である場合や他種間での交雑時に遺伝子流動が非対称である場合，歴史の再構成を捻じ曲げてしまう恐れがある．歴史の推定間違いは，ひとかたまりになって母系遺伝を行うミトコンドリア DNA を用いた推定の際に最も生じやすい．対立遺伝子の移入は，進化史の初期において，ムシクイフィンチの *fusca* 系統からココスフィンチの原種とハシボソガラパゴスフィンチへ起こり，いくらか遺伝子が混ざることで，網状の進化の原因となった可能性がある．系統樹でいえば，ある系統が遺伝子移入を通して他の系統を獲得する（図 10.3）．

　系統におけるハシボソガラパゴスフィンチのヘノベサ島集団は明らかに変則的な位置をとっており，これも同様の説明が適用できそうである．それは，ある1つの系統に沿って初期の種の絶滅率が高いこと，種分化率が近年において高いこと，そして種間の遺伝子流動，の組み合わせの結果である（図 2.1 と 5.4）．

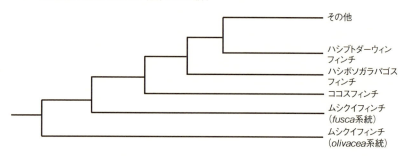

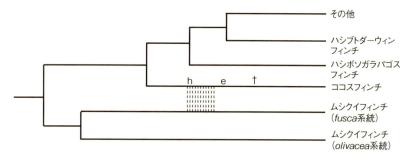

図 10.3 交雑と絶滅を伴う系統樹．系統樹 A は，遺伝的類似性に基づいた分岐図による，初期につくられたダーウィンフィンチ類についての従来型の関係（図 2.1）．実際の分岐の順序は違っていたかもしれない．系統樹 B は 1 つの可能性を描いている．点線で示してあるように，ココスフィンチがムシクイフィンチのある集団と交雑し（h），それがココスフィンチの移住個体がココス島へ定着する前だったとする（e）．ガラパゴスにおいてその交雑元となった種はのちに絶滅（†）している．結果として，ココスフィンチは系統樹 A において，ムシクイフィンチから進化したように見える．

10.4 適応度地形

　私たちの論題は，資源の変化とそれに対する競争が種分化への機会を広げる一方で，絶滅のリスクも高めてしまう点である．これらは共同して，放散の起き方に影響する．適応度地形の概念的枠組み（図 10.4）は，主なアイデアを例

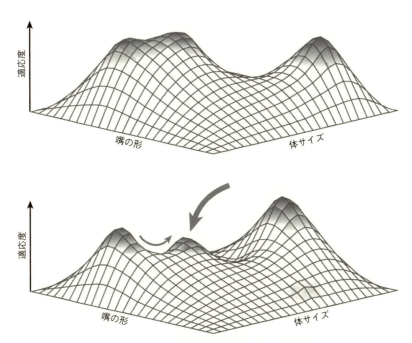

図 10.4 適応度地形．ある 1 つの島の環境下で，さまざまな体サイズや嘴の形状の組み合わせによって，個体の適応度が変化する．上図の適応度地形では，2 つのピークがあり，それぞれを種が占めているが，下図では餌供給量の変化によって，3 つピークをもつ地形に変わっている．この中央に出現したピークは 3 つの方法で集団に占められる可能性がある．(a) 左側のピークに存在した元集団が 2 つに分裂し，分断化淘汰によって 2 つの分集団に維持される（ピークの分裂），(b) 遺伝的浮動と淘汰の組み合わせにより，左側のピークから集団形成（細い矢印で示した）が行われる（ピークシフト），そして (c) 図 3.1 の異所的モデルにあるように他の島からの移入個体によって，集団形成が行われる（ピークへの植民）．このプロセスにより中間のピークに他と異なる種が形成され，他の島の集団 (c) や進化を通した近縁集団など (a と b)，他のピークの集団との交配は制限されるに違いない．もし反対に適応度地形が下図から上図へと変化するならば，ダフネ島で起こったように浸透交雑が促進される可能性があり（第 8 章），あるいは二峰性の集団が均一になってしまうかもしれない（第 9 章；ただし第 3 章も参照）．Grant and Grant (2002a) に基づく．

示し，さらなる問題を探求するのに役立つ．

　Sewall Wright（1932）は，遺伝子の組み合わせの点から適応度地形を初めて構築し，その後Simpson（1944）は表現型を扱うために修正した．基本的なアイデアは，適応度地形の南北と東西の軸が，餌やその他の資源を利用するための2つの形態形質の違いを表していることである．縦軸は適応度を示す．資源の非一様な分布やそれらを利用する形質値の最適な組み合わせによって，適応度地形には適応度のピークが複数存在する．適応度地形においてある集団が適応度のピークへとのぼることは，自然淘汰によって駆動される．そのため，2つのピークの間に位置する谷は障壁を表している．Wrightはこの谷を横切るためには遺伝的浮動が必要であると説明した．あるいは，図3.1の種分化モデルのように，いくらか異なる適応度地形をもつ島からきた移入個体によって，新しいピークが形成される．

　適応度地形という概念を具体化するために，各島における種子資源に着目することで，サイズごとの最大密度の推定値（適応度）と嘴サイズの一般的な関係を，種子食のガラパゴスフィンチ属全種について構築した（図10.5）．15の各島に生息する集団の平均嘴サイズは，それらの島々の資源情報から得られた密度情報のピークから推定されたのである（Schluter and Grant 1984a, Schluter et al. 1985）．この実例からは，主に2つの結果が得られる．1つ目は多少の例外はあるものの，実際に観察された平均嘴サイズは，おおむね予測されたものに近かったことである．2つ目は，1つのピークに1種以上の種は関連していなかったことである．観察と予測の合致の程度に影響する要因の1つは，近縁な競争種が存在するかしないかであった．種子の量的な計測によって定義された各餌のニッチに1種のみが存在するという事実は，競争排除の証拠である．統計学的に，このパターンが偶然によって生み出されることはほとんどありえない．

　適応度地形は静的ではない．環境が変われば適応度地形も変化する．変化を強調するため，Merrell（1994）は，適応度を最大とする配置が絶えず推移し続ける様子を指して「適応度海景」という言葉を用いた．祖先種が到着した時点では，ガラパゴスにおいてすべての適応度ピークが存在していた訳ではない．新たな植物や節足動物が定着するにつれて，ピークの数も増加したのであ

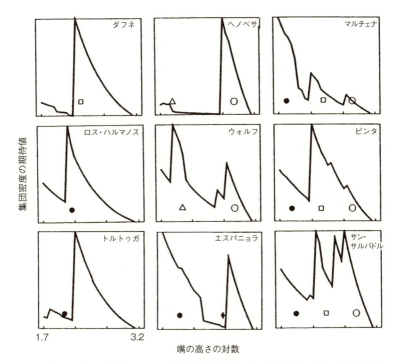

図 10.5 顕著なピークを伴うフィンチ類の適応度地形．ある平均嘴サイズの指標に対して，孤立した種子食フィンチの推定集団密度を各島の餌供給量から予測し，適応度として計算した．各島の実際の嘴サイズはそれぞれ，コガラパゴスフィンチ（黒点），ハシボソガラパゴスフィンチ（白三角），ガラパゴスフィンチ（白四角），オオサボテンフィンチ（黒菱），オオガラパゴスフィンチ（白丸）で示されている．Schluter and Grant（1984a）が挙げた15の結果のうち，9例を示した．

る．複数の資源が増加や減少，またはその比率を変えるにつれて，ピークの高さが増減し，その位置を変え，新たな資源の増加によって変形し，他のピークの間や離れた位置など新しい場所に出現したり，1つのピークが2つに分裂したり反対にすべて消えてしまったりするだろう（図10.4）．そのようなダイナミクスは，フィンチ類の多様化にとって新たな機会を提供しただろうと考えられる．交雑（第8, 9章）はそのような機会への応答に寄与していたかもしれない．

適応度地形の観点から，さらに他の推測を行うこともできる．まず，いくつかのピークはどの種にも占有されていない可能性があり，それはピークがダイナミクスにおいても現存しているピークから非常に離れていたか，以前そのピークを占めていた種が絶滅してしまった可能性が考えられる．ムシクイフィンチの例に見られるように，未記録の絶滅を考えてしまうと，ある種がどのようにしてそのピークから離れたかを理解することは困難であるかもしれない．
続いて，ピークを決定する資源は，消費者であるフィンチ類と完全に独立ではない．消費者とその資源は共進化するからである．共進化の例としては，サン・クリストバル島とフロレアナ島の2島のみに生息するオオガラパゴスフィンチの，体サイズの非常に大きな集団が挙げられる（図9.3）．それらの島ではウチワサボテン属 Opuntia の種子が資源の1つであるが，並外れた大きさと硬さを有するのである（Grant and Grant 1982）．フィンチによる方向性淘汰圧の結果として大きな種子サイズが進化することは，フィンチにも影響を及ぼし，そのような種子を割ることができる大きなフィンチが淘汰の上で有利になるだろう．理論的には，この進化的メカニズムは適応度地形においてピークの分裂に貢献してきたかもしれない（図10.4）．

適応度地形は Wright（1932）によって，異質な環境における集団の進化に対するメタファーとして提唱された．これは意図されたことではないが，適応放散のメタファーとしても捉えることができ，実質上新たな生息地となる島嶼のピークが山や谷，海によって遮られた状態であり，やがて到達可能になるのである．

10.5 生態的な棲み分けのパターン

適応放散によって種が蓄積するにつれて，資源の多様性が移入を通して消費者の多様化よりも速く増加しない限り，競争の相互作用は増えて，その強さも増していくだろう（Perkins 1903, Simpson 1949）．異なる生息地を占めることや，嘴形態の進化的変化を通して生息地内の異なる種類やサイズの餌に特化することで，種間競争は最小化される（Perkins 1903, Lack 1947, Amadon 1950, Pratt 2005）．こうして疑問になるのが，放散の過程で進化する生態的な棲み

分けの順番に予測性はあるのだろうかという点である．Diamond（1986）はニューギニアの山地性の鳥に関する研究から，非常に近縁な種間の生息地の棲み分けは，食性の進化より先に起きると結論づけた．その他の鳥類（Richman and Price 1992; also, Richman 1996, Price et al. 2000）に関する研究やトカゲ（Losos 1994, Losos et al. 1998）に関する研究からも，同様の結果を支持する知見が得られている．

　ある点においては，ダーウィンフィンチ類の放散はこのパターンと一致している．放散の初期に形成された種は，後半に出現した種よりも互いに一緒に生息することが少ないのである．ムシクイフィンチは湿潤で標高の高い森（*olivacea*系統），または中標高や低標高の森（*fusca*系統）のどちらかに生息する．ハシブトダーウィンフィンチは主に中標高の森林移行帯に生息し，ハシボソガラパゴスフィンチは移行帯の上部に存在するサンショウ属の森に生息している（口絵7）．しかし，初期に出現した種のセットは，餌の種類や大きさによっても分かれているため，生息地の棲み分けとどちらが最初に起こったかを決めることはできない．またしても，絶滅が生じたために，どのメカニズムが最初に起こったかという疑問に答えるための手がかりが失われてしまっているかもしれない．後期に出現した種に関する限りでは，ダーウィンフィンチ属の種は湿潤な高標高に生息が集中しており，そこでは異なる種が共存している．さらにガラパゴスフィンチ属の種は環境が乾燥するほど，ある標高に関して集中し，こちらも互いに共存している．しかし繁殖期においては，たとえば最も高標高のフェルナンディナ島の頂上において，これら2属の種が同じ生息地で見られるのである．彼らは生息地によって生態的にある程度は棲み分けているが，餌の種類と大きさによってもっとはっきりと棲み分けている．もし近年出現した種の生態が，現在は見ることができない分化の段階を反映しているならば，ニッチによる棲み分けは生息地による棲み分けより先に起きている．これと同じ現象は，いくつかの植物種を用いた近年の解析の中で見い出された（Ackerly et al. 2006）．

10.6 特殊化

Perkins (1903) は，ハワイミツスイの放散が，ミゾカクシ属の植物や節足動物といった餌に対する嘴形態の継続した特殊化によって起こったとするアイデアを提唱した．Simpson (1949) は，特殊化の増加は進化の最も広く一般に見られる特徴であると考え，Lack (1947) はこのアイデアをダーウィンフィンチ類の適応放散に応用した．実際には，完全にすべての対象が調査された訳ではないものの，フィンチ類において明確なパターンは見られなかった．一方で，採餌行動が最も特殊化している種は，放散の後期において進化していたのである．キツツキフィンチは一番良い例で，サボテンのトゲや小枝を，隠れた餌の節足動物を掻き出す道具として使っている（口絵29）．ハシボソガラパゴスフィンチももう1つの良い例である．ウォルフ島で彼らは海鳥の発育途上の翼の羽をつつき，その血を飲むのである（口絵14）．一方で，初期に進化した種のセットは後期に出現した種のセットに比べ，単一の生息地に分布が限られる傾向にある．初期に特殊化したいくつかの種は絶滅してしまったのかもしれない．スペシャリストはジェネラリストと比べ，生態的な撹乱の影響を受けやすいのである．Schluter (2000) はダーウィンフィンチ類を含む異なる適応放散のデータセットを解析したが，この傾向の定量的な支持は得られなかったと結論している．Simpson のいった「分化と特殊化」という考えは，分化と新たな資源に対する適応として言い直すのが良いだろう．

10.7 複雑な群集の蓄積

ガラパゴスにおける現在の鳥類の群集は，大陸からの9種の陸生種の移入を伴いながらも，単純な群集から始まり，フィンチ類とマネシツグミ類の進化的分化によって構築されてきた．キイロアメリカムシクイを除いて，その他の鳥類—ハト (*Zenaida galapagoensis*)，カッコウ (*Coccyzus minor*)，イワツバメ (*Progne subis*)，タカ (*Buteo galapagoensis*)，ヒタキ (*Myiarchus magnirostris* と *Pyrocephalus rubinus*)，フクロウ (*Tyto alba* と *Asio flammeus*) —はフィンチ類およびマネシツグミ類から，また互いに生態的に大きく異なってい

る．これはガラパゴス諸島に到達した移入種の中から，選択的に種が定着してきた過程を反映しているのかもしれない．言い換えると，食料の供給，生息地の要件や競争によって，ダーウィンフィンチ類だけではなく陸生鳥類の群集全体の成り立ちが決まってきたのである．

　上記の環境要素の減少や単純化は，この群集形成の過程を逆転させる可能性がある．森林を農地へ転換することと外来種の脊椎動物を導入することは，共同してフィンチ類のいくつかの集団を絶滅に至らせてきた（Grant et al. 2005b）．そして現在，外来のマラリア（*Plasmodium*）が侵入した場合に及ぼされうる影響に大きな関心が集まっている．ハワイ諸島に侵入した経緯に照らしてみると，固有のハワイミツスイ類の鳥相へ与えた主な影響はマラリアに起因していたからである（van Riper et al. 1986）．媒介者のカである *Culex quinquifasciatus* は，すでにガラパゴス諸島に存在している（Whiteman et al. 2005）．おそらくもっと深刻なのは，巣寄生性イエバエ科の1種 *Philornis downsii* であり，潜在的ではなくすでに脅威となっている．この双翅目の幼虫はフィンチの幼い雛を殺し，大きな島の高・低標高どちらのフィンチ集団においても，その繁殖に重大な影響を及ぼしている（Fessl and Tebbich 2002, Fessl et al. 2006）．このことから，過去の群集の形成は，適した生息地の存在と天敵生物の不在に大きく依存していたことがわかる．

10.8　まとめ

　本章では，異なる種分化サイクルが起きた生態的な状況に着目することで，ダーウィンフィンチ類の放散を解釈しようと試みた．放散は，環境変動下において種の数と多様性が増加することで展開し，自然淘汰や浸透交雑，絶滅によって形成されてきた．島の数の増加は，種分化の機会を増加させ，結果として種の数を増加させたのである．天候と植生の変化は，種の新たなタイプが進化するチャンスを提供した．放散の初期において進化した種は，比較的後半に進化した種と比べて以下の3つの点で異なっている．(a) グループ全体の中でもほとんど属レベルの形態的（図10.1）および生態的な差を示すが，(b) 属内での種多様性はなく，そのため (c) 同属種が同所的に共存する可能性はな

い．これらの違いは，低い種分化率あるいは初期に進化した種の高い絶滅率によって説明することができる．どちらも直接には知ることができないため，個別の効果に分割することは不可能である．それでも，両方のプロセスが貢献していたことを示唆する理由が存在する．放散の初期段階では生態的な機会が限られていたため，種分化の速度は遅かったはずであり，競争と環境変化の影響によって，それらの種のうちのいくつかは絶滅した可能性がある．特殊化が進むことが適応放散の典型だとする古典的な予測に反して，そのような明確なパターンは存在しない．本章で繰り返し取り上げられたテーマは絶滅であり，それが人為的であれ自然であれ，放散のいくつかの側面を曇らせてしまう．絶滅や放散の初期における浸透交雑のような現象は，見えない歴史なのである．絶滅と遺伝子移入の両方が起きるとすると，第2章で提示した放散初期における順序の解釈は変更する必要があるかもしれない．

第11章

適応放散の促進要因

> 私の考えでは，フィンチ類の独自性は，主として地理的な要因と
> 生態的な要因の並外れた組み合わせによるものである．
> （*Lack 1947, p. 148*）

> 遺伝子の移入は，それ自身が適応的でなくとも，急速な適応進化
> につながりうる．
> （*Lewontin and Birch 1966, p. 335*）

11.1 はじめに

　ダーウィンフィンチ類はユニークである．マネシツグミ類（4種の異所的な種；口絵30）を除き，その他の陸生鳥類はガラパゴスにおいて多様化してこなかった．実際，ガラパゴスで適応放散したのは，陸生動物では *Bulimulus* 属というカタツムリのたった1つのグループだけである（Parent and Crespi 2006）．いくつかの無脊椎動物では種分化が起きているが，適応的に放散はしていない．ゴミムシダマシ科の甲虫（*Stomium* 属）はその1例である．定着した祖先種から13種の固有種が生じており，そのすべてが飛べず，ムシクイフィンチと似た生物地理的な歴史を辿っている（Finston and Peck 2004, Tonnis et al. 2004）．その種間に見られる形態的な違いは辛うじて適応的であると解釈されるが，僅かな違いに関しては創始者効果と遺伝的浮動が主な原因であったとされている（Finston and Peck 1997, 2004）．同所的な生息は発見さ

れていない．3つの島では2種以上の種を含んでいるが，同じ場所で同時に見つかったことはないのである．その他の昆虫（直翅目）はガラパゴスの環境に繰り返し（飛べないように）適応進化してきたが，同所的な共存をもたらす種分化を伴わなかった（Peck 1996）．

いくつかの場合に関して，時間不足は放散の不足を説明できるが，なぜカメの仲間がダーウィンフィンチ類とほぼ同じ時間（200万年；Caccone et al. 1999, Beheregaray et al. 2004）を経験していたにもかかわらず，比較的多様化してこなかったのかを説明することはできない．ガラパゴス諸島にダーウィンフィンチ類よりも長く存在し，さらには現存するすべての島よりも長く存在する他の生物もいるが，それでもなお彼らは放散していないことがある．このことは，長い時間それ自体は，適応放散を保証しないということである．ガラパゴス諸島の飛べないゾウムシ（Sequeira et al. 2000）やトカゲ（Lopez et al. 1992），ヤモリ（Wright 1983, Kirzian et al. 2004），イグアナ（Rasmann 1997）はそれぞれ，500万年以上も前に，現在ガラパゴスでは沈んでいる島々でその進化的経路を歩み始めたのである．著しく異なるリクイグアナとウミイグアナは別として，これらはすべて適応的ではない放散である（Gittenberger 1991, Kozak et al. 2006, Wake 2006）．形態的・遺伝的分化および，既知のまたは予測される生殖隔離が，これまで認識されているどの生態的分化とも結びつかないのである．種は増えてきたが，著しい多様化はしなかった．この理由についてはまだ明らかになっていない．

何がダーウィンフィンチ類をこれほど特別にしているのだろうか？　その答えはフィンチと彼らの環境から見つかるだろう．大きく分けて，フィンチに対する外的要因と自身の内的要因の2つの考え方がある．フィンチ類は他の鳥類と比べて，より多くの多様化へつながる生態的な機会を経験したことと，種分化への高い潜在能力を有していたことである．これら2つの組み合わせにより，ガラパゴス諸島においてフィンチ類は他の鳥類とは異なっていた．

11.2　環境が与える放散の機会

私の意見では，フィンチ類の独自性は主として地理的な要因と生態的な

要因の並外れた組み合わせによるものである．主な地理的要因はたくさんの島が存在していることであり，隔離とその後の接触によって，種が分化するための好機を与えてきた．主な生態的要因は，他のスズメ目の鳥類がほとんど生息していないことであり，種間の著しい生態的な分化が許されることで，非常に多くの近縁種同士が，競争なく互いに共存してきたのである．(Lack 1947, p. 148)

これらの2つの要因はどちらも適応放散を促進するが，いずれも必須ではない．

11.3 地理的な適合

Lack の地理的な議論を支持するものとして，ガラパゴス以外の海洋島でも，1つの地域内に非常に多様化した生物のグループをもつ例が知られている．たとえばハワイでは，ダーウィンフィンチ類よりも多様な放散をしているハワイミツスイ（口絵31）(Pratt 2005)，クモ (Gillespie 2004)，多数の昆虫 (Perkins 1913, Zimmerman 1948)，とりわけショウジョウバエ属のハエ *Drosophila* (DeSalle 1995) が挙げられる．カリブ海の島々では，アノールトカゲ属（*Anolis*）(Williams 1972, Losos 1998) やコヤスガエル属（*Eleutherodactylus*）が高い多様性をもつ (Hedges 1989)．一般に，供給源である大陸からの距離に比べると，島嶼内の島々は互いにあまり離れていない．種分化のサイクルは地理的隔離によって促進されるが，離れすぎては（または，近すぎても）いけないようである．

マダガスカルに生息する固有のオオハシモズ科（口絵31）は，1つの島が大きく，環境が異質な場合には，1つの島の中で放散が可能であるという例を示す（Diamond 1977 を参照）．少なくとも15種，もしかすると19種が150～300万年の間に進化しており (Yamagishi and Honda 2005)，これはダーウィンフィンチ類とほぼ同じ数であるとともに，それに要した時間も大体同じである（図10.2）．彼らはある幅広い放散の一部である (Cibois et al. 1999)．オオハシモズ科の出発点の鳥は，ダーウィンフィンチ類とおそらくハワイミツスイ

類がそうであったように（Pratt 2005），体サイズが小さかったとされる．これは放散の中でサイズが小さいものから一般に大きくなるという規則（コープの規則）と矛盾しない．オオハシモズ科は鎌状やヘルメット形のような極端な嘴をもつ点で，フィンチ類よりもさらに分化している．フィンチ類のように，異なる嘴サイズや形状をもつ種はそれぞれ違う餌を適応的に利用しており（Yamagishi and Eguchi 1996），しばしば同所的に共存している．オオハシモズ科が提起する問題は，島嶼ではなく1つの島の上でどのように適応放散が起こったのかである．島は地形上，地理的隔離による進化が起きる程度に変化に富んでおり，これと生息地の分布に影響を及ぼす天候の変化が合わさるため，研究者は種分化の異所的モデルをあてはめることができるだろう（Wilmé et al. 2006）．

同様の説明が，ニュージーランドの2つの島に生息し現在は絶滅してしまった，巨大な飛べない鳥（モア）の進化に適用されている．彼らの歴史は，化石の骨から抽出された古代のmtDNAを用いて再現された（Baker et al. 2005）．6属の中で14の単系統が，400～1,000万年前の間に分化したとされる．モアの祖先種がどのように1つあるいは2つの島の上で数種に分化していったのかについては，気候の寒冷化を伴う地殻運動と山岳形成が，島内での地理的隔離と生態的特殊化につながったことによると考えられている．同様に，島嶼のような分布を示す山頂や湖，大陸において分断化された谷のような地域は，種分化を促してきただろう（Fjeldså and Lovett 1997, Roy 1997）．1つの例を引用すると，「大陸部のアフリカの鳥類にとって最も種分化が活発だったのは，自然な生息地をいくつもの小さなブロックや『島』に分けるような好ましくない天候の時であっただろう」（Hall and Moreau 1970, p. x）．

11.4 生態的な機会

ダーウィンフィンチ類が放散し，他の鳥類ではなぜそれが見られないかという疑問に対するDavid Lack（1947）の第1の答えは，ダーウィンフィンチ類はガラパゴスに最初に到着したというものであった．もしそうなら，彼らは2つの有利さとして，分化するための十分な時間と競争者や捕食者のいない初期

環境を手にしたはずである．

> ダーウィンフィンチ類がこれほどまでに分化していることは，彼らが他の陸生鳥類よりも相当先にガラパゴスへ定着したことを示唆している…．他の陸生鳥類が存在しなかったことは，ダーウィンフィンチ類の進化上，近縁種が占めるであろういかなる方向への進化も可能にした点から，最も重要な影響をもったといえる…．海を横断する長い飛行ののち，ダーウィンフィンチ類の祖先種が辿り着いた土地は，食料が豊富で居住空間が競争種の存在によって荒らされていない場所であった．この外来個体にとって，おそらくもう1つ快適であったことは，すなわち外敵が一切存在しなかったことである…．捕食者の不在は，ダーウィンフィンチ類の個体数が，主に食料不足によって制限されたことを意味する．この場合，採餌方法に関する適応は種の生存を決める上で特別重要であった可能性が高い．そのため，捕食者の不在はフィンチ類の適応放散を加速させたかもしれない．(Lack 1947, pp. 113～114)

この最初に到着したという仮説は，ガラパゴスに生息する陸生鳥類が大陸の近縁種からいつ分化したかを推定することで検証可能である．この仮説は，タカ (<20万年；Bolmer et al. 2006) とキイロアメリカムシクイ (<100万年；Browne and Collins MS) との比較では正しいことが示された．しかし，マネシツグミの仲間はフィンチ類とほぼ同じタイミングでガラパゴスに到着していたかもしれず (Arbogast et al. 2006)，そのためフィンチが一番最初に到着したという説には重大な疑問が残る．

　ガラパゴスのマネシツグミ類が大陸/カリブの近縁種から分かれた時間として推定されるのは，160～550万年前である．もしこの期間の前半 (350～550万年前) を採用するならば，フィンチ類が最初に到達したとする説は明らかに誤りである．もし反対に最近の期日を受け入れるならば，仮説は支持されることになる．しかし，仮にこれが本当だとしても，種の蓄積速度はダーウィンフィンチ類と同程度の速さであったといえるだろう．蓄積速度が同じ場合，フィンチ類が最初に到達したというLackの仮説を支持する理由づけ，すなわちフィンチの高い多様性は速い分化率ではなく，より長い経過時間によって説

明されるという議論には疑問が生じる.

　分化速度の単純な指標は，種の数が2倍になるまでの間隔を計測することである．結果はどちらのグループでも75万年ほどであり，マネシツグミ類は約150万年で4種，フィンチ類は約300万年で14（推定では16）種であった．よって，2つの説明が可能である．1つはダーウィンフィンチ類が最初に到達し，マネシツグミ類と同じ速度で分化したが，その期間が長かった，あるいは両グループは同時に到着したが，フィンチ類が2倍のスピードで分化した．この問題を解決するためには，分子データによる到着時間のより正確な推定が必要である．これに相当する問題が，ハワイでは解決されている．ハワイミツスイの祖先種は最初に到着した種ではなく，ミツスイ科の鳥に先を越されていたのである（ミツスイ科 Meliphagidae; Fleischer and McIntosh 2001）．ミツスイ科のパイオニア種は，ハワイミツスイの祖先種が花粉と蜜というニッチへ適応していくのを妨げなかったのである（口絵 31）．

　Lack より前の研究者たちもまた，適応放散が起こるのは，新しい環境が導入され，食料資源を巡る競争種がいない状況においてであることを，強調した．放散は，複数の種分化と利用可能なニッチを埋めることによって進む（Perkins 1903, 1913, Huxley 1942, Simpson 1949）．T. H. Huxley のあでやかな例えを借りると，進化は生態的な樽を満たしていく過程であり（Simpson 1949），その樽がいっぱいになった時に止まる．適応放散においては，最も単純な考えは，Lack の生態的仮説のように，初めからすべての資源が存在した，つまり満たされるべき空の樽があったとするものである．それは放散の初期において分化が速く，そしてほとんどのニッチ空間がその段階で占められるということを意味する．つまり生態的な機会が減り，生態的ニッチの残されたギャップが埋まるにつれて，分化速度は遅くなるはずである．

　いくつかの，もしかするとほとんどの放散がこのパターンと整合性がある．たとえば馬（MacFadden and Hulburt 1988）やトカゲ（Harmon et al. 2003, Vitt and Pianka 2005），ウグイス科の鳥（Lovette and Bermingham 1999），そしてアフリカ大湖沼に生息するシクリッド（Seehausen 2006）が挙げられる．Lack は知る由もないが，ダーウィンフィンチ類の系統は見かけ上全く反対のパターンを示し，初期の分化速度が遅く，近年の多様化で加速しているの

である（第10章）．ダーウィンフィンチ類がここまで強力に放散したのは，その他の動物と異なり，ハワイミツスイがそうであったように（口絵31），環境変化に伴って分化したからである．これはミツスイ科（Pratt 2005）が餌の多様化に関連して大きく放散したのとは明らかに異なる（Perkins 1903）．私たちは，変化する環境に応答して分化する能力を，進化的な成功の鍵として見ている．生態的な樽というメタファーに戻ると，その樽は固定されているのではなく，満たしていく生物種間の相互作用によって拡張され（Simpson 1949），新たな資源の導入を通して再構成されると考えるのが良いだろう．他の放散の例についても，簡単のために変化のない環境が仮定されている場合があるが，情報が不足しているだけで，実は同様の変化を経験しているのではないかと私たちは考えている．

11.5 多様化への高い潜在能力

島へ最初に到達したとする Lack の仮説は，もし他の種が先に到達していればその種が放散していたかもしれないということを仮定している．たとえば，キイロアメリカムシクイが幸運にも最初に到達していたとしたら，必ずしも 14 種である必要はないが，たくさんの種に放散していったかもしれない．しかしながら，集団形成をしたすべての種が，分化への潜在能力を等しく有しているとはとても考えにくい．私たちは，ダーウィンフィンチ類が多様化し，その他の種がそうでなかったのは，フィンチの祖先種が，他の鳥よりも非常に高い分化への内的な潜在能力をもっていたからだと考えている．分化への潜在能力は，生態的な機会と同様に掴みどころのない概念であり，それは分化が起きた後にのみ認識できる．それでもなお，カリブ海の島嶼に生息するダーウィンフィンチ類の近縁種が示すように，これは実際にあることなのだ（Burns et al. 2002）（図 11.1）．分化への高い潜在能力の実現には，多くの生態的・生殖的要素が挙げられる．ハワイミツスイ類のように，祖先種の嘴が全方向へ変化可能な，一般的な形状をしているのは 1 つの例である（Pratt 2005）．ダーウィンフィンチ類の例では嘴に加え，行動の柔軟性と交雑という 2 つの要因もその候補である．

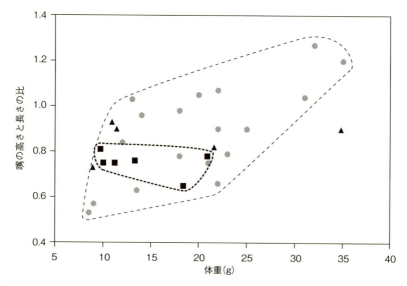

図 11.1 ダーウィンフィンチ類（外側の点）は，同時期に分化したカリブ海や南アメリカに生息する近縁種と比べ，特に嘴のプロポーションに関して非常に顕著な分化が見られる．カリブ海の鳥類 3 属（*Tiaris, Melanospiza*, および *Loxigilla*）6 種（四角形）の間に見られる違い（形態的差異）は内側に領域を形成するように示されており，図 10.1 から得られるダーウィンフィンチ類の灰色の丸を外側の破線で囲んでいる．カリブ海の鳥類 3 属に含まれ，ダーウィンフィンチ類の最も古い種よりもさらに古い種（Burns et al. 2002）は，三角形で示した．嘴の測定値の平均は雄に関してのみである．Ridgway (1901), Lack (1947), Van Remson（私信），Wenfei Tong（私信）から得た．また体重については Grant et al. (1985) と Dunning (1992) による．

11.6　行動の柔軟性

　ダーウィンフィンチ類はいくつかの特有な採餌習性を示す．キツツキフィンチがサボテンの棘や枝，葉の葉柄を採餌道具にしているのは代表的な例である (Millikan and Bowman 1967, Tebbich et al. 2001)．また，マングローブフィンチ (Curio and Kramer 1964) とムシクイフィンチ (Hundley 1963) も良い例である．イグアナ（口絵 29）とカメに付着するダニ食，卵食，そしてハシボソガラパゴスフィンチが傷を負わせたカツオドリ（*Sula* 属）の血を餌としたり（第 5 章），出産後のアシカの胎盤の血を餌とするのである．このほかに

も，通常とは異なるおそらく特有の行動が見られている．ダフネ島に生息するサボテンフィンチの2集団は，*Microlophus*属［*Tropidurus*］のトカゲの尻尾を掴んで捕らえることが繰り返し観察されており，その結果尻尾が切り離され，自切された尻尾を食べるのである．ガラパゴスフィンチは足をうまく用いてクモの巣の糸をたぐり寄せ，巣にいるクモを捕獲することが目撃されており（口絵16），ヘノベサ島ではオオサボテンフィンチが同様の行動をとっていることが知られている．私たちはこれに加え，オオサボテンフィンチが丸まった葉の中にいる昆虫やクモを餌としているのを目撃している．葉の一端を叩くことで，中の虫がもう一端へ素早く逃げようとするところを狙うのである．

　これらの例が意味するのは，雛は採餌能力の発達時期に，新たな採餌行動を試行錯誤を通して学ぶことである（Grant and Grant 1980, Tebbich et al. 2001, Tebbich and Bshary 2004）．若いフィンチの個体は，巣から出た最初の1ヶ月には，岩や枝をつつき，樹皮を剥ぐ行動をとるが，次第にその活動を餌に向けたものへと集中させていく（Grant and Grant 1980）．他個体を真似ることでも学習は起こりうるが，必要とは限らない（Tebbich et al. 2001）．飼育下の実験でキツツキフィンチは，霊長類のテストで用いられる問題を解決して見せたのである（Tebbich and Bshary 2004）．彼らは比較的大きな脳をもっている可能性がある．体サイズに対して比較的大きな脳をもつ鳥類は，新規の採餌形質を発達させる傾向が強く，その結果として新たな環境への適応に成功しやすい傾向にあるのかもしれない（Sol et al. 2005）．

　そのような行動の可塑性は種分化の異所的な段階において，生態的なニッチの中で非遺伝的な形質シフトの起源になっているかもしれない．親子間で継承される形質への淘汰によって，遺伝的・形態的な変化が生じ，新たな行動をとる効率が増加することが考えられる（Price et al. 2003, West Eberhard 2003, Price 2007）．これはWaddington's（1953）の遺伝的同化の原理という．種間の遺伝的な多様性は，飼育下における採餌の際の使用道具の違いや探索行動の違いで表される．飼育下でキツツキフィンチは道具を用いるが，サボテンフィンチはほとんど道具を使用しないか非効率的であり，その他の種に至っては全く使用しない（Millikan and Bowman 1967）．興味深いことに，野外ではキツツキフィンチの中でも道具を使わない個体がいるようである．種間における道

具の使用が文化的違いなのか，それとも遺伝的な違いによるものなのかは判明していない．

　ある地域の餌状況に対して行動を合わせる能力は，分化において重要な要素であったかもしれない．それは以下の2点についてである．1つ目は，上記のような新たな採餌行動が発達し，異なる状況の異なる問題に対して同じ技術を発達させていることが挙げられる．2つ目の例は，ウォルフ島のハシボソガラパゴスフィンチで見られる，嘴を岩や地面に突っ張り，足で地面を後ろに蹴る行動である．これは本来カツオドリの卵を割るための行動であるが（Bowman and Billeb 1965），ガラパゴスフィンチ属の数種，おそらくすべての種において，種子を果実から割り出すために石をぶつける行動として用いられている（De Benedictis 1966）．

11.7　浸透交雑

　浸透交雑は2種が交雑する際に起きる．一般に，他のどの陸生鳥類も同所的に2種が生息することはない．しかし，ダーウィンフィンチ類はこれを繰り返しており，一度同所的に生息し浸透交雑につながったならば，のちの放散において，2つの意味で重要な要素となっていた可能性がある（Grant and Grant 1998a）．

　1つは，ある集団において対立遺伝子を補充する可能性であり（図8.8），これによって相加的な遺伝分散が高いレベルに保たれる．私たちの計算では，嘴のような量的形質に与える影響は，突然変異よりも遺伝子移入で2〜3桁大きいことが明らかとなった（Grant and Grant 1994）．突然変異とは異なり，遺伝子移入は数多くの遺伝子座に同時に影響を与えるのである．遺伝子を受けとる側にとってすべての対立遺伝子が利益になる訳ではないため，移入した遺伝子はその個体のゲノム中で隣り合った領域と淘汰の過程を経て，結果として全体ではややモザイク状のゲノム構成になる（Martinsen et al. 2001, Rieseberg et al. 2003, Mallett 2005, Arnold 2006, Patterson et al. 2006）．極端な例では，大ダフネ島のコガラパゴスフィンチとサボテンフィンチのように全く交配できない2種の場合，互いに繁殖できるガラパゴスフィンチを通して間接的に対立

遺伝子の交換が行われているかもしれない（Grant 1993）．集団サイズの小さなフィンチの集団では，遺伝的な構成とその多様性の促進は重要である．というのも，向きが揺らぐ方向性淘汰と確率的な遺伝的浮動の組み合わせによって，遺伝的多様性が徐々に失われていく可能性があるからだ（Grant and Price 1981, Grant and Grant 1989）．

2つ目は，遺伝子移入によって遺伝的な変異が増大した集団はそうでない集団に比べ淘汰に応答しやすく，さらに新規の軌道に沿って進化しやすいならば，遺伝子移入は創造的な役割を果たしているともいえる（Grant and Grant 1994）．このアイデアは Lewontin and Birch（1966）の出版した，オーストラリアに生息するミバエ類の交雑に関する，分野の基準となる論文に由来する．彼らは屋内実験から得られた証拠に基づいて，ミバエ類が遺伝子移入の結果として極端な気温に対する耐性を増加させ，交雑元であるどちらの親種も生息していない新たな生息地へ地理的な分布を拡大していったと提唱した．近年，この主張をもとにした議論が，魚類の適応放散を説明するのに役立っている（Seehausen 2004, Herder et al. 2006）．ダーウィンフィンチ類の遺伝子移入では，嘴の長さと高さのように2つの形質間の相対成長関係が異なる場合，互いの遺伝相関が弱まる可能性がある．その結果，他の形質との遺伝相関に拘束されないために，集団が新規の形態の方向へと淘汰によってシフトすることが簡単になるのである．一方で，交雑する種間で似たようなアロメトリーをもつ場合，新規の方向へ変化する力はより制限されてしまう．たとえば，ガラパゴスフィンチとコガラパゴスフィンチのように，一方が他方を単に大きくしたような形態の場合が該当するだろう（Grant and Grant 1994）．

私たちは，時折起こる遺伝子移入（図9.2）が，これから見る2通りの方法で，フィンチ類の適応放散に重要な役割を果たしてきた可能性があると考えている．遺伝子移入の最も大きな進化的効果が得られるのは，ある程度の遺伝的分化が種間で生じているものの，交雑によって大きな適応度低下を被るほどではない状況である（Grant et al. 2004）．ここまで私たちは，ダーウィンフィンチ類の種間において，交雑で大きな適応度低下を被るほど分化した種は存在しないことを見てきた．その他すべての条件が同じであれば，遺伝子移入の果たす重要な役割は種数が増えるにつれて増加する．そのため，放散が進むにつれ

てその効果は増加し，もしかすると現在はこれまでで最も大きい影響を及ぼしているのかもしれない．

11.7.1　交雑と動物育種

浸透交雑は，育種家が系統を改善するために用いた過程と類似している．Darwin（1859, 1868）が気づいていたように，育種家はある形質を選抜した異なる系統を用意し，一定期間選抜を繰り返したのちに系統間で掛け合わせる．各系統で選抜されていた形質は1つの系統内で合わさり，近親交配によって下がっていた妊性はヘテローシス，つまり雑種強勢によって回復する（Wright 1977, Falconer and Mackay 1995）．Sewall Wrightは動物育種の習慣と結果から，進化理論を構築した．彼の推移平衡理論は，自然淘汰に遺伝的浮動の役割を加えたもので，生殖隔離の起源を説明するために拡張されていった．その遺伝的浮動が種分化において重要な役割を果たしたというアイデアは挑戦を受けてきた（Coyne et al. 1997）．しかしながら，各系統における選抜と交雑による組み合わせが分化の中心的な駆動要素であることは，理論的にもっとありそうなことだ．ここから示唆されるのは，交雑とそれに続く戻し交配によって新たな形質の組み合わせや比率が生み出されており，それは隔離された集団において淘汰が単独ではたらく場合よりも速いということである．

11.7.2　遺伝子移入を促す環境条件

雑種個体の適応度に生態的依存性があることを考えると（第8章），遺伝子移入は頻繁には起こらず，そのため進化的な影響があったのは特定の条件が満たされた場合であり，それ以外では全くあるいはほとんど影響がなかったといえるだろう．独自の生態と小さな集団をもつ一時的な小島は，遺伝子移入の特に重要な舞台であったかもしれない．現在から過去100万年または温帯地域が経験した氷期と間氷期の大きな振動は，海水面の高さを上下させた（第2章）．動的な適応度地形の小さなピークのように（図10.4），小さな島々はガラパゴス諸島において出現したり消失したりを繰り返してきたのである（図11.2）（Grant and Grant 1998b, Grant et al. 2005a）．マルチェナ島のような大きな島においても，連続的な生息地が火山活動によって消失したり，小さな島に分断

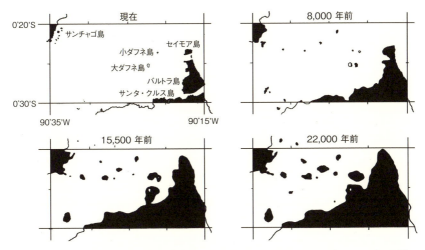

図 11.2 ガラパゴス諸島の中心で見られた，過去 22,000 年にわたる島の数やサイズ，隔離の程度の変化．最終氷期最盛期の海面低下や極氷の融解による海面上昇が原因である．黒く塗りつぶされた領域が陸地を表している．2 つのダフネ島の位置は白抜きで示した．Grant and Grant（1998b）より．

される事態が起きている（Grant 1999）．フィンチの小さな集団は，地質学上の時間スケールでは短い期間しか存在していないが，淘汰と浸透交雑を通した新種の形成のスタート地点にはなりえたかもしれない．新たに形成された集団の個体は，交配相手の不足によって，他種との交雑が起こりうる（Grant and Grant 1997a）．その結果，遺伝子移入が起こるとともに，ボトルネック効果による独自の対立遺伝子の消失も合わさって，自然淘汰による新たな方向への進化が起こるための遺伝的な素地が形成されるかもしれない（第 4 章）．このような方法で新たな種が形成されたという遺伝的な証拠が，植物（Rieseberg 1997, Howarth and Baum 2005），昆虫（Schwarz et al. 2005, Gompert et al. 2006），サンゴ（Vollmer and Palumbi 2002, Willis et al. 2006）で見つかっている．

ガラパゴス諸島の中でも離島であるダーウィン島には，非常に変化に富んだガラパゴスフィンチの集団が生息しており，この過程の 1 つのステップがどんなものであったかを考えるヒントを与えてくれる．100 年前に収集されたサン

プルはとても変異に富んでおり，オオガラパゴスフィンチとオオサボテンフィンチの両方から構成されていると信じられていた．おそらくその集団はオオガラパゴスフィンチの在来個体とオオサボテンフィンチの移入個体の混合であったかもしれないが，数個体はもう1種の在来種であるハシボソガラパゴスフィンチとの交雑個体，そして戻し交配個体であった可能性がある．それらの個体がもつ錆色の羽は，ハシボソガラパゴスフィンチ由来のように見えるからである．現在進行中の遺伝解析（Ken Petren との共同研究）では，博物館標本の肉趾の断片を用い，大きな変異が移入によるものなのかそれとも交雑によるものなのか，あるいはその両方かを明らかにしようと試みている．

11.8 フィンチ対マネシツグミ

　私たちはこの章を，フィンチとマネシツグミを比較することで締めくくりたい．この比較はダーウィンフィンチ類の適応放散について，さらなる洞察をもたらしてくれるからである．フィンチ類とは反対に，マネシツグミ類はその初期にのみ放散が起こったようである．David Lack がいったように，この違いは，両グループへ適用できる競争者や捕食者の存在という要因では説明ができない．というのも，この要因はフィンチ類にもマネシツグミ類にも，ともにあてはまったからである．上記で述べたように，2つのグループはガラパゴス諸島ではほぼ同じだけの時間を過ごしてきたのかもしれない．もしそうならば，なぜフィンチ類ではこれほどまでに多様化し，マネシツグミではそうではないのだろうか．

　マネシツグミ類はガラパゴス諸島のすべての島に分布しているが，同所的に種が共存している島は1つも存在しない．そもそも同所的な共存は大陸部でも珍しいのである（Arbogast et al. 2006）．過去にガラパゴスにおいて二次的接触が起こったと考えてみても，この共存の失敗には，2集団が交雑した，または競争によって他方が排除された，という2つの可能性が考えられる．どちらも起こりえた．

　飼育下における，ガラパゴスのマネシツグミ類の交雑実験は失敗に終わっている（Bowman and Carter 1971）．しかしながら，同様の実験で予期せぬ交雑

が起こっており，ガラパゴスマネシツグミ *Nesomimus parvulus* と最も近縁な訳ではない大陸の種（クロヒゲマネシツグミ *Mimus longicaudatus*）が交雑したのである（Arbogast et al. 2006）．このように大きく異なる2種のマネシツグミ類が子孫を残せたのであるから，ガラパゴス諸島内の種でも交雑は間違いなく可能だろう．交雑の可能性をさらに示唆するのは，集団間のさえずりが比較的分化していない事実である（Gulledge 1970）．マネシツグミ類は生涯を通してさえずりを学習し，結果として複雑なさえずりの豊富なレパートリーをもつこととなる（Howard 1974）．これは二次的接触において，さえずりが生殖隔離機構としてはたらく機会を減少させている．フィンチではさえずりが著しく異なっている．彼らは構造的に単純なさえずりを，両親から生まれて間もない短期間で学習するのである．これは異所的に急速な分化を促進し，つまりは同所的な交雑への障壁が確立されることとなる．

　フィンチとマネシツグミの関係性について同様の状況がハワイ諸島にも見られるため（Lovette et al. 2002, Pratt 2005），私たちはもう1つの要因として，鳥類がどのように環境を占有するかが重要であると考えている．マネシツグミ類のように，生態的に類似しているが近縁でないヒトリツグミ属 *Myadestes* は，420万年間で2種以上の同所的種へと分化していないのに対し（絶滅の可能性は考慮していない），ハワイミツスイ類は640万年の間に50種以上へ進化したのである（知られている絶滅種をカウントした）（Fleischer and McIntosh 2001）．ハワイミツスイ類がツグミのニッチを占有していたり，ツグミの進化を阻止するような事例は確認されていないが，これはどのダーウィンフィンチ類もマネシツグミ類の進化を抑制していないのと同じである．大陸に生息するマネシツグミやツグミの近縁種もまたそれほど多様化していない（Lovette et al. 2002, Arbogast et al. 2006）のに対して，ダーウィンフィンチ類（Burns et al. 2002）とハワイミツスイ類（Lovette et al. 2002）の近縁種は多様化している．

　マネシツグミ類とツグミ類の両方に共通して多様性が低い原因として考えられるのは，どちらも採餌行動について広食性であることが挙げられる．彼らの嘴は長く（口絵30），植物や地面の表面からさまざまな餌をつまみ，落ち葉の中を探し，さらに浅くではあるが土の中を掘るのである．実際に得られる餌の

種類も幅広いが，採餌場所と体サイズに大きく依存している．興味深いことに，ダーウィンフィンチ類の中で，嘴の長さが体長への相対値で特に長い種は，近縁種と共存できなくなる．ダーウィンフィンチ属のグループに含まれる嘴の長い2種（キツツキフィンチとマングローブフィンチ）は，同じ島の中では生息地を棲み分けており（イサベラ島），ガラパゴスフィンチ属の中で嘴の長い2種（サボテンフィンチとオオサボテンフィンチ）は同じ島にすら生息することがないのである．同じことがムシクイフィンチの2系統である *olivacea* と *fusca* についてもいえ，2種は完全に異所的である．反対に，サイズは異なるが短く太い嘴をもつダーウィンフィンチ属やガラパゴスフィンチ属の仲間は，完全に同所的である．この対照的な違いは，採餌において探すタイプと割るタイプの違いに帰着できる．探すタイプはみな同様に探すが，割るタイプでは異なるものを割るからである．

競争排除にならず共存が維持されるためには，花の多様性が少ない環境において，おそらく嘴の短い種同士よりも嘴の長い種の間において，採餌の構成が大きく異なっていなければならない．マネシツグミ類の例では，安定した共存が許されるほど彼らが分化していないことを意味するのかもしれない．新しい生息地に初めて到着した際，自然淘汰の異なるセットにさらされることで食性や形態が分化する必要があったのだろう．マネシツグミ類やツグミ類が生息地によって棲み分ける機会は，それぞれの島嶼で限られていたのである．アンティル諸島では状況が異なっており，固有の3属のうち5種が過去400万年の間に進化し，同所的な生息を数回確立してきたとされる（Hunt et al. 2001）．彼らの行動や食性，餌環境を研究することで，共存に必要な生態的条件という重要な疑問を明らかにできるかもしれない．

11.9 まとめ

この章では，ガラパゴスの鳥類がマネシツグミ類（異所的な4種）を除いて全く分化していないのに対し，なぜダーウィンフィンチ類が少なくとも14種に分かれるほど特殊化しているのかについて，いくつかの説明を試みている．大きく分けて2つのアイデアがある．ダーウィンフィンチ類がその他の種に比

11.9 まとめ

べて，分化をもたらす多くの生態的機会に恵まれ，そして種分化への高い潜在能力をもっていたことである．フィンチ類の祖先種はガラパゴスへ最初に到着したかもしれず，もしそうならば，分化する十分な時間と競争者や捕食者のいない自由な初期環境という2つのメリットを得ることができたのである．分子データによると，フィンチ類はタカやキイロアメリカムシクイよりも先に到着しているが，マネシツグミ類はほぼ同時であったとされる．マネシツグミ類は先に到着したが採餌習性がジェネラリストであったために分化が抑制されたか，フィンチ類と同じ速さで多様化したならばフィンチ類よりも後に到着したのだろう．

　フィンチ類の放散を説明するにあたって，彼らに本来備わっている3つの要因を挙げたい．1つ目は彼らの多彩な行動である．行動の柔軟性は生態的なニッチのシフトにおいて非遺伝的な起源をもっており，種分化の異所的な段階でも起こりうる．これによって新たな行動の中において効率的に淘汰がはたらき，続いて遺伝的・形態的変化が起こるのである．2つ目は，同所的な交雑への障壁として機能するさえずりの学習についてである．そして3つ目は，時折見られる交雑のしやすさである．浸透交雑はおそらく，2つの意味において放散の上で重要であったと考えられる．遺伝子移入は集団内の相加的遺伝分散を高いレベルに保つ可能性があり，遺伝的な変異が増大した集団はそうでない集団に比べ淘汰に応答しやすく，新規の軌道に沿って進化しやすいならば，遺伝子移入は創造的な役割を果たす潜在能力があるといえる．独自の生態と小さな集団をもつ一時的な小島は，適応放散の新たな進化経路を促進する遺伝子移入にとって，特に重要な舞台であったかもしれない．遺伝子移入の進化的効果が最も大きく得られるのは，種間である程度の遺伝的分化は生じているものの，交雑によって大きな適応度低下は生じないような状況である．

第12章

適応放散の生活史

ダーウィンフィンチ類が示す進化の段階は，大陸部でのより成熟した進化との比較を可能にするほど十分に高度である上に，その裏に潜む過程を解き明かすのに必要な手がかりを残すだけ，十分に初期の段階に位置している…．ダーウィンフィンチ類によってもたらされる進化的な描像は，いくつかの詳細については珍しいものであるが，根本的には他の鳥類でも起こりうる典型的なものであり，同様の一般原則の多くが，おそらく他の動植物のグループに適用できるだろう．

(Lack 1947, p. 159)

12.1 はじめに

　進化生物学者にとっての大きな挑戦の1つは，ごく小さい単細胞生物から現代の象やシロナガスクジラなどの大型動物まで，非常に豊かな生物多様性を説明することである（第1章）．この挑戦に対して我々が行ったのは，1つの科の鳥類が示す適応放散について，その分化の要因を調査することであった．種はなぜこのように分化し，なぜたくさんの種を含んでいるのかを問いかけてきた．その答えは次の2つの事柄を含んでいる．フィンチが本来もつ進化を「可能にする内的な」遺伝的要因と，進化と多様性を「許容し」そして「原因ともなる」外的な生態的要因である．

　他の研究者たちも，見事に多様化した分類群を対象として，同様の質問を問い続けてきた．たとえば，少しだけ挙げるとすると，アフリカ大湖沼のシク

12.1 はじめに

リッド（Kocher 2004, Seehausen 2004, 2006），カリブと中南米に生息するアノールトカゲ属（Losos 1998, Losos et al. 1998）とコヤスガエル属（Hedges 1989），ハワイ諸島のハワイミツスイ類の鳥（Fleischer and McIntosh 2001）とギンケンソウの仲間（Barrier et al. 1999）などである．これらの研究から得られた答えと私たちの答えとを統合するために，個体の生活史とのアナロジーを用いることにしたい．

生物個体のように，適応放散も生活史をもつ．生まれ，成長し，繁栄し，衰え，やがて死ぬのである．私たちはその出生と死亡についての知識を化石に頼っている．たとえば化石がなければ，海水性二枚貝軟体類の起源が熱帯であること（Jablonski et al. 2006）はわからないだろうし，恐竜とアンモナイトの目覚ましい放散が，6,500万年前の白亜紀の終わりにその幕を閉じたこと（Benton 2004, Valentine 2004）も知りえないだろう．適応放散の始まりと終わりの間では，系統樹の中で不均等に枝の急増や絶滅が起こり，これを通して系統のサイズの成長や形状の変化がさまざまな段階で進行する．再び，化石がこの成長パターンの確立をも助けるが，現在の生物は原因の解明に必要であり，種分化における行動の役割のように，化石からは疑問を挙げることしかできない問題に答えることができる．

これらの適応放散の比較研究から，共通性と多様性という2つの側面が浮かび上がってくる．共通性が生じるのは，多様化を促進する上に生態的機会が果たす中心的役割によるものであり（Schluter 2000），また特に初期の放散においては（第11章），進化的な変化の可能性を促進する浸透交雑にも由来する（Grant and Grant 1998a, Seehausen 2004）．多様性は各グループの異なる生物学的な特性の違い，生息する環境の差異，そしてグループがつくられてからの年齢の違いによって生じる．

長期間にわたる適応放散の中で何が起こるかを考えることにより，ダーウィンフィンチ類の多様化をより広い文脈で捉えることが，本章のテーマである．分類群の進化的経路が曖昧であった場合でも，数ある放散を比較することは，より高次の分類である綱や門，界といった階層を推定する基礎となる．現存する集団から得られる知識は，恐竜や翼竜，アンモナイト，三葉虫などの，今日地球に生息する種数よりもはるかに多い，絶滅してしまった生物の進化的理解

へ拡張できるかもしれない．

12.2 適応放散の第1段階

　適応放散は，種分化のように，はっきり認識できるいくつかの段階を通過して生じる．最初の段階では，ダーウィンフィンチ類に代表されるように，異所的な自然淘汰のもとで集団の生態的分化が起こることにより種分化が進み，続いて同所的な共存が確立される．この過程には，交配前隔離の進化が含まれているが，交配後隔離の進化は含まれていない（Grant and Grant 1997c, Grant 2001）．多様化の過程は複数回，比較的素早く起こる．初期の種は食料を巡って競争し分化するが，交雑も可能であり，生態的な状況によっては戻し交配して1つの集団に収斂する．このように適応放散の初期段階は，浸透交雑による集団の融合と淘汰による分裂の間で揺れ動くという，種分化の同所的段階の中で特徴づけられる．これは非常に創造的な段階である．

　ダーウィンフィンチ類の適応放散は，放散の初期において重要なたくさんの特徴を提示してくれる．フィンチ特有の性質の結果として，その詳細には他の分類群と異なることがある．たとえば，フィンチ類のさえずりと羽はどちらもぼんやりとして冴えない．ダーウィンフィンチ類はユーラシアのムシクイ類（ダルマエナガ科 Sylviidae）にさえずりの多様性で及ばず，また北アメリカのムシクイ類（アメリカムシクイ科 Parulidae）の羽の色とパターンの多様性に及ばないのである（Price et al. 1998, 2000）．これはムシクイ類の放散において性淘汰が非常に重要であったことを意味している．これと同じことがあてはまると思われるのは，フウチョウ科（Frith and Beehler 1998）やハワイミツスイ類（Pratt 2005）のような晴れやかな色の羽をもつ鳥や，明るい色合いの体色をもつ，アフリカ大湖沼に生息するシクリッドである（Seehausen et al. 1997）．一方，ダーウィンフィンチ類の放散の初期において，学習を通した文化的な進化が種間の交配前隔離の形成に重要な役割を果たしており，そしておそらく多くのスズメ目でも同様である（Panov 1989, Irwin and Price 1999, Edwards et al. 2005）．このような文化的な進化の役割は，魚類やトカゲ類，ショウジョウバエ属の放散においては知られていない．ここまで見てきたように，

初期の放散は，分類群によって異なるメカニズムによって進行し，そしてその速度も大きく異なる．ビクトリア湖に生息するシクリッドは，100万年よりもかなり短い期間で数百種に分化しているのである（Kocher 2004, Seehausen 2006）！

12.3　適応放散の第2段階

　部分的で不完全な遺伝的不和合性の起源は，適応放散の第2段階の開始を表している．この段階では，すべての種ではないが，いくつかの種がある程度の内的な交配後隔離を示す．Price and Bouvier（2002）による広範囲な鳥類の調査によると，交雑個体の繁殖力が低下し始めるのは，交雑種が共通祖先から分化しておよそ250万年後のことであった．これは交雑個体の生存率の低下が進化し始めるよりも4倍長い時間を要している．遺伝的不和合性の起源として考えられるこれらの値は，最も小さな値として捉えられるべきである．これらの推定値は，ミトコンドリアDNAの分子時計を用いたものである．種間交雑による遺伝子の交換が原因で遺伝的距離が短くなることがあるため，分化時期を正確に推定することはできない（図9.2）．

　遺伝的不和合性の原因は突然変異である．初期の種において，異なる突然変異がまず種分化の異所的段階で起こり，そしてその有害な影響はのちに種間で交雑した際に現れる．別々の場所で蓄積してきた突然変異が，雑種個体のゲノム内で出会うのである．これはBateson-Dobzhansky-Muller機構として知られ，3人の独立した発見者の名前に由来する（Orr 1996）．鳥類の個別のケースに関しては，遺伝子や染色体の不和合性の詳細はまだ知られていない（Price 2007）．

　適応放散の第2段階を通した経過は，魚類の例とともに図12.1に描かれている．鳥類やその他の脊椎動物から比較可能なデータはまだ得られていない．これは交雑によって生まれる個体の生存率が加速度的に減少することを示しており，小さな不和合性の効果が蓄積していくことと一致している（Bateson-Dobzhansky-Muller機構）．親種と比較して適応度が低下し始める前に，1,000～1,500万年という非常に長い期間を要していることに注目されたい．これは

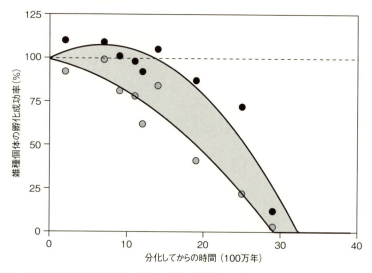

図 12.1 種間の遺伝的不和合性の進化を時間の関数として表したモデル．北アメリカのサンフィッシュ科から得たデータに基づいているが（Bolnick and Near 2005），鳥類やその他の脊椎動物にもあてはまる．交雑の成功度が最も低かった場合を灰色の丸と下側の線で（多項式回帰），最も成功した場合を黒丸と上側の線で表している．

雑種強勢の期間が適応放散の第 1 段階に存在していることを示唆している．ダーウィンフィンチ類（図 8.4）はこの段階の初期に位置しているのだろう．彼らは種分化が完了する前の種なのである（Grant and Grant 2006b）．加えて魚類の例が示しているのは，交雑個体の生存率低下の進化スピードは種の組み合わせごとに大きく異なり，その進化が完了するまでには非常に長い時間がかかるということである．

鳥類でもまた，不完全な遺伝的不和合性は著しく長い期間存続している．Prager and Wilson（1975）は交雑種間のアルブミン分子とトランスフェリン分子の違いのデータを用い，哺乳類よりも鳥類（と両生類と爬虫類）で，交雑個体の潜在的な生存率低下が時間に対してゆっくりとしていることを示した（または Fitzpatrick 2004）．彼らが用いた「トランスフェリン時計」の測定に修正を加え（van Tuinen and Hedges 2001），生存可能な交雑個体が生まれる平均持続性は 3,200 万年と推定され，最大値ではその 2.5 倍の長さであった！

この最大値は，なんと始祖鳥 *Archaeopteryx* が出現してから現在までの半分の時間なのである！

当然のことながら，近縁な種や属の間に存在する分化してからの時間を考えると，鳥類では交雑が広く見られる（Panov 1989）．私たちは Panov の調査を拡張し，世界のおよそ 10,000 種のうち，およそ 10 分の 1 にあたる種で野外での交雑が知られていることを発見した（Grant and Grant 1992）．この研究では熱帯の種がほとんど含まれておらず，そのため真の頻度の過小評価になっているのは確実だ．交雑は滅多に起こらないため見過ごされやすく，そのため野外で雑種個体や戻し交配個体の経過調査を行うことでは，遺伝的不和合性の進化について知ることはほとんどできない（たとえば，Rowher et al. 2001, Gill 2004, Curry 2005）．

種の数という意味においては，適応放散はその第 2 段階においてピークに到達するかもしれない．鳥類で最もわかりやすい種多様性の例は，ハワイミツスイ類の適応放散である（Pratt 2005；口絵 31）．50 種あるいはそれ以上の数の種が，500〜600 万年前にハワイ諸島に移入したアトリ科（ヒワ亜科）の祖先種から進化したのである（Fleischer and McIntosh 2001）．この放散は現存する最も古い島（カウアイ島）と同じか，それよりいくらか古い起源をもつ．交雑や遺伝的不和合性に関することはほとんど知られていない（Grant 1994）．過去数千年かそれ以上の期間にわたる人間活動によって半数以上の種が絶滅してしまったため，ほとんど何もわからないのである（Olson and James 1981, James 2004）．

12.4 ホールデンの法則

放散の第 2 段階における重要な特徴の 1 つは，性特異的な様式による遺伝的不和合性の起源である．Haldane（1922）が最初に定式化したルールは以下のようなものである．もし一方の性が他方より適応度が低いならば，それは異形配偶子性の性である．それは，鳥類では雌が該当し，性染色体の組み合わせはZW である．この法則は，Z 染色体上に存在する劣性突然変異が原因であると考えられ，同種から非性染色体（常染色体）を受けとる時は不利な効果を示さ

ないが，別種の常染色体と組み合わさった場合に有害な影響をもたらす (Turelli and Orr 1995). これらの悪影響は，雄（ZZ）ではもう一方の親に由来するZ染色体によって中和されるが，雌のもつW染色体は僅かな数の遺伝子座しかもっておらず，この中和効果が得られない．

注目すべきことに，HaldaneのルールはF非常に多くのケースで確認されており，ほぼ法則といっても過言ではない．Wu and Davis (1993) は，一方の性の子孫において繁殖力がないような鳥類の掛け合わせを，30の場合について整理したが，すべてのケースにおいて，その性は雌であった．さらに，一方の性が生存不能であるような23の場合のうち，21の場合について，またしてもその性は雌であった．Price and Bouvier (2002) もこのパターンを確認しており，不妊性については75ケース中72，生存不能については15ケース中すべてが同様の傾向であった．この法則は，雄が異形配偶子性であるショウジョウバエ属やマウス（XY）にも高い一貫性をもって該当し，雌が異形配偶子性であるチョウにもあてはまる (Wu and Davis 1993). X染色体にある遺伝子座では，特に高い突然変異率が実現していることが実験的に示されている (Laurie 1997, Tao et al. 2003).

鳥類で最もよく研究されたホールデンの法則の例は適応放散の一部ではないものの，それでも応用は可能である．マダラヒタキ（*Ficedula hypoleuca*）とシロエリヒタキ（*F. albicollis*）はおよそ200万年前に分化したか (Sætre et al. 2001)，遺伝子流動の歴史を考慮するとさらに早く分化していた可能性が高い．彼らはダーウィンフィンチ類よりも僅かに高い頻度で交雑するが，雑種第一代（F_1）が雌である場合は常に不妊であり (Alatalo et al. 1990, Tegelström and Gelter 1990), さらに雄の場合も通常は生殖能力を欠くため (Sætre et al. 2003), 遺伝子の移入率は低い．この2種はZ染色体上の遺伝子座について大きく異なっているのである (Borge et al. 2005b). それでも，主に常染色体上の対立遺伝子については遺伝子移入が起こっており，中央ヨーロッパで古くから同所的に存在している地域よりも，最近になって同所的に生息しているバルト諸国の島々でよく起こっている．また，マダラヒタキ側からシロエリヒタキ側への遺伝子移入は，その反対方向に比べて50倍大きい (Sætre et al. 2003, Borge et al. 2005a). 羽形質の分化（強化）は交雑に対する淘汰に起因してい

る可能性があり，実験的証拠が得られているほか（Sætre et al. 1997），なわばりを巡る闘争において，雄の類似した羽色に淘汰がはたらいた可能性もある（Alatalo et al. 1990）．Sætre et al.（2003, p. 58）は次のように結論づけている．「遺伝子流動に対する接合後隔離と接合前隔離は共通の進化的起源をもっているかもしれない．その舞台は主に性染色体上にあり，これによって遺伝子流動が停止していく」

12.5 適応放散の第3段階

　適応放散の第2段階が終わると，交雑個体の妊性が完全に失われて，最後の第3段階が始まる．これ以降は2種がもはや遺伝子の交換を行うことができない点で重要であり，両者は進化的に独立で，なおかつそれらの進化的運命は完全に環境によって決定される．この段階の開始点は鳥類において分化後およそ700万年であるが（Price and Bouvier 2002），もっと長くかかる可能性もある．トランスフェリン時計（van Tuinen and Hedges 2001）をもとにした私たちの計算によると，キジ科の雄交雑個体の戻し交配は（Gray 1958, Prager and Wilson 1975），両種が分かれてから3,500万年経過してもなお起こっているのである！　これは妊性の低下が例外的に引き伸ばされており，哺乳類で見られる例よりもずっと長い．遺伝子移入が環境変動に対する集団の適応能力を促進する限り，新たな生態的機会に応答し，そして絶滅を回避する．鳥類はこの遺伝的な変異という潜在的に価値のある資源を非常に長期間維持しているのである．しかし鳥類が哺乳類に比べ，なぜこれほど妊性の低下スピードが遅いのかは明らかになっていない（Fitzpatrick 2004も参照のこと）．

　交雑個体の生殖能力が完全に失われる進化と同時に，放散においてその他のいわゆる若い種は，まだ遺伝子を交換することができる．形態的な分化の増大に伴って交雑頻度は低下し，さらに遺伝的不和合が優勢になるにつれて，浸透交雑の重要性は次第に小さくなる．150種を含むカリブ海のトカゲの仲間は，この段階の例となるかもしれない．彼らは過去1,500万年の間にカリブ海地域で放散したのだ（Hedges et al. 1992）．しかしながら，遺伝的にどの程度和合性があるかは一般に知られていない．

放散の運命は種分化と絶滅のダイナミクスによって決まり，それらのバランスは等しくなさそうである．種分化は放散の歩みの中でも初期において優先し，後期では絶滅が優勢である．それに加え，種分化と絶滅は独立ではない．古生物学者は絶滅と種分化が一緒に振動して起きていることを認識しており，さまざまな時間間隔をもつが，絶滅が種分化に先行する (Valentine 1985, Jackson 1994, Vrba et al. 1995)．種分化の爆発のサインは，分子系統樹の中にも見つけることができる．たとえば，北アメリカに生息する *Dendroica* 属のムシクイ類は，450〜700万年前と230〜350万年前の2回にわたって爆発的な多様化を示している (Lovette and Bermingham 1999)．どちらの爆発も，乾燥と植生の分布変化という顕著な環境変化に関連していた (Price et al. 1998, Lovette and Bermingham 1999)．あくまで推測ではあるが，それぞれの前に高い絶滅率（第10章）を経験していた可能性がある．

　第3段階の経過に伴い，放散初期の痕跡は次第に姿を消していく．いくつかの種で分化の継続と絶滅が起きることで，近縁種間で採餌生態が異なることによる適応放散はその一貫性を失う．これはSimpson (1949) の「間引き」の過程である．Simpsonが言及した競争的相互作用は絶滅の一要因かもしれないが，そのほかにも寄生生物や病原体，捕食者，気候変動や火山活動による生息地やニッチ資源の変化など，さまざまな要因が考えられる．大量絶滅が起こった場合，極端な例では1種のみが生き残った場合，その適応放散はもはや適応放散とは認識できないだろう！　鳥類の古い放散の特徴的な点は，近縁属の中では各属に1種または2種のみが含まれていることである．減少傾向にある放散の例として考えられるのは，スズメ目ではなく，マダガスカルのジブッポウソウ科 (Brachypteraciidae) である．少なくとも4,500万年前の化石から記録があり，現在は4属5種から成り立っている (Kirchman et al. 2001)．これまで5種よりも多くの種が存在したことは一度もないのかもしれないが，属間のミッシングリンクをつなぐようなより多くの種が存在していた可能性は十分ある．

　極端には，放散が縮小するにつれて，他の異なるグループの生物に置き換わってしまう．これは化石記録から繰り返し明らかにされていることであり，多くの場合，環境変化と関連している (Simpson 1949, Valentine 1985, 2004,

Gould 2002).絶滅によって，他のグループがその生息地を利用可能になるのである．あるいは，放散のある枝に属するグループが再放散するかもしれない．同じ放散の中でも他の枝のグループは縮小し絶滅するが，あるグループは全く新しい生態的な方向へと進化し，種数を増やしていくのである．鳥類は再放散の一例である．鳥類は，現在絶滅してしまった恐竜の適応放散の1つの枝にあたるという認識から，「羽毛恐竜 feathered dragons」とも呼ばれている（Currie et al. 2004）．鳥類はまた，進化の鍵となる羽毛をもつことによって，生態的に新たな世界への扉を開けたといえる．さらなる進化的な多様化に向けて莫大な潜在性を秘めており，小さなニッチシフトでも放散初期の勢いにつながったのかもしれない．

さらに月日が経つにつれて，生存している種とそこから生まれる種の差は，分類学的に科やさらに高次のレベルの違いとして認識されるほど十分大きくなる．原理的には，進化的な生命の木を形づくる適応放散において，分化の量に限界はない．スズメ目は鳥類（綱）の中で放散し，鳥類は脊椎動物（亜門）の中で放散し，そして脊椎動物は脊索動物（門）の中で放散している．有袋目の動物は哺乳類の中で放散しており，恐竜は爬虫類の中で放散した（Carroll 1997, Benton 2004）．節足動物は5億年以上前のカンブリア紀においてものすごい放散をし（Conway Morris 1998），被子植物は最近1億年程度の間に著しく放散してきた（Labandeira et al. 1994, Soltis et al. 2005）．同様の放散が，微生物の間でも起こっている（Patterson 1999, Travisiano and Rainey 2000, Horner-Devine et al. 2004）．微生物はそのサイズが小さいため，恐竜の放散と比べあまり知られておらず，目覚ましいものではないように見える．しかし実際には，その数と多様性は莫大である．

この分類的・進化的ピラミッドの底に位置するのが，ダーウィンフィンチ類のような初期段階にある適応放散である．彼らは，ピラミッドの上段を理解する上で役立つため重要である．ピラミッド上段の起源や詳細，原因は霧に包まれた過去の中にある．動物門はこの完璧な例であり，そのすべては5億年以上前に起源し，ボディープランの基盤的な構成へと分化していったのである．動物門の起源の分岐点に相当する化石は見つかっていない（Valentine 2004）．それでも，近縁な門の各ペアは，かつては近縁種だったのである．

12.6　総合

　理論は，説明を与えると同時に統合を行う装置でもある．理論は知識を整理するのに役立ち，無視されていた箇所に光をあて，予想外の洞察を生み出し，新たな観察と測定が必要な場所を特定する．ダーウィンフィンチ類がどのように，そしてなぜ多様化したかに対する私たちの説明は，そのような理論の1つである．

　Simpson（1944, 1953）は化石から研究を始め，その多様性を説明するために，生きている生物の生態学と遺伝学を用い，適応放散の理論を構築しようと試みた．反対に，私たちは観察される生態や行動，生きている鳥の小進化から始め，そして分子生物学や古生物学の知見を適応放散の理論構築のために使用した．

　Schluter（1996, 2000）の適応放散に関する理論は，Simpson の理論を現代化・拡張し，遺伝的な側面は暗黙の仮定として生態的側面を明示的に打ち出した．Coyne and Orr（2004）による種分化の遺伝理論に関する重要なレビューはこれを補足しており，生殖隔離を確立する上で生物が取りうる複数の道を例証した．彼らは両方を合わせると，適応放散で一般に重要であると考えられていることの多くをカバーしているが，具体的にダーウィンフィンチ類がどのように放散したかを説明する必須要素，つまり放散が自身の生活史をもっていることがどのように捉えられるかに関しては不十分であった．たとえば，フィンチの放散の説明は，潜在的な交配相手の情報を学習することによる交配前隔離がどのように生じるかを考えないと，不完全なものになってしまう．同様に，交雑の際に生じうる遺伝的効果や，環境変化も考慮しなければならない．一方で，ダーウィンフィンチ類の放散に関する説明は，遺伝的不和合性の進化を省略している点で，その他の生物の放散の説明には不十分である．より広い，包括的な理論が必要である．他に適当な言葉がないため，ダーウィンフィンチ類の進化要素を捉え，なおかつ他の多くの生物にも応用可能な適応放散の理論を指す際に，私たちは総合理論という言葉を用いることにする．

　大まかにいえば，適応放散の総合理論とは，自然淘汰や性淘汰，偶然を通して，種がどのように数を増やして多様化していくかの理論である．そして環境

変化を伴う時系列を通して，放散がどのように成長し，繁盛し，減衰するかの理論である．そこで生じている主要なプロセスは，食性と交配シグナルの分化，遺伝子流動を伴うような交雑の制限，競争，遺伝的障壁を増加させる繰り返しの突然変異である．前章では，遺伝的障壁の進化（この詳細については，Coyne and Orr 2004, Price 2007）を除き，それらがどのように，そしてなぜ起こるのかを述べた．本章では，遺伝的障壁を加えて，放散の歩みの中で構成要素の移り変わりの重要性を記述している．

　仮定，仮説，そして予測といった意味での正式な理論の構築は研究活動の中身であり，これらは理論がどれだけの十分性と一般性を備えているかを明らかにするために必要である．理論の検証は，その詳細における正確性と同様に有益である．私たちは，適応放散の総合理論がダーウィンフィンチ類にとどまらず，バクテリアやチョウ，甲虫，菌類，魚類といった生物の多様性を理解する助けになることを願っている．

12.7　まとめ

　この章では，ダーウィンフィンチ類の放散を，適応放散の3段階の全体像の中で捉え直した．ダーウィンフィンチ類の例は第1段階に該当する．種分化は異所的な状況において，自然淘汰による生態的な分化とともに進行し，同所的な共存を確立し，そして交配前隔離の進化が起こる．この過程は何度か起こり，そしてそのスピードは比較的速い．初期の種は分化し，交雑し，餌を巡って競争し，結果として分断と融合または併合と分化の間で揺れ動くことになる．第2段階は遺伝的な分化が主である．この段階は交雑種間における遺伝的不和合性の起源とともに始まる．交雑個体の生殖能力が生存能力よりも早く減少することと，雌の交雑個体が雄の交雑個体よりも早く適応度低下を示すことにより，浸透交雑を通した遺伝子の交換の可能性は少なくなる．第3の最後の段階は，放散における少なくとも2種の間で遺伝子の交換が完全に停止することで始まる．鳥類では，分化後平均で700万年後でこの時期に到達するが，3,000〜4,000万年かかる場合もある．他のグループの生物との間における競争は重要であり続け，そしてついには絶滅速度が種分化速度を超えてしまう．最

も成功した生物のグループは，鍵となる形質の進化に伴い，著しく異なった生態的ニッチの中で再放散を経験する．それは先住していた種の消滅によってニッチが空きになった場合や，環境変動によって新たなニッチが創出された場合である．原理的には，進化的な生命の木を形づくる適応放散において，分化の量に限界はない．この章の最後では，食性と交配シグナルの分化，遺伝子流動を伴うような交雑の制限，競争，遺伝的障壁を最大にするような繰り返しの突然変異を含む，適応放散の総合理論を提唱した．

第13章
ダーウィンフィンチ類の放散の要約

13.1 何が起こり,それはなぜ起きたのか

　ここまで見てきたように,以下のことがダーウィンフィンチ類の適応放散で起きたことである.フィンチに似たフウキンチョウの仲間のグループが,約200〜300万年前に大陸からガラパゴス諸島へとやってきた.放散は,最初の種が2つの枝へと分岐した時に始まった.一方は*Certhidea*属のムシクイフィンチの2系統を生じ,もう一方は互いに生態的ニッチが大きく異なるココスフィンチ,ハシボソガラパゴスフィンチ,ハシブトダーウィンフィンチに派生した.後者の枝からのちに進化したのが,ガラパゴスフィンチ属のグループとダーウィンフィンチ属のグループである.これらのグループは生態的な放散をいくつかの異なる食性の方向へと推し進めた.彼らが食べるのは種子や芽,果実,節足動物,花粉,蜜,そして血である.

　なぜ放散が,14種を生み出すようなこのような形で起こったのかを理解するため,私たちは小進化に関する現代の情報や採餌生態,繁殖生物学に,古気候学や地理的な歴史を組み合わせ,分化の要因を以下のように推論する.共通祖先からたくさんの種が生じる進化は,繰り返し起こる種分化サイクルの結果である.各サイクルでは,1つまたは複数の地理的に隔離された集団で異所的に種分化が始まり,その後同所的な相互作用を通して完了する.異所的な段階では,集団がその地域の餌状況に適応した結果として分化し,加えて割合は小さいものの,ランダムな遺伝的浮動を通しても分化する.食料を集め処理をする際の主な道具である嘴は,自然淘汰によって大きさや形状が最も分化している.さえずりもまた,分化した.さえずり(聴覚的なシグナル)は,生涯の中

でも初期の短い感受期に,刷り込みのような過程として親の嘴の大きさや形状（視覚的なシグナル）と関連づけて学習され,のちに配偶者の認識に用いられる.さえずりは一部,体サイズや嘴の大きさの分化の受動的な結果として分化するほか,誤った学習やその他の偶然によっても,さらには性淘汰の影響によっても分化する.さえずりの違いは,同所的な段階における交雑の交配前障壁を構成する.この障壁は完全ではないため稀に交雑が起こり,交雑個体や戻し交配個体の適応度は,内的な交配後の（遺伝的な）要因ではなく外的な環境に依存する.異所的な段階で得られた嘴の大きさの違いは,同所的な段階での淘汰によって促進され,結果として食料を巡る競争を和らげる.これは形質置換として知られる現象である.さえずりの分化（強化）もこの時点で起こるかもしれないが,証拠を欠いている.

放散は地形と天候という,2つの環境要因に強く影響を受ける.ガラパゴスの島々は,互いにさまざまに違った程度に隔離されており,南アメリカ大陸からはさらに大きく離れている.そのためフィンチは,たくさんの競争者や捕食者の種が,遠すぎて集団を形成することができない環境に生息しているのである.島々は標高や生息地の数が異なっており,これに対応して異なる植物と動物の組み合わせがもたらされる.地球物理的および生物的な環境は一定ではなく,フィンチの放散が展開された期間においても変化し続けてきた.島の数の増加は,種分化の機会の増加につながる.さらに,ガラパゴスの気候は寒冷化さらにおそらく乾燥化し,常にエルニーニョの状態から,季節性が強く年変動するような状況へと変化していった.この気候変化は植生とそれに関連する節足動物について,新たなタイプの種が進化する機会を増加させる.これらの変化の全体の結果として,過去数百万年間の種分化率の上昇が起こり,明らかにいくつかの古い種の絶滅をもたらしたというのは大変ありそうなことだ.

さらに3つの要因が放散を促進した.1つは,特に放散の初期において他の種が存在しない,または少ない状況であったことである.これはフィンチにとって,競争者や捕食者に比較的邪魔されることなく多様化を可能にしたはずである.2つ目は,採餌技術の初期の学習における柔軟性である.新たな食料資源を,新しいまたは効率的な方法で得るための,行動的な潜在性を促進する意味合いがある.3つ目は浸透交雑であり,進化的変化につながる遺伝的な潜

在性を種に提供した．

　このように，行動的や生態的，地理的，遺伝的な組み合わせが，変化する非常に隔離された環境の中で，ダーウィンフィンチ類の素早い多様化を可能にしたのである．これら4つの要因が，種分化と生態的多様化のA，B，C，そしてDである．すべての要因が重要であり，私たちはそれらを個別にではなく総合して考慮することの重要性を強調した．ダーウィンフィンチ類のような鳥類では，行動が特別に重要な役割を果たす．新たな種の起源とは交雑に対する障壁の起源であり，その障壁が行動によって形成されるからである．

13.2　欠けているものは？

　私たちの現在の理解は，少なくとも4つの領域で不十分である．第1に，ガラパゴスにおける生息地変化の歴史は，過去数千年を除き，直接的な証拠からは知られていない．ガラパゴス諸島の気候と植生がどのように変化したかについては，海底からヒントが得られるかもしれない．沖合の堆積物は，植物の断片や胞子という形で過去の記録を保持しているからである．

　第2に，ダーウィンフィンチ類の系統樹は，種の間の関係のいくつかについて十分な確証が得られていない．それはガラパゴスフィンチ属のようなグループ内の種間の関係にも，大陸とカリブ海の種の関係にもあてはまる．増幅断片長多型（AFLPs; Herder et al. 2006, Seehausen 2006）のような他の分子マーカーを使用することは，解像度の改善につながると思われ，おそらく種内の集団レベルまで関係性が明らかになる可能性がある．系統関係は環境の歴史に基づいて解釈されるため，適応放散の原因については，系統推定の改善と詳細な環境史の再構築によってさらに理解が進むだろう．

　第3に，異所的な集団間の交雑の可能性がわかっていない．ガラパゴスは国立公園であるため，異所的な集団を同じ場所に集めて検証することはできない．しかし，将来的に可能な案としては，これまでに行ってきたプレイバック実験を補うために，飼育下での人工授精実験が挙げられる．

　第4に，何がフィンチの種分化率や種の豊富な群集の確立を制限するかが明らかになっていない．最後の数章で，私たちはDavid Lackによる生態的な制

限のせいだとする説明を受け入れてきた．見逃してはいけない別の考えは，さえずりの分化率と交雑障壁の形成の速度に制約がある可能性である．もう1つの可能性は，たとえばハシボソガラパゴスフィンチの集団に見られるように（第9章），潜在的に交雑せずなおかつ生態的に和合性のある集団の，島間での移動分散が限られていることだ．

　新たな情報が常に必要であり，過去のアイデアは常に検証・再検証されなければならない．さえずり学習の神経生物学的な基盤とそれが種間でどのように変化しているかについては，もっと知る必要がある．さらには，どのようにさえずりが分化するのか，1種が生殖的に隔離された2集団に1つの島の上で分化するかどうか，種間に遺伝的不和合性が存在する場合に見られる浸透交雑の長期的な帰結，そして大きく分化した異所的集団の共存が見られない理由についても知りたい．新たな情報の入手先の1つは，現在の地球温暖化によってもたらされる予期せぬ実験である．地球温暖化は小進化を引き起こすかもしれず，これによって長期的なフィンチの進化に対する持続的な天候変化の影響が説明される可能性がある．

　いくつかの事柄については永久に手が届かないように思えるが，まだ発明されていない新しい技術によって可能になるかもしれない．これからの生物学には実験的なゲノム改変の時代が到来し，それは医学だけでなく進化生物学者にも役立つ可能性が高い（Grant 2000b）．研究室内の遺伝子工学や新たな技術の助けを借りて，以下のような挑戦が可能になるかもしれない．これまでにどれだけの種が絶滅したか？　交雑によって他種に「生殖的に吸収され」，絶滅してしまった種はいるか（Grant 1999）？　形態的な変化は生殖隔離が確立される前にどれだけ起こり，生殖隔離後にはどれだけ起こるか？　ムシクイフィンチの *fusca* 系統から他のすべての種を生じたのか，それとも私たちが第10章で提案したように，この種は浸透交雑の結果として再構築された系統樹による見かけ上の祖先種であり，本当の祖先種ではないのではないか？　ガラパゴスに集団形成した祖先種は現在のクビワスズメ属のような見た目であったか，あるいはムシクイフィンチ属のようであったか？　ガラパゴス諸島に2種以上の種が集団形成していただろうか，もししていたならばそれらの種は交雑していたか？

明らかに将来進むべき道の1つは，フィンチ類のゲノムの完全な特徴づけである．得られる情報は，系統樹や突然変異率，組換え率の推定に十二分だろう．その情報は，種間の進化経路の再構築を可能にし，嘴の形状に見られる変異が発生を通してどのように生じるかを明らかにし，そしておそらく，フィンチの多様化における浸透交雑の程度と効果を特定するはずである．これらの潜在的な遺伝情報は，撹乱されていない本来の進化してきた環境に生息する，フィンチ特有の小進化研究の機会と組み合わされるべきである．潜在的な恩恵がますますわかってくるにつれて，ダーウィンフィンチ類は私たちに，なぜ・どのようにして種が増え，そして多様化するのかを語り続けるだろう．

13.3 エピローグ

遺伝学者になるには刺激的な時代である．遺伝学の世界は拡大している．それと同時に，撹乱されていない環境は世界中で減少し続けている．もし私たちが，生物のもたらす遺伝的な発見を十分生かしたいのなら，生物を取り巻く環境を保全する必要がある．ガラパゴス諸島はまだ，研究が可能な環境を有しており，保全が期待される．その環境が永遠に残ることを願ってやまない．

40年前，Dobzhansky（1964, p. 449）が残した名言がある．「進化を考えることなしに，生物学を理解することはできない」．本書のタイトルはこうも言い換えることができるかもしれない．「生態学を考えることなしに，進化生物学を理解することはできない」．これが，生態学によってもたらされる理解が霞んで消えないよう願う2つ目の理由である．

日本語版へのあとがき

　新たな種がどのように起源するかに関する研究は，私たちがこの本を執筆した約10年前よりもむしろ，現在の方がもっと面白くなっている．ダーウィンフィンチ類の全ゲノムが解読され，その後も継続した野外調査によって，新種形成のさらなる経路が示唆されている．これらの展開は，この本のタイトルにある「どのように」と「なぜ」に新たな光を投げかける．

　私たちの本は，将来の展望とともに締めくくられていた．知りたいことはいろいろあるが，何より系統の事柄の理解を深める必要があると主張し，「明らかに将来進むべき道の1つは，フィンチ類のゲノムの完全な特徴づけである」と予測した (p. 185)．その4年後に，ガラパゴスフィンチとオオガラパゴスフィンチについて，完全なゲノム配列が決定された．そして2015年までに，全種のゲノムが解読された．この点で，ダーウィンフィンチ類は，急速に展開するゲノムクラブの一員になったのである．そのメンバーには，ドクチョウ属 *Heliconius* のチョウやシクリッド，ショウジョウバエ属，古代と現代の人類などが含まれている．研究の新たな時代の幕開けである．

　解読されたゲノムによって，私たちはより正確に進化の歴史を再構築することができ，予想もしていなかった結果がいくつか得られた．フィンチ類の放散が始まったのは，以前考えていたよりも新しく，おそらく200万年前ではなく100万年前に近いようだ．これまでの系統樹のほとんどはゲノム解析によって支持されたが，それに加え，いくつかの集団は本来考えられていたよりも遺伝的に離れているため，種と呼ぶにふさわしいことがわかった．ヘノベサ島に生息するオオサボテンフィンチの集団は別種として認識されるのに十分異なっており，*G. propinqua* として扱われるようになった．また，ハシボソガラパゴ

スフィンチは現在3種に分けられ，それらは北部に位置するウォルフ島とダーウィン島の *G. septentrionalis*，ヘノベサ島の *G. acutirostris*，そしてその他の島々のハシボソガラパゴスフィンチである．交雑の検証は自然に起こる移入や人工的な実験なしには行うことができないため（第9章），これらの集団が同所的に存在した場合に1集団へと融合するのか，それとも差異を保ち続けるのかはわからない．

　ゲノム研究は進化のパターンを特徴づけるだけでなく，種分化に重要な形態形質の遺伝的基盤を明らかにすることができる．ダーウィンフィンチ類の適応放散において，嘴は最も重要な形質であり，現在も自然淘汰にさらされている．ダフネ島での野外調査では，ガラパゴスフィンチの嘴サイズと形状の平均値が，深刻な食料不足による自然淘汰の結果として変化した（第5章）．ゲノム研究は，嘴の形態に影響する2つの重要な遺伝子を特定した．*ALX-1* は転写因子であり，嘴の形状を制御する．ヒトでは，*ALX-1* は頭蓋顔面の発生に影響しており，変異を起こした場合には口蓋裂を引き起こしうる．もう一方の遺伝子は *HMGA2* であり，これもヒトでは転写と関連がある．フィンチのハプロタイプは嘴のサイズに伴って変化する．形質置換が観察された2004〜05年にかけて，嘴の大きなガラパゴスフィンチの個体はオオガラパゴスフィンチとの競争において非常に不利であった．そのため，ガラパゴスフィンチにおける2つの *HMGA2* ハプロタイプの頻度が，大きな嘴をつくらせるハプロタイプを不利にする淘汰の結果として，大きくシフトした．遺伝子座あたりの淘汰係数は非常に大きかった（0.59と推定された）．二次的接触における形質置換を通して，分化している集団の違いがより強調されることは，種分化の過程を促進する（第6章）．

　上記の例が示すように，ゲノム情報は種分化への重要な洞察をもたらし，自然環境下での長期的な生態や行動研究と組み合わせる場合にはとりわけ有益である．近年の進化生物学において活発な研究領域の1つは，ゲノム上での遺伝的変異の構造と分布に関するものである．というのも，それらは淘汰や浮動の原因となる過程への手がかりを提供してくれるからだ．フィンチ類のゲノム比較から，もう1つの過程である浸透交雑の証拠が明らかになっている．遺伝子移入は放散の過程全体を通して起きており，その非常に初期の組み合わせであ

るムシクイフィンチの1種 *Certhidea fusca* と多様化前のムシクイフィンチ以外のフィンチ類の間にさえその証拠が見られる．同様の遺伝子流動の証拠は，ネアンデルタール人，デニソワ人そして初期の現生人類 *Homo sapiens* の化石資料からも，発見されている．

　過去の遺伝子移入は，現在起こっている進化の理解につながっている．大ダフネ島における浸透交雑（第8章）は，この本が執筆された後の5年間に及ぶ野外調査の間も続いた．その結果は別の本に記載した（P. R. Grant and B. R. Grant. 2014. *40 Years of Evolution. Darwin's Finches on Daphne Major Island*. Princeton University Press）．ガラパゴスフィンチは，コガラパゴスフィンチの移入個体とサボテンフィンチの在来個体の両方から遺伝子を受けとったものが，遺伝的にも形態的にもサボテンフィンチに近づいてきた．もしこのまま同程度の遺伝子移入と収斂が続くのならば，今世紀の半ばまでには1つの任意交配集団になってしまうだろう！

　以前は生殖的に隔離されていた魚の集団が融合する現象は，種分化の崩壊として記述されてきた．大ダフネ島で予想されるガラパゴスフィンチとサボテンフィンチの融合は同様に崩壊として考えることができるが，以下のような好適な状況下では新種形成の開始点となるかもしれない．交雑によって生まれる個体は遺伝的に2種の混合である．それはガラパゴス諸島の他の島々に生息して交雑を行わないような，ガラパゴスフィンチとサボテンフィンチの多くの集団とは異なっている．遺伝的な混合によって変異が増加することで，新たに構成された集団は新しい方向への進化の潜在性が高まり，元となった2つの親種からはますます異なっていく（第11章）．このようなことは，交雑個体や戻し交配個体が親種のいない島へ飛んでいく場合に最も起こりやすいだろう．地球の海面が低下し，現在よりも多くの島がガラパゴスに存在していた氷河期には，何度か起こっていた可能性がある．驚くことに，そして全く予期していなかったが，これにいくらか似たことが近年の大ダフネ島で起きており，新たな系統が生じているため，私たちは今のところその発端から6世代にわたって追跡調査している．

　ある大きな移入個体が1981年に到着した．マイクロサテライトDNA解析から，それはサンタ・クルス島の周辺からきたガラパゴスフィンチとサボテン

フィンチの交雑個体のようであった．この交雑個体はガラパゴスフィンチと繁殖し，大きなサイズと独特なさえずりによって特徴づけられる新たな系統の起点となった．2世代後に深刻な干ばつが起き（2003～04年），多数のフィンチが死んでしまった（第6章）．その新しい系統からは2個体だけが2005年まで生存し，彼らは兄妹であった．それにもかかわらず彼らは交配し，さらにはその子世代の個体および孫世代の個体とも交配することで，完全に系統内で繁殖を行った（つまり内婚）．言い換えれば，選択的な配偶者選択によってその島の在来個体から生殖的に隔離されることで，彼らは新種のように振舞っているのである．

　この新たな系統に関する例と，ガラパゴスフィンチとサボテンフィンチの融合は，標準的な異所的種分化モデル（第13章）に加え，種の起源に関する2つの別の道を示している．放散を通して何度か起こる遺伝子移入の証拠と合わせて，それらは種分化の過程における浸透交雑の進化的重要性を強調している．

2016年　プリンストンにて　　　　　　　　　　　　　Peter R. Grant
　　　　　　　　　　　　　　　　　　　　　　　　B. Rosemary Grant

用語集

アルブミン（Albumin）　卵白の蛋白質で系統学研究に用いられる．2種間での蛋白質のアミノ酸組成の違いを，「ミクロ補体固定法」という免疫学的手法で測定する．2つの分類群が分岐してからの時間が長いほど，免疫学的な違いが増大する．**分子時計**を参照．

アロザイム（Allozymes）　同じ遺伝子座を占める複数の対立遺伝子によってコードされた異なる酵素のこと．

アロメトリー（Allometry）　生物のある部分の大きさが，他の部分の大きさと関連して変化する様子．嘴サイズと体サイズとの関連がその例．

安定化淘汰（Stabilizing selection）　表現型の中間的な値をもつ個体が，極端な値をもつものより適応度が高いことによって，集団の平均的な値が保たれること．自然淘汰を参照．

異形配偶子性（Heterogametic sex）　XとY（ZとW）の両方の性染色体をもつ性．これに対して同形配偶子性はXXとかZZの染色体をもつ．鳥類では雌が異形配偶子性で，ヒトでは雄が異形配偶子性である．

異所性（Allopatry）　複数の集団が，地理的に別の場所を占めること．

遺伝子移入（Introgression）　交雑と戻し交配により，ある種から別の種へと対立遺伝子が受け渡されること．

遺伝子組換え（Genetic recombination）　対立遺伝子の組み合わせの変化．減数分裂の配偶子形成における交叉によってと，両親からの遺伝子が子どもに入る時に染色体の組み合わせが変わることによっての，2つのやり方で生じる．

遺伝子型（Genotype）　個体の遺伝的組成．

遺伝子座（Locus）　ある遺伝子の染色体の上での場所．

遺伝子流動（Gene flow）　通常は同種の異なる集団からの個体と交雑することにより遺伝子が集団に持ち込まれること．

遺伝的不和合（Genetic incompatibility）　雑種個体の適応度低下．成長や発生において父親と母親のゲノム間の不利な相互作用によってもたらされる．

遺伝的同化（Genetic assimilation）　最初は環境によってある形質が誘導されたが，後になってその形質を促進する遺伝変異が集団に取り込まれること．

遺伝的浮動（Genetic drift）　ある世代から次の世代へと対立遺伝子の頻度がランダムに変化すること．

遺伝的ボトルネック（Genetic bottleneck）　集団サイズが短期間低下することに伴って生じる対立遺伝子数の低下．新しい集団の創設やその後に起きる遺伝的浮動によって起きる．

遺伝率（Heritability）　家族の個体が遺伝子を共有することによって互いに似ている度合い．

移入（Immigration）　別の集団から個体が到着すること．

入れ子構造（Nested relationship）　系統樹において，近縁の一群の種が，他のグループの内部にあること．

エストラジオール（Estradiol）　エストロゲンファミリーに属するホルモンで，雌の繁殖に影響する．

エピスタシス（Epistasis）　異なる遺伝子座での遺伝子の相互作用で，表現型や適応度に影響する．

エルニーニョ（El Niño）　太平洋において表層水の温度が異常に高くなること．通常は激しい雨を伴う．

エルニーニョ・南方振動（ENSO）　海洋の現象と大気圧の太平洋にまたがる気圧の振動とを結びつける用語で，エルニーニョよりもより一般的．

音素（Phoneme）　さえずりにおける音のエネルギーの分布パターンのこと．ソナグラムにおいては音が音素として表現される．

科（Family）　リンネの分類体系における，属より上で目より下のカテゴリー．

界（Kingdom）　リンネの分類体系における，門より上のカテゴリー．動物界がその例．

核 DNA（Nuclear DNA）　細胞の核に存在する DNA．

かすみ網（Mist net）　鳥を捕まえるための細かいナイロン製の網．

間充織（Mesenchyme）　発生の初期の胚においてつくられる細胞の組織．神経堤に由来する間充織の細胞が，胚のさまざまな場所に移動し，頭蓋骨やその他の構造をつくらせる．

強化（Reinforcement）　複数の種が同じ地域に生息する時に，求愛のシグナルやそれへの応答が，淘汰の影響によって分化し，元々の差が大きく拡大されること．

競争（Competition）　食料や配偶者など，供給に限りのある資源を巡って争うこと．

近交弱勢（Inbreeding depression）　血縁の高い両親から生まれた子どもが経験する適応度の低下．蓄積されていた劣勢有害遺伝子がホモ接合の状態で効果を発揮するために生じる．

形質置換（Character displacement）　共存する種の間で自然淘汰がはたらき，種間の違いを促進すること．その結果分化する形質には，生態的なもの，繁殖機能にかかわるもの，両方にかかわるものなどがある．

形質解放（Character release）　ある種がいない状況において，他の種の形質が収斂してくること．形質置換の反対．

系統（Lineage）　系図において由来の関係を表現した一般用語．集団や個体，遺伝子などを特徴づける．

系統学的種（Phylogenetic species）　系統樹における他の集団との遺伝的関係で認識される種．

系統樹，系統学（Phylogeny）　集団を相互の遺伝的な近さからグループ分けしたもの．祖先からの由来のパターン，つまり進化史が反映されている．

ゲノム（Genome）　親の 1 人から受け継いだ染色体の総体．

原基（Primordium）　その場所で分化する前の組織．

減数分裂（Meiosis）　配偶子（卵や精子）をつくり出す細胞分裂の過程．元の細胞の染色体の半数をもつものをつくり出す．染色体の交換による遺伝子

組換えは，この時生じる．

綱（Class）　リンネの分類体系における，目より上で門より下のカテゴリー．

光合成（Photosynthesis）　C3やC4の生化学経路をもつ植物が，光を化学エネルギーに変換すること．

交雑（Hybridization）　異種交配．

交雑障壁（Barrier to interbreeding）　別の集団のメンバーとの交雑確率を低下させるような個体の特徴．

交配後隔離（Post-mating isolation）　2集団のメンバーが，交配はしても，受精しないか，子どもが正常に発生しないために交雑が起きないこと．

交配前隔離（Pre-mating isolation）　2集団のメンバーが，配偶者選択や繁殖のタイミングの違いから交配しないこと．

古気候（Paleoclimate）　古い時代における気候．

固有の，地方性の（Endemic）　生物が，ある地域にしか見られないこと．

最小二乗回帰（Least squares regression）　2つの変数の間で，ある変数（予測因子）を用いて他方のものを予測する時に，それらの関係を推測する統計手法．関係は，線形のこともあるが，曲線関係のこともある．2つ以上の数の予測因子を用いた方程式で表されることもある（多項式回帰）．

雑種第一代（F_1 hybrid）　種間の交雑からつくられる子孫の第1世代．

シグナル分子（Signaling molecule）　細胞内や細胞間における生化学経路において，他の分子を活性化したり抑制したりする分子のこと．

自然淘汰（Natural selection）　集団のメンバー間でもっている形質やその表現の地位によって，生存率や繁殖率が違うこと．環境を決めるごとに，ある個体はその形質のおかげで，他の個体よりよく生存したり繁殖を行う．淘汰には，片方の極端な形質のものが有利な方向性淘汰，両方の極端な形質をもつものがともに有利な分断化淘汰，中間の形質をもつものが有利な安定化淘汰，などがある．

姉妹種（Sister species）　2種の間で互いの間の方が，それ以外の種との間よりも近いもの．

種（Species）　集団や互いに近い複数のグループが，ある基準で見た時に，他のグループとは違っていること．その基準としては，遺伝的な近さの程度

や，集団が互いに交雑可能かどうか，交雑の結果などがある．どの基準が望ましいかについては議論がある．

集団（個体群）（Population）　互いに交配をする一群の個体とそれらの子孫．

周波数変調（Frequency modulation）　さえずりの音の高さの変更．それに対して，周波数変調を受けていない音は純音．

周辺的種分化（Peripatric speciation）　親の種の分布域の周辺において，新しい種をつくり出すこと．

種子食者（Granivore）　種子を食べる動物．

主成分分析（Principal Components Analysis）　多数の変数の組み合わせがを解析する統計的手法．たとえば，嘴の長さ，深さ，幅などをまとめて嘴サイズや嘴の形の尺度をつくることができる．

種分化（Speciation）　種を形成するプロセス．生殖隔離の進化．

主要組織適合性抗原遺伝子座（Mhc locus）　これがつくり出す蛋白質は，免疫機能をもつ．

常染色体（Autosomes）　性染色体以外の染色体．

上皮（Epithelium）　個体や体内器官の外部を覆っている細胞からなる組織．

植民（Colonization）　移住個体によって新しい繁殖集団が確立すること．

進化（Evolution）　ある世代から次の世代へと生じる，集団の遺伝的組成の変化（生物進化）や社会的に継承する形質の変化（文化進化）．

神経堤（Neural crest）　発生している胚の神経管に沿って帯状になっている背側細胞で，最終的に中枢神経系になる．

信頼区間（Confidence interval）　推定した値を囲む区間で，95%といった統計的信頼度で真の値がその中にあるもの．

刷り込み（Imprinting）　短い感受性期において，特定の動物に応答するように学習すること．子どもが親に愛着をもつ（親への刷り込み），学習した情報に基づいて配偶者の認識とペア形成をする（性的刷り込み）などがある．環境の特徴に対する学習にも用いられる．

刷り込みの失敗（Misimprinting）　他集団の個体に刷り込みが起きること．

生殖隔離（Reproductive isolation）　集団の間で交雑が起きないもしくは起きにくいこと．

用語集　195

生殖隔離機構（Isolating mechanism）　集団の間の違いで遺伝子の交換を制限したり止めるもの．

生態的機会（Ecological opportunity）　環境においてニッチ（生態的地位）が存在すること．

生態的地位（ニッチ）（Niche）　環境のうち，生物によって利用されている部分．

性的刷り込み（Sexual imprinting）　生涯の初期に親から受けた影響が，のちになって配偶者選択に影響すること．

性淘汰（Sexual selection）　配偶者を手に入れる成功率において特定の表現型をもつものと他の表現型をもつものの間で違いがあること．その表現型には，同じ性の個体の間での出会いで用いられる場合（同性内淘汰）と，異なる性の個体の出会いで使用される場合（異性間淘汰）とがある．

接合後隔離（Post-zygotic isolation）　2集団のメンバーが，交配して受精しても，接合子ができた後で，子どもが正常に発生しないために交雑が起きないこと．子どもは生存できないか，繁殖ができないこと．

接合子（Zygote）　受精卵．

接合前隔離（Pre-zygotic isolation）　2集団のメンバーが，交配しないか，もしくは交配しても受精が起きないことから交雑が起きないこと．

絶滅（Extinction）　繁殖集団の消失．

染色体（Chromosome）　核やミトコンドリアなど，遺伝子が存在する部分にあるDNAの分子のこと．核染色体で個体の性に影響する因子をもつものを，性染色体という．それは，多くの生物ではXとYの記号で示されるが，鳥類ではZとWを用いる．

染色体再編（Chromosomal rearrangement）　染色体のある部分の位置の変化．たとえば同じ染色体のある部分が逆向きになったり，他の染色体に転座する．

創始者効果（Founder effect）　少数の個体から新しい集団が創設された時に，対立遺伝子の頻度が変化すること．

創設（Founder event）　新しい集団が形成されることで，通常は少数の個体によってなされる．

増幅断片長多型（AFLP）　Amplified Fragment Length Polymorphism の略．短い DNA の断片である．多数あると，それらを用いて集団間の遺伝的類似性がわかり，それから系統樹が再構成できる．

属（Genus）　リンネの分類体系における，種より上で科より下のカテゴリー．

側系統（Paraphyly）　ある一群の生物が，それらの共通祖先をそれ以外の種とも共有していること．

側所性（Parapatry）　地理的に隣接する地域が，同じ生物の集団にそれぞれ占められていること．隣接した異所性．

ソナグラム（Sonagram）　さえずりの特徴（周波数や振幅）を時間の関数として描いた図．

太平洋プレート（Pacific plate）　東太平洋における地殻の一部．

対立遺伝子（Alleles）　特定の遺伝子座における，遺伝子の異なるタイプのこと．

多様化（Diversification）　近い関係にある種の数が進化の上で増大すること．通常は表現型の多様化の増大を伴っている．

多様化の潜在能力（Diversification potential）　種の数の増大を促すような生物の内的な性質．

単系統（Monophyly）　一群の種が同じ共通祖先をもち，他の種にはそれを共通祖先とするものがない時に単系統という．

デオキシリボ核酸（DNA）　染色体の遺伝物質．

適応度（Fitness）　生存し繁殖をする能力で，産んだ子孫の数で測られる．

適応放散（Adaptive radiation）　異なるニッチ（生態的地位）を占める数種が，共通祖先から急速に進化すること．

適応度地形（Adaptive landscape）　ヘテロな環境において，生物の適応度がその形質とともに変化する様を示す概念モデル．

電気泳動（Electrophoresis）　蛋白質や DNA を，互いに分けて特定する実験方法．ゲルの上で電場をかけることにより，大きさや電荷によって移動度が異なることに基づいたもの．

同所性（Sympatry）　2つかそれ以上の数の集団や種が同じ場所を占めてい

ること.
同類交配(Assortative mating) 似た個体同士の配偶.
突然変異(Mutation) 染色体の変化のうち遺伝するもの.
トランスフェリン(Transferrin) 細胞の鉄含有量を制御する機能をもつ蛋白質.この蛋白質をコードする遺伝子がほぼ一定の速度で変化し続けるため,系統の研究によく用いられてきた.分子時計を参照.
トリル率(Trill rate) さえずりにおいて音の繰り返しの速度.
二峰性(Bimodality) 頻度分布が2つのピークをもつこと.たとえば測定結果で嘴のサイズ分布に見られる.
人間活動による撹乱(Anthropogenic disturbance) 環境に対して人間が引き起こした撹乱で,しばしば生物の絶滅をもたらす.
ヌクレオチド(Nucleotides) DNAを組み立てている単位.
配偶子(Gamete) 生殖のための細胞(卵や精子).
繁殖障壁(Reproductive barrier) 生物の性質で,他のものとの交雑を抑制したり起きないようにするもの.
表現型(Phenotype) 生物の構造や機能の上の性質.
標準偏差(Standard deviation) サンプルの値が,平均値の上下にどの程度広がっているかを示す統計的尺度.
頻度依存性(Frequency dependence) 一群の個体や対立遺伝子の運命が,集団内でのその頻度によって影響を受けること.
ブートストラップ値(Bootstrap value) 遺伝子データから繰り返しサンプルすることで再構成した系統樹において,ノードの存在や位置関係がどの程度確からしいかを示す統計量.
不均等(Disparity) 複数の種の間で,形態的な違いの度合い.
節(ノード)(Node) 系統樹において枝が連結する点のこと.
フタバガキ科の樹木(Dipterocarp) 主にアジアにおいて,非常に繁栄しているフタバガキ科に含まれる樹木.
プランクトン(Plankton) 海や湖の表面水塊に生息する微小生物.
分子時計(Molecular clock) ミトコンドリアDNAや蛋白質組成は,長期で見るとほぼ一定の速度で突然変異を蓄積して変化していく.変化の速度が

わかれば，近縁の2系統が共通祖先から分岐した後の時間を推定できる．化石の証拠により時計の進行速度がわかる．

分類学（Taxonomy）　生物を分類する作業とそのための科学．

分類単位（Taxon）　分類の単位についての一般的な用語．集団や種がある．複数は taxa．

平均値の標準誤差（Standard error of the mean）　平均値を推定する時の不確かさの統計的尺度．

ヘテローシス（Heterosis）　雑種強勢．雑種個体が親の種に比べて平均適応度が高いこと．

ヘテロ接合体（Heterozygote）　対合する染色体のそれぞれに同じ遺伝子座にある異なる対立遺伝子が乗ること．ホモ接合体と比較．

放射線同位体（Radioisotope）　元素の放射性をもつ炭素（C13）や酸素（O18）などのこと．放射性をもつものからもたないものへ一定の速度で崩壊するために，生物資料の年代決定に用いられる．有孔虫の酸素安定同位体比は，有孔虫が生きていた時の海洋温度を反映している．

ホールデンの法則（Haldane's rule）　遺伝学者である J. B. S ホールデンによって提唱された．雑種においてある性が他の性よりも適応度がより顕著に低下するならば，それは異形配偶子性であるという法則．

捕食寄生者（Parasitoid）　寄生者で最終的に宿主を殺すもののこと．

ホモ接合体（Homozygote）　1つの遺伝子座に同じ対立遺伝子の2つのコピーがあること．ヘテロ接合体と比較．

マイクロサテライト（Microsatellites）　DNA の短い断片で，通常は蛋白質をコードしていない．ヌクレオチドの2つ，3つ，もしくは4つといった数のヌクレオチドがさまざまな回数の繰り返しでできている．

ミトコンドリア DNA（Mitochondrial DNA）　細胞内にあるミトコンドリアは，それぞれに円形の DNA を1本もっている．細胞は多数のミトコンドリアをもつ．

目（Order）　リンネの分類体系における，科より上で綱より下のカテゴリー．

戻し交配（Backcross）　雑種第一代の個体がいずれかの元の種と交配して

子どもをつくること.

門（Phylum）　リンネの分類体系における，綱より上で界より下のカテゴリー.

有孔虫（Foraminifera）　海洋の表層に棲む単細胞の生物.

ラニーニャ（La Niña）　エルニーニョとは反対の海洋の状況．表層温度が異常に低い.

リボ核酸（RNA）　細胞内で，蛋白質合成の制御などさまざまなはたらきをする一群の分子.

リンネの分類体系（Linnean hierarchy）　リンネが発展させた分類体系で，生物を，種を底辺とし界を頂点とする異なるレベルをもつ階層構造に分ける.

劣勢対立遺伝子（Recessive allele）　対立遺伝子でホモ接合体にならないと表現されないもの.

レトロウイルスベクター（Retroviral vector）　RNA ウイルスで，実験的に挿入した遺伝子をもっている．研究者が選んだ組織に遺伝子を導入する時に用いる．レトロウイルスは，自分の RNA ゲノムと相補的な配列をもつ DNA を合成させる.

引用文献

Abbott, I., L. K. Abbott, and P. R. Grant. 1977. Comparative ecology of Galápagos ground finches (*Geospiza* Gould): evaluation of the importance of floristic diversity and interspecific competition. *Ecol. Monogr.* 47: 151-184.

Abzhanov, A., W. P. Kuo, C. Hartmann, B. R. Grant, P. R. Grant, and C. J. Tabin. 2006. The calmodulin pathway and evolution of elongated beak morphology in Darwin's finches. *Nature* 442: 563-567.

Abzhanov, A., M. Protas, P. R. Grant, B. R. Grant, and C. J. Tabin. 2004. Bmp4 and morphological variation of beaks in Darwin's finches. *Science* 305: 1462-1465.

Abzhanov, A., and C. J. Tabin. 2004. *Shh* and *Fgf8* act synergistically to drive cartilage outgrowth during cranial development. *Developmental Biology* 274: 134-148.

Ackerly, D. D., D. W. Schwilk, and C. O. Webb. 2006. Niche evolution and adaptive radiation: testing the order of trait divergence. *Ecology* 87 supplement: S50-S67.

Agnarsson, I., and Kuntner, M. 2012. The generation of a biodiversity hotspot: biogeography and phylogeography of the western Indian Ocean islands. *Curr. Top. Phylogenet. Phylogeogr. Terr. Aquat. Syst.*: 33-82.

Alatalo, R. V., D. Eriksson, L. Gustafsson, and A. Lundberg. 1990. Hybridization between pied and collared flycatchers: sexual selection and speciation theory. *J. Evol. Biol.* 3: 375-389.

Amadon, D. 1950. The Hawaiian honeycreepers (Aves, Drepaniidae). *Bull. Amer. Mus. Nat. Hist.* 95: 151-262.

Anderson, E. 1948. Hybridization of the habitat. *Evolution* 2: 1-9.

Arbogast, B. S., S. V. Drovetski, R. L. Curry, P. T. Boag, G. Seutin, P. R. Grant, B. R. Grant, and D. J. Anderson. 2006. The origin and diversification of Galápagos mock-ingbirds. *Evolution* 60: 370-382.

Arnold, M. L. 1997. *Natural hybridization and evolution*. Oxford University Press, Oxford, U.K.

Arnold, M. L. 2006. *Evolution through genetic exchange*. Oxford University Press, Oxford, U.K.

Ashton, P. S. 1982. Dipterocarpaceae. *Flora Melanesia Series 1: Spermatophyta (flowering plants)* 9: 251-552. Martinus Nijhoff, The Hague, Netherlands.

Bachtrog, D., K. Thornton, A. Clark, and P. Andolfatto. 2006. Extensive introgression of mitochondrial DNA relative to nuclear genes in the *Drosophila yakuba* species group. *Evolution* 60: 292-302.

Baker, A. J., L. J. Huynen, O. Haddrath, C. D. Millar, and D. M. Lambert. 2005. Reconstructing the tempo and mode of evolution in an extinct clade of birds with ancient DNA: the giant moas of New Zealand. *Proc. Natl. Acad. Sci. USA* 102: 8257-8262.

Baker, A. J., and P. F. Jenkins. 1987. Founder effect and cultural evolution of songs in an isolated population of chaffinches, *Fringilla coelebs*, in the Chatham Islands. *Anim. Behav.* 35: 1793-1803.

Baker, A. J., and A. Mooerd. 1987. Rapid genetic differentiation and founder effect in colonizing populations of common mynas (*Acridotheres tristis*). *Evolution* 41: 525-538.

Baker, P. A., C. A. Rigsby, G. O. Seltzer, S. C. Fritz, T. K. Lowenstein, N. P. Bacher, and C. Veliz. 2001. Tropical climate changes at millennial and orbital timescales on the Bolivian Altiplano. *Nature* 409: 698-701.

Bard, E., B. Hamelin, R. G. Fairbanks, and A. Zindler. 1990. Calibration of the 14C timescale over the past 30,000 years using mass spectrometric U-Th ages from Barbados corals. *Nature* 345: 405-410.

Barker, F. K., A. Cibois, P. Schickler, J. Feinstein, and J. Cracraft. 2004. Phylogeny and diversification of the largest avian radiation. *Proc. Natl. Acad. Sci. USA* 101: 11040-11045.

Barluenga, M., K. N. Stölting, W. Salzburger, M. Muschick, and A. Meyer. 2006. Sympatric speciation in Nicaraguan crater lake fish. *Nature* 439: 719-723.

Barrier, M., B. G. Baldwin, R. H. Robichaux, and M. D. Purugganan. 1999. Interspe- cific hybrid ancestry of a plant adaptive radiation: allopolyploidy of the Hawaiian Silversword Alliance (Asteraceae) inferred from floral homeotic gene duplications. *Mol. Biol. Evol.* 16: 1105-1113.

Barton, N. H. 1996. Natural selection and random genetic drift as causes of evolution on islands. *Philos. Trans. R. Soc. B* 351: 785-795.

Barton, N. H. 2001. The role of hybridisation in evolution. *Mol. Ecol.* 10: 551-568.

Barton, N. H., and B. Charlesworth. 1984. Genetic revolutions, founder effects, and speciation. *Annu. Rev. Ecol. Syst.* 15: 133-164.

Barton, N. H., and G. M. Hewitt. 1985. Adaptation, speciation, and hybrid zones. *Annu. Rev. Ecol. Syst.* 16: 113-148.

Beheregaray, L. B., J. P. Gibbs, N. Havill, T. H. Fritts, J. R. Powell, and A. Caccone. 2004. Giant tortoises are not so slow: Rapid diversification and biogeographic con- sensus in the Galápagos. *Proc. Natl. Acad. Sci. USA* 101: 6514-6519.

Benton, M. J. 2004. *Vertebrate paleontology*, 3rd ed. Blackwells, Oxford, U.K.

Bischoff, H.-J., and N. Clayton. 1991. Stabilization of sexual preferences by sexual experience in male zebra finches *Taeniopygia guttata castanotis*. *Behaviour* 118: 144-155.

Boag, P. T. 1981. Morphological variation in the Darwin's finches (Geospizinae) of Daphne Major Island, Galápagos. Unpubl. Ph.D. thesis, McGill University, Montreal, Canada.

Boag, P. T. 1983. The heritability of external morphology in Darwin's ground finches (*Geospiza*) on Isla Daphne Major, Galápagos. *Evolution* 37: 877-894.

Boag, P. T., and P. R. Grant. 1981. Intense natural selection in a population of Darwin's finches (Geospizinae) in the Galápagos. *Science* 214: 82-85.

Boag, P. T., and P. R. Grant. 1984a. The classical case of character release: Darwin's finches (*Geospiza*) on Isla Daphne Major, Galápagos. *Biol. J. Linn. Soc.* 22: 243-287.

Boag, P. T., and P. R. Grant. 1984b. Darwin's Finches (*Geospiza*) on Isla Daphne Major, Galápagos: breeding and feeding ecology in a climatically variable environment. *Ecol. Monogr.* 54: 463-489.

Bolmer, J. L., R. T. Kimball, N. K. Whiteman, J. H. Sarasola, and P. G. Parker. 2006. Phylogeography of the Galápagos Hawk: a recent arrival to the Galápagos Islands. *Mol. Phylogenet. Evol.* 39: 237-247.

Bolnick, D. I., and T. J. Near. 2005. Tempo of hybrid inviability in Centrarchid fishes (Teleostei: Centrarchidae). *Evolution* 59: 1754-1767.

Borge, T., K. Lindross, P. Nádvornik, A.-C. Syvänen and G.-P. Sætre. 2005a. Amount of introgression in flycatcher hybrid zones reflects regional differences in pre- and post-zygotic barriers to gene exchange. *J. Evol. Biol.* 18: 1416-1424.

Borge, T., M. T. Webster, G. Andersson, and G.-P. Sætre. 2005b. Contrasting patterns of polymorphism and divergence on the Z chromosome and autosomes in two *Ficedula* flycatcher species. *Genetics* 171: 1861-1873.

Bowman, R. I. 1961. Morphological differentiation and adaptation in the Galápagos finches. *Univ. Calif. Publs. Zool.* 58: 1-302.

Bowman, R. I. 1963. Evolutionary patterns in Darwin's finches. *Occas. Pap. Calif. Acad. Sci.* 44: 107-140.

Bowman, R. I. 1979. Adaptive morphology of song dialects in Darwin's finches. *J. Ornithol.* 120: 353-389.

Bowman, R. I. 1983. The evolution of song in Darwin's finches. In R. I. Bowman, M. Berson, and A. E. Leviton, eds., *Patterns of evolution in Galápagos organisms*, 237-537. American Association for the Advancement of Science, Pacific Division, San Francisco, CA.

Bowman, R. I., and S. I. Billeb. 1965. Blood-eating in a Galápagos finch. *Living Bird* 4: 29-44.

Bowman, R. I., and A. Carter. 1971. Egg-pecking behavior in Galapagos mocking- birds. *Living Bird* 10: 243-270.

Brazner, J. C., and W. J. Etges. 1993. Pre-mating isolation is determined by larval rearing substrates in cactophilic *Drosophila mojavensis*. II. Effects of larval substrates on time to copulation and mating propensity. *Evol. Ecol.* 7: 605-624.

Bronson, C. L., T. C. Grubb Jr., G. D. Sattler, and M. H. Braun. 2005. Reproductive success across the Black-capped Chickadee (*Poecile atricapillus*) and Carolina Chick- adee (*P. carolinensis*) hybrid zone in Ohio. *Auk* 122: 759-772.

Brown, W. L., Jr., and E. O. Wilson. 1956. Character displacement. *Syst. Zool.* 5: 49-64.

Browne, R. A., D. J. Anderson, M. D. White, and M. A. Johnson. 2003. Evidence for low genetic divergence among Galápagos *Opuntia* cactus species. *Noticias de Galápagos* no. 62: 11-15.

Browne, R. A., and E. I. Collins. MS. Genetic variation of yellow warblers, *Dendroica petechia*, in the Galápagos Archipelago.

Buch, L. von. 1825. *Physikalische Beschreibung der canarische Inseln*. Königliche Akademie Wissenschaften, Berlin, Germany.

Bürger, R., and K. A. Schneider. 2006. Intraspecific competitive divergence and conver- gence under assortative mating. *Amer. Nat.* 167: 190-205.

Bürger, R., K. A. Schneider, and M. Willensdorfer. 2006. The conditions for speciation through intraspecific competition. *Evolution* 60: 2185-2206.

Burkhardt, F., D. M. Porter, S. A. Dean, S. Evans, S. Innes, A. Pearn, A. Sclater, and P. White, eds. 2005. *The correspondence of Charles Darwin: volume 15, 1867*. Cam- bridge University Press, Cambridge, U.K.

Burns, K. J., S. J. Hackett, and N. K. Klein. 2002. Phylogenetic relationships and mor- phological diversity in Darwin's finches and their relatives. *Evolution* 56: 1240-1256.

Caccone, A., J. P. Gibbs, V. Ketmaier, E. Suatoni, and J. R. Powell. 1999. Origin and evolutionary relationships of giant Galápagos tortoises. *Proc. Natl. Acad. Sci. USA* 96: 13223-13228.

Cade, T. J. 1983. Hybridization and gene exchange among birds in relation to conserva- tion. In C. M. Schonewald-Cox, B. MacBryde, and W. L. Thomas, eds., *Genetics and conservation*, 288-309. Benjamin/Cummings, Menlo Park, CA.

Cane, M. A., and P. Molnar. 2001. Closing of the Indonesian seaway as a precursor to east African aridification around 3-4 million years ago. *Nature* 411: 157-162.

Carroll, R. L. 1997. *Patterns and processes of vertebrate evolution*. Cambridge University Press, Cambridge, U.K.

Carson, H. L. 1968. The population flush and its genetic consequences. In R. C. Le- wontin, ed. *Population biology and evolution*, 123-137. Syracuse University Press, Syracuse, NY.

Carson, H. L., and A. R. Templeton. 1984. Genetic revolutions in relation to speciation phenomena: the founding of new populations. *Annu. Rev. Ecol. Syst.* 15: 97-131.

Chavez, F. P., J. Ryan, S. E. Lluck-Cota, and M. Ñiguen. 2003. From anchovies to sardines and back: multi-decadal change in the Pacific Ocean. *Science* 299: 217-221.

Christie, D. M., R. A. Duncan, A. R. Birney, M. A. Richards, W. M. White, K. S. Harpp, and C. B. Fox. 1992. Drowned islands downstream from the Galapagos hotspot imply extended speciation times. *Nature* 355: 246-248.

Cibois, A., E. Pasquet, and T. S. Schulenberg. 1999. Molecular systematics of the Malagasy babblers (Passeriformes: Timaliidae) and warblers (Passeriformes: Syl- viidae), based on cytochrome *b* and 16S rRNA sequences. *Mol. Phylogenet. Evol.* 13: 581-595.

Claramunt, S., Derryberry, E.P., Remsen, J.V., and Brumfield, R.T. 2012. High dispersal ability inhibits speciation in a continental radiation of passerine birds. *Proc. R. Soc. B* 279: 1567-1574.

Clayton, N. 1988. Song tutor choice in zebra finches and Bengalese finches: the relative importance of visual and vocal cues. *Behaviour* 104: 281-299.

Clayton, N. S. 1990. Subspecies recognition and song learning in zebra finches. *Anim. Behav.* 40: 1009-1017.

Clegg, S. M., S. M. Degnan, J. Kikkawa, C. Moritz, A. Estoup, and I.P.F. Owens. 2002a. Genetic consequences of successive founder events by an island colonizing bird. *Proc. Natl. Acad. Sci. USA* 99: 8127-8132.

Clegg, S. M., S. M. Degnan, C. Moritz, A. Estoup, J. Kikkawa, and I.P.F. Owens. 2002b. Microevolution in island forms: the roles of drift and directional selection in mor- phological divergence of a passerine bird. *Evolution* 56: 2090-2099.

Colinvaux, P. A. 1972. Climate and the Galápagos Islands. *Nature* 240: 17-20.

Colinvaux, P. A. 1984. The Galápagos climate: present and past. In R. Perry, ed., *Galápagos*, 55-69. Pergamon Press, Oxford, U.K.

Colinvaux, P. A. 1996. Quaternary environmental history and forest diversity in the Neotropics. In J. B. C. Jackson, A. F. Budd, and A. G. Coates, eds., *Evolution and environment in tropical America*, 359-405. University of Chicago Press, Chicago, IL.

Conway Morris, S. 1998. *The crucible of life*. Oxford University Press, Oxford, U.K.

Coyne, J. A., N. H. Barton, and M. Turelli. 1997. Perspective: a critique of Sewall Wright's shifting balance theory of evolution. *Evolution* 51: 643-671.

Coyne, J. A., and A. R. Orr. 1989. Patterns of speciation in *Drosophila*. *Evolution* 43: 362-381.

Coyne, J. A., and A. R. Orr. 1997. "Patterns of speciation in *Drosophila*" revisited. *Evolu- tion* 51: 295-303.

Coyne, J. A., and A. R. Orr. 2004. *Speciation*. Sinauer, Sunderland, MA.

引用文献

Coyne, J. A., and T. D. Price. 2000. Little evidence for sympatric speciation in island birds. Evolution 54: 2166-2171.

Cracraft, J. 2002. The seven great questions of systematic biology: an essential founda- tion for conservation and the sustainable use of biodiversity. *Ann. Missouri Bot. Gard.* 89: 127-144.

Crawford, A. J., and E. N. Smith. 2005. Cenozoic biogeography and evolution in direct-developing frogs of Central America (Leptodactylidae: *Eleutherodactylus*) as inferred from a phylogenetic analysis of nuclear and mitochondrial genes. *Mol. Phy- logenet. Evol.* 35: 536-555.

Cronin, T. M., and H. J. Dowsett. 1996. Biotic and oceanographic responses to the Pliocene closing of the Central American Isthmus. In J.B.C. Jackson, A. F. Budd, and A. G. Coates, eds., *Evolution and environment in tropical America*, 76-104. University of Chicago Press, Chicago, IL.

Curio, E., and P. Kramer. 1964. Vom Mangrovefinken (*Cactospiza heliobates*). *Zeits. Tierpsychol.* 21: 223-234.

Currie, P. J., E. B. Koppelhus, M. A. Shugar, and J. L. Wright, eds. 2004. *Feathered dragons: studies on the transition from dinosaurs to birds*. Indiana University Press, Bloom- ington, IN.

Curry, R. L. 2005. Hybridization in chickadees: much to learn from familiar birds. *Auk* 122: 747-758.

Darwin, C. R. 1839. *Journal of researches into the natural history and geology of the countries visited during the voyage of H.M.S. Beagle round the world*. Henry Colburn, London, U.K.

Darwin, C. R. 1842. *Journal of researches into the geology and natural history of the various countries visited during the voyage of H.M.S. Beagle, under the command of Captain Fit- zRoy, R. N., from 1832 to 1836*. Henry Colburn, London, U.K.

Darwin, C. R. 1859. *On the origin of species by means of natural selection*. J. Murray, London, U.K.

Darwin, C. R. 1868. *The variation of animals and plants under domestication*. J. Murray, London, U.K.

Darwin, F., ed. 1887. *The life and letters of Charles Darwin. Including an autobiographical chapter. Volumes II, III*. J. Murray, London, U.K.

Darwin, F., and A. C. Seward. 1903. *More letters of Charles Darwin. A record of his work in a series of hitherto unpublished letters. Vol. I*. J. Murray, London, U.K.

Davis, M. B., R. G. Shaw, and J. R. Etterson. 2005. Evolutionary responses to changing climate. *Ecology* 86: 1704-1714.

De Benedictis, P. 1966. The bill-brace feeding behavior of the Galapagos finch *Geospiza conirostris*. *Condor* 68: 206-208.

deMenocal, P. B. 1995. Plio-Pleistocene African climate. *Science* 270: 53-59.

de Queiroz, K. 1998. The general lineage concept of species, species criteria, and the process of speciation. In D. J. Howard and S. H. Berlocher, eds., *Endless forms: Species and speciation*, 57-74. Oxford University Press, Oxford, U.K.

DeSalle, R. 1995. Molecular approaches to biogeographic analysis of Hawaiian Dro- sophilidae. In W. W. Wagner and V. A. Funk, eds., *Hawaiian biogeography: evolution on a hotspot*, 72-89. Smithsonian Institution Press, Washington, DC.

Diamond, J. M. 1977. Continental and insular speciation in Pacific island birds. *Syst. Zool.* 26: 263-268.

Diamond, J. M. 1986. Evolution of ecological segregation in the New Guinea montane avifauna. In J. M. Diamond and T. J. Case, eds., *Community Ecology*, 98-125. Harper and Row, New York, NY.

Dobzhansky, T. 1935. A critique of the species concept in biology. *Philos. Sci.* 2: 344-355.

Dobzhansky, T. 1937. *Genetics and the origin of species*. Columbia University Press, New York, NY.
Dobzhansky, T. 1941. *Genetics and the Origin of Species*, 2nd ed. Columbia University Press, New York, NY.
Dobzhansky, T. 1964. Biology, molecular and organismal. *Amer. Zool.* 4: 443-452.
Dodd, J. R., and R. J. Stanton, Jr. 1990. *Paleoecology, concepts and applications*, 2nd ed. Wiley, New York, NY.
Doebeli, M. 1996. A quantitative genetic competition model for sympatric speciation. *J. Evol. Biol.* 9: 893-909.
Doebeli, M., and U. Dieckmann. 2000. Evolutionary branching and sympatric speci- ation caused by different types of ecological interaction. *Amer. Nat.* 156 (suppl.): S77-S101.
Dunning, J. B., Jr., ed. 1992. *CRC handbook of avian body masses*. CRC Press, Boca Raton, FL.
Edwards, S. V., S. B. Kingan, J. D. Calkins, C. N. Balakrishnan, W. B. Jennings, W. J. Swan and M. D. Sorenson. 2005. Speciation in birds: genes, geography, and sexual selection. *Proc. Natl. Acad. Sci. USA* 102: 6550-6557.
Endler, J. A. 1977. *Geographic variation, speciation, and clines*. Princeton University Press, Princeton, NJ.
Endler, J. A. 1986. *Natural selection in the wild*. Princeton University Press, Princeton, NJ.
Etges, W. J. 1998. Pre-mating isolation is determined by larval rearing substrates in cactophilic *Drosophila mojavensis*. IV. Correlated responses in behavioral isolation to artificial selection on a life history trait. *Amer. Nat.* 152: 129-144.
Falconer, D. S., and T.F.C. Mackay. 1995. *Introduction to quantitative genetics*. Longman, Harlow, U.K.
Feder, J. L. 1998. The apple maggot fly, *Rhagoletis pomonella*: flies in the face of conven- tional wisdom about speciation? In D. J. Howard and S. H. Berlocher, eds., *Endless forms: Species and speciation*, 130-144. Oxford University, New York, NY.
Federov, A. V., P. S. Dekens, M. McCarthy, A. C. Ravelo, P. B. deMenocal, M. Barreiro, R. C. Pacanowski, and S. G. Philander. 2006. The Pliocene paradox (mechanisms for a permanent El Niño). *Science* 312: 1485-1489.
Fessl, B., S. Kleindorfer, and S. Tebbich. 2006. An experimental study on the effects of an introduced para- site in Darwin's finches. *Biol. Conserv.* 127: 55-61.
Fessl, B., and S. Tebbich. 2002. *Philornis downsi*—a recently discovered parasite on the Galápagos archipel- ago—a threat for Darwin's finches? *Ibis* 144: 445-451.
Finston, T. L., and S. B. Peck. 1997. Genetic differentiation and speciation in *Stomium* (Coleoptera: Tenebri- onidae): flightless beetles of the Galápagos Islands. *Biol. J. Linn. Soc.* 61: 183-200.
Finston, T. L., and S. B. Peck. 2004. Speciation in Darwin's darklings: taxonomy and evolution of *Stomium* beetles in the Galápagos Islands (Insecta: Coleoptera: Tenebri- onidae). *Zool. J. Linn. Soc.* 141: 135-152.
Fisher, R. A. 1930. *The genetical theory of natural selection*. Clarendon, Oxford, U.K.
Fitzpatrick, B. M. 2004. Rates of evolution of hybrid inviability in birds and mammals. *Evolution* 58: 1865-1870.
Fjeldså, J., and J. C. Lovett. 1997. Geographical patterns of old and young species in African forest biota: the significance of specific montane areas as evolutionary centers. *Bio- diversity and Conservation* 6: 325-346.
Fleischer, R. C., S. Conant, and M. P. Morin. 1991. Genetic variation in native and translocated populations

of the Laysan finch (*Telespiza cantans*). *Heredity* 66: 125-130.

Fleischer, R. C., and C. E. McIntosh. 2001. Molecular systematics and biogeography of the Hawaiian avifauna. In J. M. Scott, S. Conant, and C. van Riper III, eds., *Evolution, ecology, conservation, and management of Hawaiian Birds: a vanishing avifauna*, 51-60. Allen Press, Lawrence, KS.

Foote, M. 1997. The evolution of morphological diversity. *Annu. Rev. Ecol. Syst.* 28: 129-152.

Ford, H. A., D. T. Parkin, and A. W. Ewing. 1973. Divergence and evolution in Darwin's finches. *Biol. J. Linn. Soc.* 5: 289-295.

Freeland, J. R., and P. T. Boag. 1999a. Phylogenetics of Darwin's finches: paraphyly in the tree-finches and two divergent lineages in the warbler finch. *Auk* 116: 577-588.

Freeland, J. R., and P. T. Boag. 1999b. The mitochondrial and genetic homogeneity of the phenotypically diverse Darwin's ground finches. *Evolution* 53: 1553-1563.

Frith, C. B., and B. M. Beehler. 1998. *The birds of paradise*. Oxford University Press, Oxford, UK.

Futuyma, D. J. 1998. *Evolutionary biology*, 3rd ed. Sinauer, Sunderland, MA.

Garcia-Moreno, J. 2004. Is there a universal mtDNA clock for birds? *J. Avian Biol.* 35: 465-468.

Gavrilets, S. 2004. *Fitness landscapes and the origin of species*. Princeton University Press, Princeton, NJ.

Gavrilets, S., and C.R.B. Boake. 1998. On the evolution of premating isolation after a founder event. *Amer. Nat.* 152: 706-716.

Gavrilets, S., and A. Hastings. 1996. Founder effect speciation: a theoretical reassess- ment. *Amer. Nat.* 147: 466-491.

Gavrilets, S., H. Li, and M. D. Vose. 1998. Rapid parapatric speciation on holey adaptive landscapes. *Proc. R. Soc. B* 265: 1-7.

Gavrilets, S., and M. D. Vose. 2005. Dynamic patterns of adaptive radiations. *Proc. Natl. Acad. Sci. USA* 102: 18040-18045.

Geyer, L. B., and S. R. Palumbi. 2003. Reproductive character displacement and the genetics of gamete recognition in tropical sea urchins. *Evolution* 57: 1049-1060.

Gibbs, H. L. 1990. Cultural evolution of male song types in Darwin's medium ground finches, *Geospiza fortis*. *Anim. Behav.* 39: 253-263.

Gibbs, H. L., and P. R. Grant. 1987a. Ecological consequences of an exceptionally strong El Niño event on Darwin's finches. *Ecology* 68: 1735-1741.

Gibbs, H. L., and P. R. Grant. 1987b. Oscillating selection on Darwin's finches. *Nature* 327: 511-513.

Gill, F. B. 2004. Blue-winged Warblers (*Vermivora pinus*) versus Golden-winged Warblers (*V. chrysoptera*). *Auk* 121: 1014-1018.

Gill, F. B., and B. G. Murray Jr. 1972. Discrimination behavior and hybridization of the Blue-winged and Golden-winged Warblers. *Evolution* 26: 282-293.

Gillespie, R. G. 2004. Community assembly through adaptive radiation in Hawaiian spiders. *Science* 303: 356-359.

Gingerich, P. D. 2003. Land-to-sea transition of early whales: evolution of Eocene Archaeoceti (Cetacea) in relation to skeletal proportions and locomotion of living semiaquatic mammals. *Paleobiology* 29: 429-454.

Gittenberger, E. 1991. What about non-adaptive radiation? *Biol. J. Linn. Soc.* 43: 263- 272.

Givnish, T. J., and K. J. Sytsma, eds. 1997. *Molecular evolution and adaptive radiation*. Cambridge University Press, Cambridge, U.K.

Glynn, P. W., ed. 1990. *Global ecological consequences of the 1982-83 El Niño-Southern Oscillation*. Elsevier, Amsterdam, Netherlands.

Gompert, Z., J. A. Fordyce, M. L. Forister, A. M. Sharpio, and C. C. Nice. 2006. Homoploid hybrid speciation in an extreme habitat. *Science* 314: 1923-1925.

Goodman, D. 1972. *The paleoecology of the Tower Island bird colony: a critical examina- tion of the stability-complexity theory*. Unpubl. Ph.D. thesis, Ohio State University, Columbus, OH.

Gould, S. J. 2002. *The structure of evolutionary theory*. Harvard University Press, Cambridge, MA.

Grant, B. R., and P. R. Grant, 1979. Darwin's finches: population variation and sympat- ric speciation. *Proc. Natl. Acad. Sci. USA* 76: 2359-2363.

Grant, B. R., and P. R. Grant. 1982. Niche shifts and competition in Darwin's finches: *Geospiza conirostris* and congeners. *Evolution* 36: 637-657.

Grant, B. R., and P. R. Grant. 1989. *Evolutionary dynamics of a natural population: the large cactus finch of the Galápagos*. University of Chicago Press, Chicago, IL.

Grant, B. R., and P. R. Grant, 1993. Evolution of Darwin's finches caused by a rare climatic event. *Proc. R. Soc. B* 251: 111-117.

Grant, B. R., and P. R. Grant, 1996b. Cultural inheritance of song and its role in the evolution of Darwin's finches. *Evolution* 50: 2471-2487.

Grant, B. R., and P. R. Grant, 1996c. High survival of Darwin's finch hybrids: effects of beak morphology and diets. *Ecology* 77: 500-509.

Grant, B. R., and P. R. Grant, 1998a. Hybridization and speciation in Darwin's finches: the role of sexual imprinting on a culturally transmitted trait. In D. J. Howard and S. H. Berlocher, eds., *Endless forms: Species and speciation*, 404-422. Oxford Univer- sity Press, New York, NY.

Grant, B. R., and P. R. Grant, 2002b. Simulating secondary contact in allopatric specia- tion: an empirical test of premating isolation. *Biol. J. Linn. Soc.* 76: 545-556.

Grant, B. R., and P. R. Grant, 2002d. Lack of premating isolation at the base of a phylo- genetic tree. *Amer. Nat.* 160: 1-19.

Grant, B. R., and P. R. Grant, 2003. What Darwin's finches can teach us about the evolutionary origins and regulation of biodiversity. *BioScience* 53: 965-975.

Grant, P. R. 1972. Convergent and divergent character displacement. *Biol. J. Linn. Soc.* 4: 39-68.

Grant, P. R. 1981a. Speciation and the adaptive radiation of Darwin's finches. *Amer. Sci.* 69: 653-663.

Grant, P. R. 1981b. The feeding of Darwin's finches on *Tribulus cistoides* (L.) seeds. *Anim. Behav.* 29: 785-793.

Grant, P. R. 1993. Hybridization of Darwin's finches on Isla Daphne Major, Galápagos. *Philos. Trans. R. Soc. B* 340: 127-139.

Grant, P. R. 1994. Population variation and hybridization: Comparison of finches from two archipelagos. *Evol. Ecol.* 8: 598-617.

Grant, P. R. 1999. *Ecology and evolution of Darwin's finches*, 2nd ed. Princeton University Press, Princeton, NJ.

Grant, P. R. 2000a. R.C.L. Perkins and evolutionary radiations on islands. *Oikos* 89: 195-201.

Grant, P. R. 2000b. What does it mean to be a naturalist at the end of the twentieth century? *Amer. Nat.* 155: 1-12.

Grant, P. R. 2001. Reconstructing the evolution of birds on islands: 100 years of research. *Oikos* 92: 385-403.

Grant, P. R. 2002. Founder effects and silvereyes. *Proc. Natl. Acad. Sci. USA* 99: 7818-7820.

Grant, P. R., I. Abbott, D. Schluter. R. L. Curry, and L. K. Abbott. 1985. Variation in the size and shape of Darwin's finches. *Biol. J. Linn. Soc.* 25: 1-39.

Grant, P. R., and B. R. Grant. 1980. The breeding and feeding characteristics of Darwin's Finches on Isla Genovesa, Galápagos. *Ecol. Monogr.* 50: 381-410.

Grant, P. R., and B. R. Grant. 1992. Hybridization of bird species. *Science* 256: 193-197.

Grant, P. R., and B. R. Grant. 1994. Phenotypic and genetic effects of hybridization in Darwin's finches. *Evolution* 48: 297-316.

Grant, P. R., and B. R. Grant. 1995a. The founding of a new population of Darwin's finches. *Evolution* 49: 229-240.

Grant, P. R., and B. R. Grant. 1995b. Predicting microevolutionary responses to direc- tional selection on heritable variation. *Evolution* 49: 241-251.

Grant, P. R., and B. R. Grant. 1996a. Speciation and hybridization of island birds. *Philos. Trans. R. Soc. B* 351: 765-772.

Grant, P. R., and B. R. Grant. 1997a. Hybridization, sexual imprinting and mate choice. *Amer. Nat.* 149: 1-28.

Grant, P. R., and B. R. Grant. 1997b. Mating patterns of Darwin's finch hybrids deter- mined by song and morphology. *Biol. J. Linn. Soc.* 60: 317-343.

Grant, P. R., and B. R. Grant. 1997c. Genetics and the origin of bird species. *Proc. Natl. Acad. Sci. USA* 94: 7768-7775.

Grant, P. R., and B. R. Grant. 1997d. The rarest of Darwin's finches. *Conserv. Biol.* 11: 119-126.

Grant, P. R., and B. R. Grant. 1998b. Speciation and hybridization in island birds. In P. R. Grant, ed., *Evolution on islands*, 142-162. Oxford University Press, Oxford, U.K.

Grant, P. R., and B. R. Grant. 2000. Quantitative genetic variation in populations of Dar- win's finches. In T. A. Mousseau, B. Sinervo, and J. Endler, eds., *Adaptive variation in the wild*, 3-40. Academic Press, New York, NY.

Grant, P. R., and B. R. Grant. 2002a. Adaptive radiation of Darwin's finches. *Amer. Sci.* 90: 130-139.

Grant, P. R., and B. R. Grant. 2002c. Unpredictable evolution in a 30-year study of Darwin's finches. *Science* 296: 707-711.

Grant, P. R., and B. R. Grant. 2006a. Evolution of character displacement in Darwin's finches. *Science* 313: 224-226.

Grant, P. R., and B. R. Grant. 2006b. Species before speciation is complete. *Ann. Missouri Bot. Gard.* 93: 94-102.

Grant, P. R., B. R. Grant, L. F. Keller, J. A. Markert, and K. Petren. 2003. Inbreeding and interbreeding in Darwin's finches. *Evolution* 57: 2911-2916.

Grant, P. R., B. R. Grant, L. F. Keller, and K. Petren. 2005b. Extinction behind our backs: the possible fate of one of the Darwin's finch species on Isla Floreana, Galápagos. *Biol. Conserv.* 122: 499-503.

Grant, P. R., B. R. Grant, J. A. Markert, L. F. Keller, and K. Petren. 2004. Convergent evolution of Darwin's finches caused by introgressive hybridization and selection. *Evolution* 58: 1588-1599.

Grant, P. R., B. R. Grant, and K. Petren. 2000. The allopatric phase of speciation: the sharp-beaked ground finch (*Geospiza difficilis*) on the Galápagos islands. *Biol. J. Linn. Soc* 69: 287-317.

Grant, P. R., B. R. Grant, and K. Petren. 2001. A population founded by a single pair of individuals: establishment, expansion, and evolution. *Genetica* 112/113: 359-382.

Grant, P. R., B. R. Grant, and K. Petren. 2005a. Hybridization in the recent past. *Amer. Nat.* 166: 56-67.

Grant, P. R., and T. D. Price. 1981. Population variation in continuously varying traits as an ecological genetics problem. *Syst. Zool.* 21: 795-811.

Gray, A. P. 1958. *Bird hybrids*. Commonwealth Agricultural Bureaux, Farnham Royal, UK.

Grinnell, J. 1924. Geography and evolution. *Ecology* 5: 225-229.

Gulledge, J. L. 1970. *An analysis of song in the mockingbird genera Nesomimus and Mimus*. Unpubl. M.A. thesis, San Francisco State University, San Francisco, CA.

Hajibabaei, M., D. H. Janzen, J. M. Burns, W. Hallwechs, and P.D.N. Hebert. 2006. DNA barcodes distinguish species of tropical Lepidoptera. *Proc. Natl. Acad. Sci. USA* 103: 968-971.

Haldane, J.B.S. 1922. Sex ratio and unisexual sterility in animal hybrids. *J. Genet.* 12: 101-109.

Hall, B. P., and R. E. Moreau. 1970. *An atlas of speciation in African passerine birds*. British Museum of Natural History, London, U.K.

Hamann, O. 1981. Plant communities of the Galápagos Islands. *Dansk Botanisk Archiv.* 34: 1-163.

Harmon, L. J., J. J. Kolbe, J. M. Cheverud, and J. B. Losos. 2005. Convergence and the multidimensional niche. *Evolution* 59: 409-421.

Harmon, L. J., J. A. Schutte II, A. Larson, and J. B. Losos. 2003. Tempo and mode of evolutionary radiation in iguanian lizards. *Science* 301: 961-964.

Harrison, R. G. 1998. Linking pattern and process: the relevance of species concepts for the study of speciation. In D. J. Howard and S. H. Berlocher, eds., *Endless forms: Species and speciation*, 19-31. Oxford University Press, New York, NY.

Harrison, R. G., ed. 1993. *Hybrid zones and the evolutionary process*. Oxford University Press, New York, NY.

Haug, G. H., D. M. Sigman, R. Tiedemann, T. F. Pedersen, and M. Sarnthein. 1999. Onset of permanent stratification in the subarctic Pacific Ocean. *Nature* 401: 779-782.

Hebets, E. A. 2003. Subadult experience influences adult mate choice in an arthropod: exposed female wolf spiders prefer males of a familiar phenotype. *Proc. Natl. Acad. Sci. USA* 100: 13390-13395.

Hedges, S. B. 1989. Evolution and biogeography of West Indian frogs of the genus *Eleutherodactylus*: slow-evolving loci and the major groups. In C. A. Woods, ed., *Biogeography of the West Indies: Past present and future*, 305-370. Sandhill Crane Press, Gainesville, FL.

Hedges, S. B., C. A. Hess, and L. R. Maxon. 1992. Caribbean biogeography: molecular evidence for dispersal in West Indian terrestrial vertebrates. *Proc. Natl. Acad. Sci. USA* 89: 1909-1913.

Hedrick, P. W. 1998. *Genetics of populations*, 2nd ed. Jones and Bartlett, Sudbury, MA.

Helbig, A. J., A. G. Knox, D. T. Parkin, G. Sangster, and M. Collinson. 2002. Guidelines for assigning species rank. *Ibis* 144: 518-525.

Hendry, A. P., P. R. Grant, B. R. Grant, H. A. Ford, M. J. Brewer, and J. Podos. 2006. Possible human impacts on adaptive radiation in Darwin's finches. *Proc. R. Soc. B* 273: 1187-1194.

Herder, F., A. W. Nolte, J. Pfaender, J. Schwarzer, R. K. Hadiaty, and U. K. Schliewen. 2006. Adaptive radiation and hybridization in Wallace's Dreamponds: evidence from sailfin silversides in the Malili Lakes of Sulawesi. *Proc. R. Soc. B* 273: 2209-2217.

Herrel, A., J. Podos, S. K. Huber, and A. P. Hendry. 2005a. Bite performance and mor- phology in a population of Darwin's finches: Implications for the evolution of beak shape. *Funct. Ecol.* 19: 43-48.

Herrel, A., J. Podos, S. K. Huber, and A. P. Hendry. 2005b. Evolution of bite force in Darwin's finches: A key role for head width. *J. Evol. Biol.* 18: 669-675.

Higashi, M., G. Takimoto, and N. Yamamura. 1999. Sympatric speciation by sexual selection. *Nature* 402: 523-526.

Ho, S. Y., M. J. Phillips, A. Cooper, and A. J. Drummond. 2005. Time dependency of molecular rate estimates and systematic overestimation of recent divergence times. *Mol. Biol. Evol.* 22: 1561-1568.

Horner-Devine, M. C., K. M. Carney, and B.J.M. Bohannan. 2004. An ecological perspective on bacterial diversity. *Proc. R. Soc. B* 271: 113-122.

Hoskin, C. J., M. Higgie, K. R. McDonald, and C. Moritz. 2005. Reinforcement drives rapid allopatric speciation. *Nature* 437: 1353-1356.

Hostert, E. E. 1997. Reinforcement: a new perspective on an old controversy. *Evolution* 51: 697-702.

Howard, R. D. 1974. The influence of sexual selection and interspecific competition on mockingbird song. *Evolution* 28: 428-438.

Howarth, D. G, and D. A. Baum. 2005. Genealogical evidence of homoploid hybrid speciation in an adaptive radiation of *Scaevola* (Goodeniaceae) in the Hawaiian islands. *Evolution* 59: 948-961.

Huber, S. K., and J. Podos. 2006. Beak morphology and song features covary in a popula- tion of Darwin's finches (*Geospiza fortis*). *Biol. J. Linn. Soc.* 88: 489-498.

Hudson, R. R., and J. A. Coyne. 2002. Mathematical consequences of the genealogical concept. *Evolution* 56: 1557-1565.

Hundley, M. H. 1963. Notes on methods of feeding and the use of tools in the Geospiz- inae. *Auk* 80: 372-373.

Hunt, J. S., E. Bermingham, and R. E. Ricklefs. 2001. Molecular systematics and biogeography of Antillean thrashers, tremblers, and mockingbirds (Aves: Mimidae). *Auk* 118: 35-55.

Hutchinson, G. E. 1965. *The ecological theater and the evolutionary play.* Yale University Press, New Haven, CT.

Huxley, J. S. 1938. Species formation and geographical isolation. *Proc. Linn. Soc. Lond.* 150: 253-264.

Huxley, J. S. 1942. *Evolution, the modern synthesis.* Allen & Unwin, London.,U.K.

Huxley, J. S. ed. 1940. *The new systematics.* Clarendon Press, Oxford, U.K.

Immelmann, K. 1975. Ecological significance of imprinting and early learning. *Annu. Rev. Ecol. Syst.* 6: 15-37.

Irwin, D. E., and T. D. Price. 1999. Sexual imprinting, learning and speciation. *Heredity* 82: 347-354.

Jablonski, D., K. Roy, and J. W. Valentine. 2006. Out of the tropics: evolutionary dynamics of the latitudinal diversity gradient. *Science* 314: 102-106.

Jackson, J.B.C. 1994. Constancy and change of life in the sea. *Philos. Trans. R. Soc. B* 344: 55-60.

James, H. F. 2004. The osteology and phylogeny of the Hawaiian finch radiation (Fringillidae: Drepanidini), including extinct taxa. *Zool. J. Linn. Soc.* 141: 207-255.

Jiggins, C. D., R. Mallarino, K. R. Willmott, and E. Bermingham. 2006. The phylo- genetic pattern of speciation and wing pattern change in neotropical. *Ithomia* butter- flies (Lepidoptera: Nymphalidae). *Evolution* 60: 1454-1466.

Johnson, M. P., and P. H. Raven. 1973. Species number and endemism: the Galápagos archipelago. *Science* 179: 893-895.

Johnson, M. S., J. Murray, and B. Clarke. 2000. Parallel evolution in Marquesan partulid land snails. *Biol. J. Linn. Soc.* 69: 577-598.

Joyce, D. A., D. H. Lunt, R. Bills, G. F. Turner, C. Katongo, N. Duftner, C. Sturmbauer, and O. Seehausen. 2005. An extant cichlid fish radiation emerged in an extinct Pleis- tocene lake. *Nature* 435: 90-95.

Kambysellis, M. P., and E. M. Craddock. 1997. Ecological and reproductive shifts in the diversification of the endemic Hawaiian *Drosophila*. In T. J. Givnish and K. J. Sytsma, eds., *Molecular evolution and adaptive radiation*, 475-509. Cambridge University Press, Cambridge, U.K.

Kaneshiro, K. Y., R. G. Gillespie, and H. L. Carson. 1995. Chromosomes and male genitalia of Hawaiian *Drosophila*: tools for interpreting phylogeny and geography. In W. W. Wagner and V. A. Funk, eds., Hawaiian biogeography: *evolution on a hotspot*, 57-71. Smithsonian Institution Press, Washington, DC.

Kawecki, T. 1997. Sympatric speciation by habitat specialization driven by deleterious mutations. *Evolution* 51: 1751-1763.

Keller, L. F., P. R. Grant, B. R. Grant, and K. Petren. 2001. Heritability of morphological traits in Darwin's finches: misidentified paternity and maternal effects. *Heredity* 87: 325-336.

Keller, L. F., P. R. Grant, B. R. Grant, and K. Petren. 2002. Environmental conditions affect the magnitude of inbreeding depression in survival of Darwin's finches. *Evolu- tion* 56: 1229-1239.

Kerr, R. A. 2001. The tropics return to the climate system. *Science* 292: 660-661.

Kirchman, J. J., S. J. Hackett, S. M. Goodman, and J. M. Bates. 2001. Phylogeny and systematics of ground rollers (Brachypteraciidae) of Madagascar. *Auk* 118: 849-863.

Kirzian, D., A. Trager, M. A. Donnelly, and J. W. Wright. 2004. Evolution of Galápagos island lava lizards (Iguania: Tropiduridae: *Microlophus*). *Mol. Phylogenet. Evol.* 32: 761-769.

Kleindorfer, S., T. W. Chapman, H. Winkler, and F. J. Sulloway. 2006. Adaptive diver- gence in contiguous populations of Darwin's small ground finch (*Geospiza fuliginosa*). *Evol. Ecol. Res.* 8: 357-372.

Kocher, T. D. 2004. Adaptive evolution and explosive speciation: the cichlid fish model. *Nature Revs. Genet.* 5: 288-298.

Kondrashov, A. S., and F. A. Kondrashov. 1999. Interactions among quantitative traits in the course of sympatric speciation. *Nature* 400: 351-354.

Kozak, K. H., D. W. Weisrock, and A. Larson. 2006. Rapid lineage accumulation in a non-adaptive radiation: phylogenetic analysis of diversification rates in eastern North American woodland salamanders (Plethodontidae: *Plethodon*). *Proc. R. Soc. B* 273: 539-546.

Labandeira, C. C., D. L. Dilcher, D. R. Davis, and D. L. Wagner. 1994. Ninety-seven million years of angiosperm-insect association: paleobiological insights into the meaning of coevolution. *Proc. Natl. Acad. Sci. USA* 91: 12278-12282.

Lack, D. 1945. The Galápagos finches (Geospizinae): a study in variation. *Occas. Pap. Calif. Acad. Sci.* 21: 1-159.

Lack, D. 1947. *Darwin's finches: an essay on the general biological theory of evolution*. Cambridge University Press, Cambridge, U.K.『ダーウィンフィンチ―進化の生態学』(浦本昌紀・樋口広芳訳, 思索社, 1985).

Lambeck, K. and J. Chappell. 2001. Sea level change through the last glacial cycle. *Science* 292: 679-686.

Laurie, C. C. 1997. The weaker sex is heterogametic: 75 years of Haldane's rule. *Genetics* 147: 937-951.
Lawrence, K. T., L. Zhonghui, and T. D. Herbert. 2006. Evolution of the Eastern Tropical Pacific through Plio-Pleistocene glaciation. *Science* 312: 79-83.
Lea, D. W., D. K. Pak, C. L. Belanger, H. J. Spero, M. A. Hall, and N. J. Shackleton. 2006. Paleoclimate history of Galápagos surface waters over the last 135,000 yr. *Quaternary Sci. Revs.* 25: 1152-1167.
Lewontin, R. C., and L. C. Birch. 1966. Hybridization as a source of variation for adaptation to new environments. *Evolution* 20: 315-336.
Liou, L. W., and T. D. Price. 1994. Speciation by reinforcement of premating isolation. *Evolution* 48: 1451-1459.
Lopez, T. J., D. E. Hauselman, L. R. Maxon, and J. W. Wright. 1992. Preliminary analysis of phylogenetic relationships among Galápagos Island lizards of the genus *Tropidurus*. *Amphibia-Reptilia* 13: 327-339.
Losos, J. B. 1994. Integrative approaches to evolutionary ecology: *Anolis* lizards as model systems. *Annu. Rev. Ecol. Syst.* 25: 467-493.
Losos, J. B. 1998. Ecological and evolutionary determinants of the species-area relation- ship in Caribbean anoline lizards. In P. R. Grant, ed., *Evolution on islands*, 210-224. Oxford University Press, Oxford, U.K.
Losos, J. B., T. R. Jackman, A. Larson, K. de Queiroz, and L. Rodríguez-Schettino. 1998. Contingency and determinism in replicated adaptive radiations of island lizards. *Science* 279: 2115-2118.
Lovette I. J. 2004. Mitochondrial dating and mixed support for the "2% rule" in birds. *Auk* 121: 1-6.
Lovette, I. J., and E. Bermingham. 1999. Explosive speciation in the New World *Dendroica* warblers. *Proc. R. Soc. B* 266: 1629-1636.
Lovette, I. J., E. Bermingham, and R. E. Ricklefs. 2002. Clade-specific morphologi- cal diversification and adaptive radiation in Hawaiian songbirds. *Proc. R. Soc. B* 269: 37-42.
Lukhtanov, V. A., N. P. Kandul, J. B. Plotkin, A. V. Dantchenko, D. Haig, and N. E. Pierce. 2005. Reinforcement of pre-zygotic isolation and karyotype evolution in *Agrodiaetus* butterflies. *Nature* 436: 385-389.
Lynch, A., and A. J. Baker. 1990. Increased vocal discrimination by learning: sympatry in two species of chaffinches. *Behaviour* 116: 109-126.
MacFadden, B. J., and R. C. Hulbert. 1988. Explosive speciation at the base of the adaptive radiation of Miocene grazing horses. *Nature* 336: 466-468.
Mallett, J. 2005. Hybridization as an invasion of the genome. *Trends Ecol. Evol.* 20: 229-237.
Mallet, J., W. O. McMillan, and C. D. Jiggins. 1998. Mimicry and warning color at the boundary between races and species. In D. J. Howard and S. H. Berlocher, eds., *Endless Forms: species and speciation*, 390-403. Oxford University, New York, NY.
Marshall, D. C., and J. R. Cooley. 2000. Reproductive character displacement and speci- ation in periodical cicadas, with a description of a new species, 13-year *Magicicada neotredecim*. *Evolution* 54: 1313-1325.
Martinsen, G. D., T. G. Whitham, R. J. Turek, and P. Keim. 2001. Hybrid populations selectively filter gene introgression. *Evolution* 55: 1325-1335.
Matyjasiak, P. 2005. Birds associate species-specific acoustic and visual cues: recognition of heterospecific rivals by male blackcaps. *Behav. Ecol.* 16: 467-471.
Maynard Smith, J. 1966. Sympatric speciation. *Amer. Nat.* 100: 637-650.
Mayr, E. 1942. *Systematics and the origin of species*. Columbia University Press, New York, NY.
Mayr, E. 1954. Change in genetic environment and evolution. In J. Huxley, A. C. Hardy, and E. B. Ford, eds.,

Evolution as a process, 157-180. Allen & Unwin, London, UK.

Mayr, E. 1963. *Animal species and evolution*. Belknap Press, Harvard, Cambridge, MA.

Mayr, E. 1992. Controversies in retrospect. In D. J. Futuyma and J. Antonovics, eds., *Oxford surveys in evolutionary biology*, 1-34. Oxford University Press, Oxford, UK.

Mayr, E. 2004. *What makes biology unique? Considerations on the autonomy of a scientific discipline*. Cambridge University Press, Cambridge, U.K.

Mayr, E., and J. Diamond. 2001. *Birds of Northern Melanesia*. Oxford University Press, New York, NY.

McPhaden, M. J., S. E. Zebiak, and M. H. Glantz. 2006. ENSO as an integrating con- cept in earth science. *Science* 314: 1740-1745.

Merrell, D. J. 1994. *The adaptive seascape*. University of Minnesota Press, Minneapo- lis, MN.

Miller, A. J., D. R. Cayan, T. P. Barnett, N. E. Graham, and J. M. Oberhuber. 1994. The 1976-77 climate shift in the Pacific Ocean. *Oceanogr.* 7: 21-26.

Millikan, G. C., and R. I. Bowman. 1967. Observations on Galápagos tool-using finches in captivity. *Living Bird* 6: 23-41.

Muller, H. J. 1940. Bearing of the *Drosophila* work on systematics. In J. Huxley, ed., *The new systematics*, 185-286. Clarendon Press, Oxford, U.K.

Nee, S. 2006. Birth-death models in macroevolution. *Annu. Rev. Ecol. Evol. Syst.* 37: 1-17.

Nee, S., R. M. May, and P. H. Harvey. 1994. The reconstructed evolutionary process. *Philos. Trans. R. Soc. B* 344: 305-311.

Newton, I. 2003. *The speciation and biogeography of birds*. Academic Press, London, U.K.

Nosil, P., B. J. Crespi, and C. P. Sandoval. 2003. Reproductive isolation driven by the combined effects of ecological adaptation and reinforcement. *Proc. R. Soc. B* 270: 1911-1918.

Olson, S. L., and H. F. James. 1981. Fossil birds from the Hawaiian Islands: evidence for wholesale extinction by man before western contact. *Science* 217: 633-635.

Orr, H. A. 1996. Dobzhansky, Bateson, and the genetics of speciation. *Genetics* 144: 1331-1335.

Osborn, H. F. 1900. The geological and faunal relations of Europe and America during the Tertiary Period and the theory of successive invasions of an African fauna. *Science* 11: 563-564.

Panov, E. N. 1989. *Natural hybridisation and ethological isolation in birds*. Nauka, Moscow, Russia.

Parent, C. E., and B. Crespi. 2006. Sequential colonization and diversification of Galápagos endemic land snail genus *Bulimulus* (Gastropoda, Stylommatophora). *Evolution* 60: 2311-2328.

Patten, M. A., J. T. Rotenberry, and M. Zuk. 2004. Habitat selection, acoustic adaptation, and the evolution of reproductive isolation. *Evolution* 58: 2144-2155.

Patterson, D. J. 1999. The diversity of eukaryotes. *Amer. Nat.* 154 supplement: S96-S124.

Patterson, N., D. J. Richter, S. Gnerre, E. S. Lander, and D. Reich. 2006. Genetic ev- idence for complex speciation of humans and chimpanzees. *Nature* 441: 1103-1108.

Payne, R. B. 1973. Behavior, mimetic songs and song dialects, and relationships of parasitic Indigobirds (*Vidua*) of Africa. *Ornithol. Monogr.* 11: 1-333.

Payne, R. B., L. L. Payne, J. L. Woods, and M. D. Sorenson. 2000. Imprinting and the origin of parasite-host associations in brood-parasitic indigobirds, *Vidua chalybeata*. *Anim. Behav.* 59: 69-81.

Peck, S. B. 1996. Diversity and distribution of orthopteroid insects of the Galápagos Islands, Ecuador. *Canad. J. Zool.* 74: 1497-1510.

Pemberton, R. W., and G. S. Wheeler. 2006. Orchid bees don't need orchids: evidence from the naturalization of an orchid bee in Florida. *Ecology* 87: 1995-2001.

Perkins, R.C.L. 1903. Vertebrata. In D. Sharp, ed., *Fauna Hawaiiensis*, 365-466. Cambridge University Press, Cambridge, U.K.

Perkins, R.C.L. 1913. Introduction. In D. Sharp, ed., *Fauna Hawaiiensis*, xv-ccxxviii. Cambridge University Press, Cambridge, U.K.

Peterson, M. A., B. A. Honchak, S. E. Locke, T. E. Beeman, J. Mendoza, J. Green, K. J. Buckingham, M. A. White, and K. J. Monsen. 2005. Relative abundance and the species-specific reinforcement of male mating preference in the *Chrysochus* (Coleoptera: Chysomelidae) hybrid zone. *Evolution* 59: 2639-2655.

Petren, K., B. R. Grant, and P. R. Grant. 1999. A phylogeny of Darwin's finches based on microsatellite DNA length variation. *Proc. R. Soc. B* 266: 321-329.

Petren, K., P. R. Grant, B. R. Grant, and L. F. Keller. 2005. Comparative landscape genetics and the adaptive radiation of Darwin's finches: the role of peripheral isolation. *Mol. Ecol.* 14: 2943-2957.

Pfennig, K. 2003. A test of alternative hypotheses for the evolution of reproductive iso- lation between spadefoot toads: support for the reinforcement hypothesis. *Evolution* 57: 2842-2851.

Podos, J. 2001. Correlated evolution of morphology and vocal signal structure in Darwin's finches. *Nature* 409: 185-188.

Podos, J., S. K. Huber, and B. Taft. 2004a. Bird song: the interface of evolution and mechanism. *Annu. Rev. Ecol. Syst.* 35: 55-87.

Podos, J., and S. Nowicki. 2004. Beaks, adaptation, and vocal evolution in Darwin's Finches. *BioScience* 54: 501-510.

Podos, J., J. A. Southall, and M. R. Rossi-Santos. 2004b. Vocal mechanics in Dar- win's finches: correlation of beak gape and song frequency. *J. Exp. Biol.* 207: 607-619.

Porter, D. M. 1976. Geography and dispersal of Galapagos Islands vascular plants. *Nature* 264: 745-746.

Prager, E. M., and A. C. Wilson. 1975. Slow evolutionary loss of the potential for interspecific hybridization in birds: a manifestation of slow regulatory evolution. *Proc. Natl. Acad. Sci. USA* 72: 200-204.

Pratt, H. D. 2005. *The Hawaiian honeycreepers* Drepanidinae. Oxford University Press, Oxford, U.K.

Price, T. D. 1987. Diet variation in a population of Darwin's finches. *Ecology* 68: 1015-1028.

Price, T. D. 1998. Sexual selection and natural selection in bird speciation. *Philos. Trans. R. Soc. B* 353: 251-260.

Price, T. D. 2007. *Speciation in birds*. Roberts & Co., Greenwood Village, CO.

Price, T. D., and M. M. Bouvier. 2002. The evolution of F1 postzygotic incompatibilities in birds. *Evolution* 56: 2083-2089.

Price, T. D., H. L. Gibbs, L. de Sousa, and A. D. Richman. 1998. Different timings of the adaptive radiations of North American and Asian warblers. *Proc. R. Soc. B* 265: 1969-1975.

Price, T. D., P. R. Grant, H. L. Gibbs, and P. T. Boag. 1984. Recurrent patterns of natural selection in a popu- lation of Darwin's finches. *Nature* 309: 787-789.

Price, T. D., I. Lovette, E. Bermingham, H. L. Gibbs, and A. D. Richman. 2000. The imprint of history on communities of North American and Asian warblers. *Amer. Nat.* 156: 354-367.

Price, T. D., A. Qvarnström, and D. E. Irwin. 2003. The role of phenotypic plasticity in driving genetic evo- lution. *Proc. R. Soc. B* 270: 1433-1440.

Pritchard, J. K., M. Stephens, and P. Donnelly. 2000. Inference of population structure using multilocus genotype data. *Genetics* 155: 945-959.

Prodon, R., J.-C. Thibault, and P.-A. Dejaifve. 2002. Expansion vs compression of bird altitude ranges on a Mediterranean island. *Ecology* 83: 1294-1306.

Provine, W. B. 1989. Founder effects and genetic revolutions in microevolution and speciation: a historical perspective. In L. V. Giddings, K. Y. Kaneshiro, and W. W. Anderson, eds., *Genetics, speciation, and the founder principle*, 43-76. Oxford University Press, New York, NY.

Rabosky, D. L. 2006. Likelihood methods for detecting temporal shifts in diversification rates. *Evolution* 60: 1152-1164.

Rasmann, C. 1997. Evolutionary age of the Galápagos iguanas predates the age of the present Galápagos islands. *Mol. Phylogenet. Evol.* 7: 158-172.

Ratcliffe, L. M. 1981. *Species recognition in Darwin's ground finches (Geospiza, Gould)*. Unpubl. Ph. D. thesis, McGill University, Montreal, Canada.

Ratcliffe, L. M., and P. R. Grant. 1983a. Species recognition in Darwin's finches (*Geospiza*, Gould). I. Discrimination by morphological cues. *Anim. Behav.* 31: 1139-1153.

Ratcliffe, L. M., and P. R. Grant. 1983b. Species recognition in Darwin's finches (*Geospiza*, Gould). II. Geographic variation in mate preference. *Anim. Behav.* 31: 1154-1165.

Ratcliffe, L. M., and P. R. Grant. 1985. Species recognition in Darwin's Finches (*Geospiza*, Gould). III. Male responses to playback of different song types, dialects and heterospecific songs. *Anim. Behav.* 33: 290-307.

Raymo, M. E., K. Ganley, S. Carter, D. W. Oppo, and J. McManus. 1998. Millenial- scale climate instability during the early Pleistocene epoch. *Nature* 392: 699-703.

Rensch, B. 1933. Zoologische Systematik und Artbildungsproblem. *Zool. Anzeiger*, Suppl. 6: 19-83.

Reudink, M. W., S. G. Mech, and R. L. Curry. 2005. Extrapair paternity and mate choice in a chickadee hybrid zone. *Behav. Ecol.* 17: 56-62.

Rice, W. R., and E. E. Hostert. 1993. Perspective: Laboratory experiments on specia- tion: what have we learned in forty years? *Evolution* 47: 1637-1653.

Richman, A. D. 1996. Ecological diversification and community structure in the Old World leaf warblers (Genus *Phylloscopus*): a phylogenetic perspective. *Evolution* 50: 2461-2470.

Richman, A. D., and T. D. Price. 1992. Evolution of ecological differences in the Old World leaf warblers. *Nature* 355: 817-821.

Ricklefs, R. E., and G. W. Cox. 1972. Taxon cycles in the West Indian avifauna. *Amer. Nat.* 106: 195-219.

Ricklefs, R. E., and D. Schluter. 1993. Species diversity: regional and historical influ- ences. In R. E. Ricklefs and D. Schluter, eds., *Species diversity in ecological commu- nities: historical and geographical perspectives*, 350-363. University of Chicago Press, Chicago, IL.

Ridgway, R. S. 1901. *The birds of North and Middle America*, vol. 1. Govt. Printing Office, Washington, DC.

Riebel, K. 2000. Early exposure leads to repeatable preferences for male song in female zebra finches. *Proc. R. Soc. B* 267: 2553-2558.

Riebel, K., I. M. Smallegange, N. J. Terpstra, and J. J. Bolhuis. 2002. Sexual equality in zebra finch song preference: evidence for a dissociation between song recognition and production learning. *Proc. R. Soc. B* 269: 729-733.

Rieseberg, L. H. 1997. Hybird orgins of plant species. *Annu. Rev. Ecol. Syst.* 28: 359-389.

Rieseberg, L. H., O. Raymond, D. M. Rosenthal, Z. Lai, K. Livingstone, T. Nakazato, J. L. Durphy, A. E. Schwartzbach, L. A. Donovan, and C. Lexer. 2003. Major ecologi- cal transitions in wild sunflowers facilitated by hybridization. *Science* 301: 1211-1216.

Rowher, S., E. Bermingham, and C. Wood. 2001. Plumage and mitochondrial DNA haplotype variation across a moving hybrid zone. *Evolution* 55: 405-422.

Roy, M. S. 1997. Recent diversification in African greenbuls (Pycnonotidae: *Andropadus*) supports a montane speciation model. *Proc. R. Soc. B* 264: 1337-1344.

Ruta, M., P. J. Wagner, and M. J. Coates. 2006. Evolutionary patterns in early tetrapods. I. Rapid initial diversification followed by decrease in rates of character change. *Proc. R. Soc. B* 273: 2107-2111.

Ryan, P. G., C. L. Moloney, and J. Hudon. 1994. Color variation and hybridization among *Nesospiza* buntings on Inaccessible island, Tristan de Cunha. *Auk* 111: 314-327.

Sætre, G.-P., T. Borge, J. Lindell, T. Moum, C. R. Primmer, B. C. Sheldon, J. Haavie, A. Johnson, and H. Ellegren. 2001. Speciation, introgressive hybridization and non- linear rate of molecular evolution in flycatchers. *Mol. Ecol.* 10: 737-749.

Sætre, G.-P., T. Borge, K. Lindroos, J. Haavie, B. C. Sheldon, C. R. Primmer, and A. C. Syvänen. 2003. Sex chromosome evolution and speciation in Ficedula flycatchers. *Proc. R. Soc. B* 270: 53-59.

Sætre, G.-P., T. Moum, S. Bureˇs, M. Král, M. Adamjan, and J. Moreno. 1997. A sexually selected character displacement in flycatchers reinforces premating isolation. *Nature* 387: 589-592.

Sato, A., C. O'hUigin, F. Figueroa, P. R. Grant, B. R. Grant, and J. Klein. 1999. Phy- logeny of Darwin's finches as revealed by mtDNA sequences. *Proc. Natl. Acad. Sci. USA* 96: 5101-5106.

Sato, A., H. Tichy, C. O'hUigin, P. R. Grant, B. R. Grant, and J. Klein. 2001. On the origin of Darwin's finches. *Mol. Biol. Evol.* 18: 299-311.

Schliewen, U. K., D. Tautz, and S. Pääbo. 1994. Sympatric speciation suggested by monophyly of crater lake cichlids. *Nature* 368: 629-632.

Schluter, D. 1996. Ecological causes of adaptive radiation. *Amer. Nat.* 148 (suppl.): S40-S64.

Schluter, D. 1998. Ecological causes of speciation. In D. J. Howard and S. H. Berlocher, eds., Endless forms: species and speciation, 114-129. Oxford University Press, New York, NY.

Schluter, D. 2000. *The ecology of adaptive radiation.* Oxford University Press, Oxford, U.K.

Schluter, D., and P. R. Grant. 1984a. Determinants of morphological patterns in communities of Darwin's finches. *Amer. Nat.* 123: 175-196.

Schluter, D., and P. R. Grant. 1984b. Ecological correlates of morphological evolution in a Darwin's Finch species. *Evolution* 38: 856-869.

Schluter, D., T. D. Price, and P. R. Grant. 1985. Ecological character displacement in Darwin's finches. *Science* 277: 1056-1059.

Schwarz, D., B. M. Matta, N. L. Shakir-Botteri, and B. A. McPheron. 2005. Host shift to an invasive plant triggers rapid animal hybrid speciation. *Nature* 436: 546-549.

Secondi, J., V. Bretagnolle, C. Compagnon, and B. Faivre. 2003. Species-specific song convergence in a moving hybrid zone between two passerines. *Biol. J. Linn. Soc.* 80: 507-517.

Seddon, N. 2005. Ecological adaptation and species recognition drives vocal evolution in neotropical suboscine birds. *Evolution* 59: 200-215.

Seehausen, O. 2004. Hybridization and adaptive radiation. *Trends Ecol. Evol.* 19: 198-207.

Seehausen, O. 2006. Review. African cichlid fish: a model system in adaptive radiation research. *Proc. R. Soc. B* 273: 1987-1998.

Seehausen, O., J.J.M. van Alphen, and F. Witte. 1997. Cichlid fish diversity threatened by eutrophication that curbs sexual selection. *Science* 277: 1808-1811.

Sequeira, A. S., A. A. Lanteri, M. A. Scataglini, V. A. Confalonieri, and B. D. Farrell. 2000. Are flightless *Galapaganus* weevils older than the Galápagos Islands they inhabit? *Heredity* 85: 20-29.

Severinghaus, L. L., and Y.-M. Kuo. 1994. Mate choice as a cause for unequal hybridization between Chinese and Styan's Bulbuls. *J. für Ornithol.* 135: 363.

Simpson, G. G. 1944. *Tempo and mode of evolution.* Columbia University Press, New York, NY.

Simpson, G. G. 1949. *The meaning of evolution: a study of the history of life and its signi- ficance for man.* Yale University Press, New Haven, CT.

Simpson, G. G. 1953. *The major features of evolution.* Columbia University Press, New York, NY.

Sims, R. W. 1959. The *Ceyx erithacus* and *rufidorsus* species problem. *J. Linn. Soc. Lond. Zool.* 44: 212-221.

Sinton, C. W., D. M. Christie, and R. A. Duncan. 1996. Geochronology of Galápagos seamounts. *J. Geophys. Res.* 101: 13689-13700.

Slabbekoorn, H., and T. B. Smith. 2000. Does bill size polymorphism affect courtship characteristics in the African finch *Pyrenestes ostrinus*? *Biol. J. Linn. Soc.* 71: 737-753.

Slagsvold, T., B. T. Hansen, L. E. Johannessen, and J. T. Lifjeld. 2002. Mate choice and imprinting in birds studied by cross-fostering in the wild. *Proc. R. Soc. B* 269: 1449-1456.

Slatkin, M. 1975. Gene flow and the geographic structure of natural populations. *Science* 236: 787-792.

Smith, J.N.M., P. R. Grant, B. R. Grant, I. Abbott, and L. K. Abbott. 1978. Seasonal variation in feeding habits of Darwin's ground finches. *Ecology* 59: 1137-1150.

Sol, D., R. P. Duncan, T. M. Blackburn, P. Cassey, and L. Lefebvre. 2005. Big brains, enhanced cognition, and response of birds to novel environments. *Proc. Natl. Acad. Sci. USA* 102: 5460-5465.

Soltis, D. E., P. S. Soltis, P. K. Endress, and M. W. Chase. 2005. *Phylogeny and evolution of angiosperms.* Sinauer, Sunderland, MA.

Sorenson, M. D., K. M. Sefc, and R. B. Payne. 2003. Speciation by host switch in brood parasitic indigobirds. *Nature* 424: 928-931.

Steadman, D. W. 1986. *Holocene vertebrate fossils from Isla Floreana, Galápagos.* Smith- sonian Contributions to Zoology, no. 413.

Stebbins, G. L., Jr. 1959. The role of hybridization in evolution. *Proc. Amer. Philos. Soc.* 103: 231-251.

Stern, D. L., and P. R. Grant. 1996. A phylogenetic reanalysis of allozyme variation among populations of Galápagos finches. *Zool. J. Linn. Soc.* 118: 119-134.

Stresemann, E. 1936. Zur Frage der Artbildung in der Gattung *Geospiza. Org. Club Nederl. Vogelkunde* 9: 13-21.

Swarth, H. S. 1931. The avifauna of the Galapagos islands. *Occas. Pap. Calif. Acad. Sci.* 18: 1-299.

Swarth, H. S. 1934. The bird fauna of the Galápagos Islands in relation to species forma- tion. *Biol. Revs.* 9: 213-234.

Tao, Y., S. Chen, D. L. Hartl, and C. C. Laurie. 2003. Genetic dissection of hybrid in- compatibilities between *Drosophila simulans* and *D. mauritiana.* I. Differential accu- mulation of hybrid male sterility effects on the X and autosomes. *Genetics* 164: 1383-1398.

Tarr, C. L., S. Conant, and R. C. Fleischer. 1998. Founder events and variation at microsatellite loci in an insular passerine bird, the Laysan finch (*Telespiza cantans*). *Mol. Ecol.* 7: 719-731.

Taylor, E. B., J. W. Boughman, M. Groenenboom, M. Sniatynski, D. Schluter, and J. Gow. 2006. Speciation in reverse: morphological and genetic evidence of the col- lapse of a three-spined stickleback (*Gasterosteus aculeatus*) species pair. *Mol. Ecol.* 15: 343-355.

Tebbich, S., and R. Bshary. 2004. Cognitive abilities related to tool use in the wood- pecker finch, *Cactospiza pallida*. *Anim. Behav.* 67: 689-697.

Tebbich, S., M. Taborsky, B. Fessl, and D. Blomqvist. 2001. Do woodpecker finches acquire tool use by social learning? *Proc. R. Soc. B* 268: 2189-2193.

Tebbich, S., M. Taborsky, B. Fessl, M. Dvorak, and H. Winkler. 2004. Feeding behavior of four arboreal Darwin's finches: adaptations to spatial and seasonal variability. *Condor* 106: 95-105.

Tegelström, H., and H. P. Gelter. 1990. Haldane's rule and sex-biased gene flow between two hybridizing flycatcher species (*Ficedula albicollis* and *F. hypoleuca*, Aves: Muscicap- idae). *Evolution* 44: 2012-2021.

Templeton, A. R. 1989. The meaning of species and speciation: a genetic perspective. In D. Otte and J. A. Endler, eds., *Speciation and its consequences*, 3-27. Sinauer, Sunderland, MA.

ten Cate, C., M. N. Verzijden, and E. Etman. 2006. Sexual imprinting can induce sexual preferences for exaggerated parental traits. *Current Biology* 16: 1128-1132.

ten Cate, C., and D. R. Vos. 1999. Sexual imprinting and evolutionary processes in birds: a reassessment. *Adv. Stud. Behav.* 28: 1-31.

ten Cate, C., D. R. Vos, and N. Mann. 1993. Sexual imprinting and song learning: two of one kind? *Neth. J. Zool.* 43: 34-45.

Thielcke, G. 1973. On the origin of divergence of learned signals (songs) in isolated populations. *Ibis* 115: 511-516.

Tonnis, B., P. R. Grant, B. R. Grant, and K. Petren. 2004. Habitat selection and ecolog- ical speciation in Galápagos warbler finches (*Certhidea olivacea* and *C. fusca*). *Proc. R. Soc. B* 272: 819-826.

Trauth, M. H., M. A. Maslin, A. Deino, and M. R. Strecker. 2005. Late Cenozoic moisture history of East Africa. *Science* 309: 2051-2053.

Travisiano, M., and P. B. Rainey. 2000. Studies of adaptive radiation using model microbial systems. *Amer. Nat.* 156 supplement: S35-S44.

Tudhope, A. W., C. P. Chilcott, M. T. McCulloch, E. R. Cook, J. Chappell, R. M. Ellam, D. W. Lea, J. M. Lough, and G. B. Shimmield. 2001. Variability in the El Niño- Southern oscilllation through a glacial-interglacial cycle. *Science* 291: 1511-1517.

Turelli, M., and H. A. Orr. 1995. The dominance theory of Haldane's rule. *Genetics* 140: 389-402.

Turney, C.S.M., A. P. Kershaw, S. C. Clemens, N. Branch, P. T. Moss, and L. K. Fifield. 2005. Millenial and orbital variations of El Niño/Southern Oscillation and high- latitude climate in the last glacial period. *Nature* 428: 306-310.

Valentine, J. W. 1973. *Evolutionary paleoecology of the marine biosphere*. Prentice-Hall, Englewood Cliffs, NJ.

Valentine, J. W. 2004. *On the origin of phyla*. University of Chicago Press, Chicago, IL.

Valentine, J. W., ed. 1985. *Phanerozoic diversity patterns*. Princeton University Press, Princeton, NJ.

Van Doorn, G. S., U. Dieckmann, and F. J. Weissing. 2004. Sympatric speciation by sexual selection: a critical reevaluation. *Amer. Nat.* 163: 709-725.

van Riper III, C., S. G. van Riper, M. L. Goff, and M. Laird. 1986. The epizootiology and ecological significance of malaria in Hawaiian birds. *Ecol. Monogr.* 56: 327-344.

Van Tuinen, M., and S. B. Hedges. 2001. Calibration of avian molecular clocks. *Mol. Biol. Evol.* 18: 206-213.

Veen, T., T. Borge, S. C. Griffiths, G.-P. Sætre, S. Bures, L. Gustafsson, and B. C. Sheldon. 2001. Hybridization and adaptive mate choice in flycatchers. *Nature* 411: 45-50.

Vincek, V., C. O'hUigin, Y. Satta, N. Takahata, P. T. Boag, P. R. Grant, B. R. Grant, and J. Klein. 1996. How large was the founding population of Darwin's finches? *Proc. R. Soc. B* 264: 111-118.

Vitt, L. J., and E. R. Pianka. 2005. Deep history impacts present-day ecology and bio- diversity. *Proc. Natl. Acad. Sci. USA* 102: 7877-7881.

Vollmer, S. V., and S. R. Palumbi. 2002. Hybridization and the evolution of reef coral diversity, *Science* 296: 2023-2025.

Vrba, E. S., G. H. Denton, T. C. Partridge, and L. H. Burckle. 1995. *Paleoclimate and evolution, with emphasis on human origins.* Yale University Press, New Haven, CT.

Waddington, C. H. 1953. Genetic assimilation of an acquired character. *Evolution* 7: 118-126.

Wake, D. B. 2006. Problems with species: patterns and processes of species formation in salamanders. *Ann. Missouri Bot. Gard.* 93: 8-23.

Wallace, A. R. 1855. On the law which has regulated the introduction of new species. *Annals of the Magazine of Natural History 2nd series*, 16: 184-196.

Wallace, A. R. 1871. *Contributions to the Theory of Natural Selection. A series of essays.* Macmillan & Co., London, U.K.

Wara, M. W., A. C. Ravelo, and M. L. Delaney 2005. Permanent El Niño-like condi- tions during the Pliocene warm period. *Science* 2005: 758-761.

Weiblen, G. D. 2002. How to be a fig wasp. *Annu. Rev. Entomol.* 47: 299-330.

Weir, J. T. 2006. Divergent timing and patterns of species accumulation in lowland and highland neotropical birds. *Evolution* 60: 842-855.

Werner, T. K., and T. W. Sherry. 1987. Behavioral feeding specialization in *Pinaroloxias inornata*, the "Darwin's Finch" of Cocos Island, Costa Rica. *Proc. Natl. Acad. Sci. USA* 84: 5506-5510.

West Eberhard, M. J. 2003. *Developmental plasticity and evolution.* Oxford University Press, New York, NY.

White, W. M., A. R. McBirney, and R. A. Duncan. 1993. Petrology and geochemistry of the Galápagos Islands: portrait of a pathological mantleplume. *J. Geophys. Res.* 98: 19533-19563.

Whiteman, N. K., S. J. Goodman, B. J. Sinclair, T. Walsh, A. A. Cunningham, L. D. Kramer, and P. G. Parker. 2005. Establishment of the avian disease vector *Culex quinquifasciatus* Say, 1823 (Diptera: Culicidae) on the Galápagos Islands, Ecuador. *Ibis* 147: 844-847.

Wiggins, I. L. 1966. Origins and relationships of the flora of the Galápagos Islands. In R. I. Bowman, ed., *The Galápagos*, 175-182. University of California Press, Berkeley, CA.

Williams, E. E. 1969. The ecology of colonization as seen in the zoogeography of ano- line lizards on small islands. *Quart. Rev. Biol.* 44: 345-389.

Williams, E. E. 1972. The origin of faunas: evolution of lizard congeners in a complex island fauna—a trial analysis. *Evol. Biol.* 6: 47-89.

引用文献

Willis, B. L., M.J.H. van Oppen, D. J. Miller, S. V. Vollmer, and D. J. Ayre. 2006. The role of hybridization in the evolution of reef corals. *Annu. Rev. Ecol. Evol. Syst.* 37: 489-517.

Wilmé, L., S. M. Goodman, and J. U. Ganzhorn. 2006. Biogeographic evolution of Madagascar's microendemic biota. *Science* 312: 1063-1067.

Wilson, E. O. 1992. *The diversity of life*. Harvard University Press, Cambridge, MA.

Woodward, F. I. 1987. *Climate and plant distribution*. Cambridge University Press, Cambridge, U.K.

Wright, J. W. 1983. The evolution and biogeography of the lizards of the Galápagos Archipelago: evolutionary genetics of *Phyllodactylus* and *Tropidurus* populations. In R. I. Bowman, M. Berson, and A. E. Leviton, eds., *Patterns of evolution in Galápagos organisms*, 123-155. American Association for the Advancement of Science, Pacific Division, San Francisco, CA.

Wright, S. 1932. The role of mutation, inbreeding, crossbreeding, and selection in evo- lution. *Proc. 6th Internat. Congr. Genet.* 1: 356-366.

Wright, S. 1940. The statistical consequences of Mendelian heredity in relation to spe- ciation. In J. S. Huxley, ed., *The new systematics*, 161-183. Oxford University Press, Oxford, U.K.

Wright, S. 1977. *Evolution and the genetics of populations*. Vol. III, *Experimental results and evolutionary deductions*. University of Chicago Press, Chicago, IL.

Wu, C.-I., and A. W. Davis. 1993. Evolution of post-mating reproductive isolation—the composite nature of Haldane's rule and its genetic basis. *Amer. Nat.* 142: 187-212.

Wu, P., T.-X. Jiang, S. Suksaweang, R. B. Widelitz, and C.-M. Chuong. 2004. Molecular shaping of the beak: a paradigm for multiple primordial morphogenesis. *Science* 305: 1465-1467.

Yamagishi, S., and M. Honda. 2005. Tracking the route taken by Rufous Vangas. In S. Yamagishi, ed., *Social organization of the Rufous Vanga: the ecology of Vangas—birds endemic to Madagascar*, 141-162. Kyoto University Press, Kyoto, Japan.

Yamagishi, S., and K. Eguchi. 1996. Comparative foraging ecology of Madagascar vangids (Vangidae). *Ibis* 138: 283-290.

Yamaguchi, R., and Iwasa, Y. 2013. First passage time to allopatric speciation. *Interface Focus* 2013 (3): 20130026.

Yamaguchi, R., and Iwasa, Y. 2016. Smallness of the number of incompatibility loci can facilitate parapatric speciation. *Journal of Theoretical Biology* 405: 36-45.

Yang, S. Y., and J. L. Patton. 1981. Genic variability and differentiation in Galápagos finches. *Auk* 98: 230-242.

Zachos, J., M. Pagani, L. Sloan, E. Thomas, and K. Billups. 2001. Trends, rhythms, and aberrations in global climate 65 Ma to present. *Science* 292: 686-693.

Zhang, R. H., L. M. Rothstein, and A. J. Busalacchi. 1998. Origins of upper-ocean warming and El Niño changes on decadal scales in the tropical Pacific Ocean. *Nature* 391: 879-883.

Zimmerman, E. C. 1948. Introduction. *Insects of Hawaii*, vol. 1. University of Hawaii Press, Honolulu, HI.

Zink, R. M. 2002. A new perspective on the evolutionary history of Darwin's finches. *Auk* 119: 864-871.

Zink, R. M., and M. C. McKitrick. 1995. The debate over species concepts. *Auk* 113: 701-719.

索　引

■生物名■

アノールトカゲ･･････････ 3
ウチワサボテン属 ･･･ 78, 106
オオハシモズ････････････ vi
　――科･･････ 136, 137, 153
恐竜･･････････････････ 177
コヤスガエル････････････ 3
サンショウ属･････････ 50
シクリッド･･･････････････ 3
ショウジョウバエ･･･････ 3
スズメ目･･････････････････ v
ゾウガメ･････････････････ iii
ダーウィンフィンチ類･･･ ix
ハマビシ属･･････････ 78, 106
ハワイミツスイ類･･･ 47, 153, 165, 173
マネシツグミ･････････ 18, 164
有孔虫･･････････････････ 22

■あ　行■

誤った刷り込み･････ 102, 103, 117
アロメトリー･････････ 161
安定化淘汰････････････ 124
安定同位体比････････････ 24
異形配偶子性･･･････････ 174
移住････････････････････ iv, v
異種個体の区別･･･････････ 87
異所的種分化････ iv, x, 30, 31, 37, 123
　――モデル･････････････ 128
異性間淘汰･････････････ 92
遺伝子移入･････ 11, 111, 112, 115, 117, 161, 175
遺伝子流動･････････ 17, 111
遺伝相関･･･････････････ 161
遺伝的近縁性･････････････ 14
遺伝的多様性･････････････ 44
遺伝的浮動･･･ vii, 11, 37, 38, 39, 40, 46, 48, 151, 181
遺伝的不和合性････ 114, 171, 178, 179, 184
遺伝的変異････････ 49, 50, 62
遺伝的ボトルネック･･････ 44
　――効果･･･････････････ 43
遺伝的要因･････････････ 168
遺伝率･･････････････････ 57
移入････････････････････ 43
HMGA2･･････････････････ 187
ALX-1････････････････ 187
餌資源量････････････････ 75
餌不足･･････････････････ 75
エストラジオール･･･････ 85
エピスタシス･･･ 38, 40, 48
エルニーニョ・南方振動（ENSO）･･･････････ 22, 23
エルニーニョ現象･･･ 20, 106
演劇････････････････････ 14

音エネルギーが最大になる頻度･･････････････････ 88
音の伝達効率････････････ 92
音の反復･･･････････････ 92
音素構造････････････････ 88

■か　行■

化学シグナル･･･････････ vi
学習･････ 86, 87, 98, 121, 170, 178, 182
　――の神経生物学的な基盤････････････････････ 184
隔離機構･･･････････････ 121
確率的浮動･････････････ 37
火山活動･･･････････ 19, 162
化石･････････････ 2, 13, 169
花粉の解析･････････････ 25
ガラパゴス諸島･･･････ iii, ix
カルモジュリン（CaM）････････････････････ 66
乾期････････････････････ 22
乾季･･････････････････ 106
環境勾配････････････････ 34
環境変動････････････････ 22
乾燥化･････････････････ 132
寒冷化･････････････････ 132
技術･･････････････････ 160
求愛行動･･･････････････ 83
吸血性･･････････････････ 55
強化･･････････ 32, 114, 117, 174

競争 ········ 12, 70, 156, 176
——排除 ·········· 144
共存 ········ 69, 79, 138, 152
均一性 ················· 88
近交弱勢 ··············· v
近親交配 ··· 38, 40, 41, 44, 46, 48
偶然 ·················· 94
嘴 ················ vi, 8, 83
——形成 ············· 66
——サイズ···· 9, 10, 49, 50, 52, 56, 68, 103, 144
——の大きさ········ 182
——の形態··· 8, 43, 55, 62, 71, 85, 100, 148
——の高さ···· 58, 59
形質解放 ············ 73
形質置換 ··· v, 69, 73, 80, 187
形態 ················ 96
——的多様性········ 134
系統関係 ············ 12
系統樹 ·········· 14, 183
劇場 ················ 14
コアサンプル········ 24
交雑 ····· iv, v, 10, 11, 12, 17, 82, 101, 145, 161, 167, 173
——帯 ············ 102
——障壁 ····· 30, 94, 99
——障壁の形成の速度
················ 184
——の可能性········ 120
広食性 ·············· 165
行動の可塑性········ 159
行動の柔軟性········ 167
交配相手を選び········ 12
交配後隔離 ······ 32, 171
交配障壁 ··········· 5, 28
交配前隔離··· 32, 82, 95, 170, 178
コープの規則 ········· 154
骨誘導因子4（Bmp4）··· 63

■ さ 行 ■

採餌習性·············· 158
採餌生態·············· 32
最終氷期·············· 24
最小限の生態的違い ··· 71
サイズの違い········ 105
さえずり···· xi, 83, 85, 86, 87, 94, 95, 98, 100, 103, 117, 121, 122, 165, 181
——の学習·········· 167
雑種強勢·············· 162
雑種第一代（F1）···· 106
雑種第二代（F2）···· 110
サブタイプ········· 87, 94
山岳形成·············· 154
酸素放射性同位体···· 21
識別 ··········· 32, 95, 96
——テスト·········· 123
シグナル分子········ 63
試行錯誤············ 159
C3回路·············· 22
自然淘汰···· v, vii, 9, 11, 12, 29, 37, 43, 44, 46, 49, 56, 67, 68, 170, 181
持続時間············ 88
島の数·············· 27
——の増加·········· 132
集団遺伝学·········· 29
周波数範囲·········· 88
周波数領域······ 92, 98
周辺的種分化········ 38
収斂 ········ 112, 127, 170
種間競争············ 69
種多様性············ 132
種の蓄積速度······ 155
種分化············ 4, 28
——サイクル···· 72, 181
——の異所的モデル··· 29
——の速度··········· v
——率········ 136, 182

種を区別············ xi
障壁················ 100
食性················ 71
植民····· iv, 18, 22, 31, 40, 46
C4回路·············· 22
進化生態学·········· ix
進化的応答·········· 49
進化論·············· iii
人工授精実験········ 183
浸透交雑··· 18, 125, 130, 141, 160, 167, 169, 179, 182, 184, 187, 189
推移平衡理論········ 162
スペシャリスト······ 148
棲み分け······ 146, 147, 166
刷り込み············ 86
斉一性の原理········ 133
生殖隔離···· 31, 38, 121, 152, 184
——機構············· v
生息環境······ 2, 92, 94
生息地········ 140, 147, 162
——変化の歴史···· 183
——利用·········· 32
生態的環境······ 28, 123
生態的機会···· 157, 169, 175
生態的適応·········· 83
生態的特殊化········ 154
生態的ニッチ···· 2, 26, 124, 181
生態的分化·········· 170
生態的要因·········· 168
性的刷り込み········ 87
性淘汰········ 11, 92, 98, 100
生物学的種概念···· 118, 121, 131
生物多様性·········· 1
摂餌生態············ 8
絶滅····· iii, 1, 124, 149, 173
——率········ 136, 139, 176
線維芽細胞増殖因子8（Fgf8）
··················· 63

全ゲノムが解読 vii
選好性 88
全種のゲノムが解読 186
総合理論 12, 178, 180
創始者効果 .... v, 38, 46, 47, 151
　――モデル 38, 41, 48
増幅断片長多型 183
側所的種分化 34
組織適合性抗原（Mhc）の遺伝子座 19
ソナグラム 130
ソニックヘッジホッグ（Shh）
　............ 63

■た 行■

第25回京都賞 vii
大気循環 22
大気中の二酸化炭素 22
大災害 19
体サイズ 35, 52
堆積物 22
多様化 2, 152, 165
多様性 178
単系統 16
地殻運動 154
中間の移住率 v
長期の野外研究 viii
地理的隔離 .... iv, 29, 89, 154
地理的要因 153
つがい外交尾 101
適応度 106
　――地形 142
　――のピーク 144
適応放散 ..... ix, x, 2, 4, 9, 28, 151, 169, 181
天敵 149
道具 159
同所的種分化 .... vi, 33
同所的に共存 125
同性内淘汰 92

淘汰差 57
同類交配 33
特殊化 148
トリル率 88

■な 行■

内部共振室 92
鳴き声の間隔 88
二次的接触 .... xi, 30, 31, 32, 72, 95, 100, 187
ニッチシフト 177
人間活動 .... iii, 102, 173
音色 88
熱帯多雨林 20, 23

■は 行■

配偶者選択 32, 33, 86, 94, 110, 115, 122, 127, 189
胚発生 63
剥製標本 96
博物館標本 83, 102, 164
発生プログラム 68
羽模様 8
ハラスメント 105
氷河作用 22
氷期/間氷期サイクル ... 23
氷期と間氷期 21, 162
表現型レベルでの分散 117
頻度依存性 33
復帰不能点 120
不妊 .... vi, 174
　――性 xi
プレイバック 84, 95
　――実験 125
文化的な継承 121
文化的な進化 11, 170
分化への潜在能力 157
分岐年代 17
分子系統樹 138

分子時計 18, 26, 171
分断化淘汰 128
方向性淘汰 60
放散 12, 27, 133
ホールデンの法則 173
ボトルネック効果 163

■ま 行■

マイクロサテライト 14, 44, 47
　――DNA 17, 134, 141
　――DNA 解析 188
　――配列 47
　――マーカー 111, 113
マダガスカル 137, 153
　――島 vi
ミトコンドリアDNA 14, 17, 26, 141, 171
戻し交配 106, 175

■や 行■

有孔虫堆積物 24
誘導 63

■ら 行■

ランダムな効果 v
離散的なニッチ 33
利用資源の重複 75

Memorandum

Memorandum

Memorandum

Memorandum

Memorandum

監訳者

巌佐　庸（いわさ　よう）
1980 年　京都大学大学院理学研究科博士後期課程修了
現　在　九州大学大学院理学研究院 教授，九州大学高等研究院 院長，理学博士
専　門　数理生物学
主　著　『生命の数理』（共立出版，2008）
　　　　『数理生物学入門：生物社会のダイナミックスを探る』（共立出版，1998）
　　　　『生物の適応戦略：ソシオバイオロジー的視点からの数理生物学』（サイエンス社，1981）
　　　　『岩波生物学辞典（第 5 版）』（編著，岩波書店，2013）
　　　　『生態学事典』（編著，共立出版，2003）

訳　者

山口　諒（やまぐち　りょう）
2014 年　九州大学大学院システム生命科学府博士前期課程修了
現　在　九州大学大学院システム生命科学府博士後期課程在学中，日本学術振興会特別研究員（DC1），
　　　　修士（理学）
専　門　数理生物学，進化生物学

なぜ・どうして種の数は増えるのか	監訳者　巌佐　庸	© 2017
——ガラパゴスのダーウィンフィンチ	訳　者　山口　諒	
How and Why Species Multiply	発行者　南條光章	
— *The Radiation of Darwin's Finches*	発行所　共立出版株式会社	

〒112-0006
東京都文京区小日向4丁目6番19号
電話（03）3947-2511（代表）
振替口座　00110-2-57035
URL http://www.kyoritsu-pub.co.jp/

2017 年 1 月 30 日　初版 1 刷発行

印　刷　藤原印刷
製　本

一般社団法人
自然科学書協会
会員

検印廃止
NDC 467.5, 468.3, 488.99
ISBN 978-4-320-05784-5

Printed in Japan

JCOPY ＜出版者著作権管理機構委託出版物＞
本書の無断複製は著作権法上での例外を除き禁じられています．複製される場合は，そのつど事前に，出版者著作権管理機構（TEL：03-3513-6969，FAX：03-3513-6979，e-mail：info@jcopy.or.jp）の許諾を得てください．

■生物学・生物科学関連書

http://www.kyoritsu-pub.co.jp/　**共立出版**

バイオインフォマティクス事典	日本バイオインフォマティクス学会編集
進化学事典	日本進化学会編集
生態学事典	日本生態学会編集
日本産ミジンコ図鑑	田中正明他著
現代菌類学大鑑	堀越孝雄他訳
日本の海産プランクトン図鑑 第2版	岩国市立ミクロ生物館監修
グリンネルの科学研究の進め方・あり方	白楽ロックビル訳
グリンネルの研究成功マニュアル	白楽ロックビル訳
ライフ・サイエンスにおける英語論文の書き方	市原エリザベス著
大絶滅 ―2億5千万年前、終末寸前まで追い詰められた地球生命の物語―	大野照文監訳
遺伝子から生命をみる	関口睦夫他著
ナノバイオロジー ―ナノテクノロジーによる生命科学―	竹安邦男編
モダンアプローチの生物科学	美宅成樹著
生物とは何か？ ―ゲノムが語る生物の進化・多様性・病気―	美宅成樹著
これだけは知ってほしい生き物の科学と環境の科学	河内俊英著
生命システムをどう理解するか	浅島　誠編
環境生物学 ―地球の環境を守るには―	津田基之他著
生体分子化学 第2版	秋久俊博他編
実験生体分子化学	秋久俊博他編
大学生のための考えて学ぶ基礎生物学	堂本光子著
生命科学を学ぶ人のための大学基礎生物学	塩川光一郎著
生命科学の新しい潮流 理論生物学	望月敦史編
生命科学 ―生命の星と人類の将来のために―	津田基之著
なぜ・どうして種の数は増えるのか ―ガラパゴスのダーウィンフィンチ―	巌佐　庸監訳
生命の数理	巌佐　庸編
数理生物学入門 ―生物社会のダイナミックスを探る―	巌佐　庸著
数理生物学 ―個体群動態の数理モデリング入門―	瀬野裕美著
数理生物学講義 ―基礎編―	瀬野裕美著
生物数学入門 ―差分方程式・微分方程式の基礎からのアプローチ―	竹内康博他監訳
生物リズムと力学系（シリーズ・現象を解明する数学）	郡　宏他著
BUGSで学ぶ階層モデリング入門 ―個体群のベイズ解析―	飯島勇人他訳
一般線形モデルによる生物科学のための現代統計学	粕井謙太郎他訳
生物学のための計算統計学	野間口眞太郎著
生物統計学	藤井宏一訳
分子系統学への統計的アプローチ	藤　博幸他訳
Rによるバイオインフォマティクスデータ解析 第2版	樋口千洋著
バイオインフォマティクスのためのアルゴリズム入門	渋月哲朗他訳
基礎と実習 バイオインフォマティクス	郷　通子他編集
統計物理化学で学ぶバイオインフォマティクス	高木利久監訳
分子生物学のためのバイオインフォマティクス入門	五條堀　孝監訳
システム生物学入門 ―生物回路の設計原理―	倉田博之他訳
細胞のシステム生物学	江口至洋著
システム生物学がわかる！	土井　淳他著
分子昆虫学 ―ポストゲノムの昆虫研究―	神村　学他編
DNA鑑定とタイピング	福島弘文他訳
新ミトコンドリア学	内海耕慥他監修
せめぎ合う遺伝子 ―利己的な遺伝子の生物学―	藤原晴彦監訳
脳と遺伝子の生物時計	井上愼一著
遺伝子とタンパク質の分子解剖	杉山政則監修
遺伝子とタンパク質のバイオサイエンス	杉山政則編著
ポストゲノム情報への招待	金久　實著
ゲノムネットのデータベース利用法 第3版	金久　實著
生命の謎を解く	関口睦夫他著
タンパク質計算科学 ―基礎と創薬への応用―	神谷成敏他著
入門 構造生物学 ―放射光X線と中性子で最新の生命現象を読み解く―	加藤龍一編集
構造生物学 ―原子構造からみた生命現象の営み―	樋口芳樹他著
基礎から学ぶ構造生物学	河野敬一編集
構造生物学 ―ポストゲノム時代のタンパク質研究―	倉光成紀他編
細胞の物理生物学	笹井理生他訳
細胞工学入門 ―細胞増殖を正および負に調整する因子―	小田鈞一郎著
脳入門のその前に	徳野博信著
対話形式による講義 これでわかるニューロンの電気現象	酒井正樹著
神経インパルス物語 ―ガルヴァーニの花火からイオンチャネルの分子構造まで―	酒井正樹他訳
生命工学 ―分子から環境まで―	熊谷　泉他編
ニッチ構築 ―忘れられていた進化過程―	佐倉　統訳
進化のダイナミクス ―生命を解き明かす方程式―	佐藤一憲監訳
ゲノム進化学入門	斎藤成也著
生き物の進化ゲーム ―進化生態学最前線生物の不思議を解く 大改訂版―	酒井聡樹他著
進化生態学入門 ―数式で見る生物進化―	山内　淳著
進化論は計算しないとわからない	星野　力著
デイビス・クレブス・ウェスト行動生態学 原著第4版	野間口眞太郎他訳
分子進化 ―解析の技法とその応用―	宮田　隆編
菌類の生物学 ―分類・系統・生態・環境・利用―	日本菌学会企画
細菌の栄養科学 ―環境適応の戦略―	石田昭夫他著
基礎と応用 現代微生物学	杉山政則著
高山植物学 ―高山環境と植物の総合科学―	増沢武弘編著
ビデオ顕微鏡 ―その基礎と活用法―	寺川　進他訳
よくわかる生物電子顕微鏡技術	臼倉治郎著
新・生細胞蛍光イメージング	原口徳子編
新・走査電子顕微鏡	日本顕微鏡学会関東支部編